JN302971

都市近郊の
耕地整理と地域社会

東京・世田谷の郊外開発

高嶋修一

日本経済評論社

目　　次

序章　対象と分析視角 …………………………………… 1

　　はじめに　1
　　第 1 節　本書の立場　2
　　第 2 節　研究史上の位置づけ──問題構成に即して──　9
　　第 3 節　研究史上の位置づけ──対象に即して──　14
　　第 4 節　史料の紹介および本書の構成　21

第 1 章　東京近郊における宅地開発と土地整理 …………… 29

　　第 1 節　大都市近郊の宅地開発　29
　　第 2 節　東京近郊の土地整理事業　40
　　小　括　70

第 2 章　耕地整理組合の結成と地域社会秩序 ……………… 77

　　第 1 節　耕地整理の背景と事業計画　77
　　第 2 節　耕地整理事業をめぐる対立とその処理　88
　　第 3 節　玉川全円耕地整理組合の組織と人材　98
　　小　括　111

第3章　耕地整理事業の開始と村域東部の組合運営 …………119

　　第1節　行政村的秩序による運営の行き詰まり　119
　　第2節　村域東部における工区の「経営」　137
　　小　括　147

第4章　耕地整理事業の展開と村域中央部・西部における組合運営の変化 ……………………………………………157
　　第1節　村域中央部・西部における事業展開　157
　　第2節　村域中央部・西部における工区経営　187
　　小　括　203

結章　耕地整理と社会編成原理の転換 …………………………209

補章　土地区画整理のヘゲモニー ……………………………241
　　　　──雑誌『都市公論』の検討を手掛かりに──

　　はじめに　241
　　第1節　都市計画講習と土地区画整理　242
　　第2節　土地区画整理の再定置　253
　　第3節　1930年代における政策提案の動きと都市計画協議会　260
　　むすびに　269

あとがき　273

参考文献・史資料一覧　279

図表索引 285

索　引 288

凡　例

史料引用に際して、以下の原則に従った。
　1、漢字の旧字体は新字体に改めた。
　2、明らかな誤植は訂正した。
　3、原文表記が一般的な表記と異なる場合は「（ママ）」と付した。
　4、原文を略す場合は「……」または〔中略〕と表記した。
　5、その他、引用者によるコメントを付す場合は〔　〕の中に記した。

序章　対象と分析視角

はじめに

　世の中が変わるとはどういうことか。本書では、20世紀の第二四半世紀に東京の郊外で行われた、玉川全円耕地整理事業を素材として、この問題にとり組んでみたい。次に掲げるのは、東京都世田谷区が区制55周年を迎えた1987年、同区役所玉川支所の敷地内に建立された記念碑の一文である。

　　郷土開発
　　大正十五年郷土の繁栄を願う方々が、玉川全円耕地整理事業を発起し、以来二十有余年地域の方々に支えられながら幾多の苦難と試練を不屈の信念と郷土愛により克服し、現在のみどり豊かな居住都市玉川の礎を築きあげました

　これによれば「大正十五年」に発起され「二十有余年」にわたって実施された玉川全円耕地整理の意義は、約60年後の「みどり豊かな居住都市玉川」の「礎」となった点に求められる。それは「幾多の苦難と試練」をともなうものであったが、「郷土の繁栄を願う方々」の「不屈の信念と郷土愛」、さらに「地域の方々」の支えによって完遂されたのであるという。続いて碑面には、計画当初より1948年まで同耕地整理組合の組合長を務めた豊田正治（1882～1948）に対する、詩人磯村英樹による頌辞が刻まれる（斜線は改行を示す）。

土を平らにして四角に区切ると／田の字の田になる／田の字田の字平らにつなぎ／土と水を治めると／豊かな田になる／玉川の田を整え／正しく治めて豊かにした／その名も豊田正治翁／たぐいなき精神と業績を／永遠に讃え受け継ごう

言うまでもなく、ここで豊田は「郷土の繁栄を願う方々」の代表としてとりあげられており、その精神と業績は、永遠に顕彰され継承されるべきものであるという。玉川全円耕地整理事業は、1987年当時の「郷土玉川」にとってなお直接的な恩恵を齎し続ける、いわば現在進行形の過去であった。

本書の課題は、この事業を歴史的事象として捉え直し、その意義を改めて定置することである。

第1節　本書の立場

玉川全円耕地整理事業に対する本書の立場

ここで、対象の個別性に鑑みて、玉川全円耕地整理事業の概略を補足しておこう。玉川全円耕地整理事業は、1924年あるいは1925年[1]から1954年にかけて、東京の西南郊——行政区画で表現するならば東京府荏原郡玉川村（図序-1）のほぼ全域（のちの東京都世田谷区西南部）——で実施された、施工面積約1,000町歩の大規模な土地整理である。これは制度的には農事改良を目的に掲げる耕地整理として実施されたが、実態としては第一次世界大戦ないし関東大震災後の宅地需要増加をうけた市街地開発の要素を含んでいた[2]。実施主体は同村に土地を所有する人々が結成した玉川村全円耕地整理組合であり、1932年の東京市域拡張による玉川村の併合以降は「村」を省き玉川全円耕地整理組合と称した（以下、本書では煩を避けるため年代にかかわらず「村」をつけずに記す）。当初は3年間で終了する計画であったが、地域社会内部における合意形成の難航や事業内容の変更などによって遷延に遷延を重ねた。結局、工事そ

のものは第二次世界大戦により継続が困難になった1944年まで実施されてその時点で一応の完成とされ、清算・登記などの残務は終戦後に持ち越されたのである。

この間、計画当初より1948年まで組合長を務め、事業を主導したとされるのが冒頭の碑文に登場した豊田正治であった。豊田が強力なリーダーシップをもって耕地整理事業にあたり、各種の困難を克服して「郷土」の発展に尽力したという記述そのものは、1955年に組合が編纂した事業誌『郷土開発』やその前年に建立された彼の頌徳碑の中にも見られ、その後刊行された書物も含めて同事業を語るに際しての語り方の標準をなしてきた[3]。

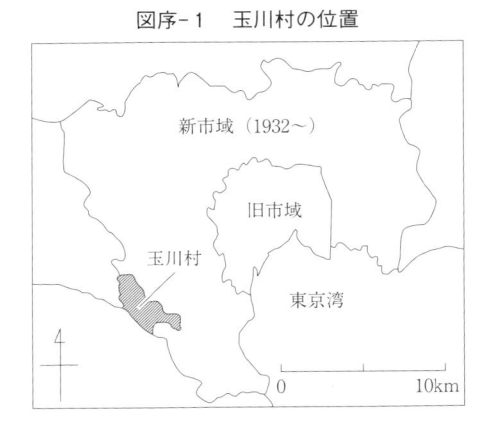

図序-1　玉川村の位置

だが、少なくとも玉川全円耕地整理事業が着手された1920年代半ばにおいては、耕地整理事業やそれに取り組む豊田自身の姿勢は未だ地域社会の大勢的支持を獲得するには至っておらず、地域社会における合意形成は容易ではなかった。耕地整理事業に反対する人々は一定の勢力を保持しており、そうした人々にとって豊田らは敵対的人物ですらあった。彼の立場は必ずしも地域社会の全般的な同意を得たものではなかったのである。

こうした事柄は、後年の豊田を顕彰する立場からはその「先進性」に対する周囲の無理解として片付けられてしまう。しかし、事態を客観的に見るならば、冒頭に引用した「語り」は、この事業が遂行されていく過程で成立し、やがて地域社会における支配的な位置を占めるに至り、少なくとも碑が建立された1987年頃まで効力を維持し、そしておそらくは現在も維持されている、すぐれて歴史的な産物としてのある種の観念に支えられたものであったと考えてよいであろう。もちろん、玉川全円耕地整理事業が人口に膾炙する機会は年月とと

もに減少していったであろうにせよ、機会があればそうした観念は意識的にせよ無意識的にせよ浮上し、社会の最大公約数的理解として威力を発揮したのである。そのことは、そうした語りの構図やその背後にある観念が決して一過性のものではなく、より抽象度の高い次元で後世の人々に影響を与え続けた、強い持続性を持つイデオロギーであったことを意味している。

　もちろん、個人的な事跡の顕彰それ自体は超歴史的な事柄である。だが、耕地整理組合という、地域の土地所有者のみによって結成され、しかも耕地整理の施行という限定的な役割しか果たし得ないはずの団体の事跡とそのリーダーとを、後世の世田谷区が顕彰するという、考えてみれば奇妙な現象は、それが特定の時代状況を反映した一定の文脈と論理の上に成立していることを踏まえなければ理解し得ないものであろう。冒頭に引いた碑文は、耕地整理が社会的に「善きもの」と位置づけられていたこと以上にはほとんど何も表現していない。では、それをポジティブなものとして承認する論理とはいかなるもので、どのような過程を経て形成されたのであろうか。さらに、そのような精神的傾向が立脚した現実的基盤としての社会関係は、いつ、どのようにして形成されたのであろうか。

　本書は、豊田やその協力者が自らの信念に従って行動したときに直面した困難や、その克服に費やされたエネルギーの大きさ、それを可能にした当事者の強い精神力等々について、それらを敢えて否定するものではないが、同時に積極的にそれを強調するものでもない。くり返すが、ここでの関心はそうした個人的資質に属する事柄ではなく、それらを強調する語りの背後にある論理や、それを正当なものとして承認し、耕地整理事業を実現させた社会がいかなるものであったのか、という点にある。先見的に言えば、筆者はそれらの出現あるいは成立過程を、社会の段階的変化と呼ぶに相応しい、濃密なものであったと考えている。

　本事業を経済現象としてみるならば、それは両大戦間期の都市圏拡大に対する、近郊農村の土地所有者たちによる対応であったと言うことができよう。東京都市圏では、1923年の関東大震災に先駆けてすでに人口の東京市内の一部に

おける停滞と隣接郡部における増加とが始まっており[4]、市街地の空間的拡大と機能的一体化は震災後に加速されて、1932年の東京市による隣接5郡82カ町村併合に帰着した。周辺町村における宅地需要の増加に対応して近郊農村の土地所有者は組合を結成し、所有地の交換・分合・地目転換を行い、単独では得られなかったであろう利益獲得をめざしたのである。

　より抽象的に表現するならば、それは資本主義の「高度化」状況の中で、土地所有権およびそれに基づく個別経営の自由を部分的に制限することで、それをしなかった場合以上の利益を獲得するか、あるいは放任していた場合に予測される不利益を回避しようとするための、地域社会レベルで採られた広義の社会化の試みであったと言ってもよい。「市場の組織化」とか「経済の社会化」と言われるような事柄である。

　だが、その試みは地域社会で直ちに広範な同意を得られたわけではなく、むしろ逆に大きな摩擦を引き起こしながら達成されたものであった。そして、その過程における人々の対立と調整は、単に狭い意味での経済的均衡へ向けた利害調整にとどまるものではなく、政治的な側面をも包含した地域社会における秩序全体の再編過程であった。

経済史分析に関する本書の立場

　今述べたように、本書はこの対象を一義的には経済現象として捉えるものであるが、それは社会における政治その他の諸関係を無視あるいは捨象することを意味しない。なぜなら、現実の社会において経済原理は常に部分的にしか作用しない（すべての社会関係を経済原理が律することは現実にはあり得ない）ので、合理的な経済人が市場で自由に活動し、富の増殖を通じて自らの福利の向上を図るという完全競争モデルを仮定し、その枠内に観察と思考を限定することは、現実社会のリアルな認識をめざす立場からの歴史分析にとっては必ずしも有効ではないと考えるためである。ここで付言しておくならば、それは市場の透明性が何らかの制度や組織の存在、あるいはそれによる情報の非対称性といった歴史的・文化的制約によって損なわれ、人々の経済活動に影響を及ぼ

す、という理解とも異なるものである。経済外的要素を、合理的な経済人の戦略的行動を妨げるものや透明な市場を曇らせるものとして捉え、それらを取り去れば透明な市場と合理的な経済人が登場するという見方は、結局のところ完全競争モデルの亜流にすぎない[5]。

　人が福利向上（あるいは幸福一般）をめざすに際しての欲求のあり方と実現の手段は、時代状況によって変移するものである。「金銭欲はわれわれの知る限り人類の歴史と共に古い」[6]とはいえ、市場取引を通じた富の増殖というのはそうした福利向上に向けた行動様式のひとつにすぎず、現実社会、とくに前近代社会においては必ずしも競争原理に律せられない、時に「共同体」的と表現されるような関係の中で人々の「幸福」は実現されてきた。そもそも市場という概念自体が一定のルールの存在を前提としている以上、それは社会的承認を経て成立するものであって、さらに市場取引を通じた富の増殖という行動様式が人間の福利向上の主要な手段として広範な社会的承認を得るに至ったのは、資本制が社会の支配的地位を占めるに至った特定の時代と場所における諸条件の合致の下（資本主義段階）においてであった[7]。しかも、そうした承認はあくまで大勢においてなされたにすぎないのであって、例外的な部分を不可避的に存置してきたのである。

　このことは、資本制に限らず諸個人が他者と関係を切り結んで社会を形成しつつ自己の福利向上をめざすに際しての、制度化されたあらゆる様態について妥当することであろう。あらゆる社会制度は、特定の条件下において、同意の社会的組織化を達成し得ない部分を限定された範囲にせよ残しつつ、どうにか大勢的に支配的な位置を占めてきたにすぎない。そして、異なる社会編成原理が重層的に存在し、それら同士の緊張関係を包含したものとして存在する以上、全体としての社会なるものは本源的には不安定なものであらざるを得ない。こうした認識は、市場や経済人といった制度を先見的に設定し、それが何らかの制約を受けている特定状況として社会を捉えるときに想定される、一定の均衡状態へと自律的に向かう社会像とは正反対のものであると言える。

　ただし、社会のそうした本源的な不安定性を指摘すること自体は、議論の出

発点であって目的ではない。本源的には不安定であるにせよ、一定の社会的承認＝同意の組織化を経てある様態に固定化された社会は、大勢的には一定の安定を維持しており、そこに暮らす人々は否応なしにその原理に影響を受けざるを得ない。重要なのはそうした大勢的安定がどのようにして達成されており、同時にいかなる意味で不安定なのかを具体的に理解することであろう。結論から言えば、本書はごく限定された範囲の現実社会を舞台にして、そこである種の経済合理的な原理原則が支配的な位置を獲得することで、社会の大勢的安定がもたらされる過程を描くことになる。

　このような、資本主義が支配的なイデオロギーとしての位置を獲得しても非資本制的な要素は残存し、それが社会の不安定要因であり、時に変革の根源となり得るという見方は、マルクス経済学が伝統的に提示してきた世界観とある程度共通する。日本経済史研究の文脈に即して言えば、その点についてとくに明示的に議論を展開したいわゆる「講座派」の系譜につらなる議論は、主として第二次世界大戦終了前の日本経済に見られた非資本制的要素を「半封建的」と称し、それと資本制的要素とが「矛盾」をきたしつつ一国資本主義体制として存立する日本資本主義の特殊な「型」を措定したのであった。

対象の限定に関する本書の立場

　一般的には、国民経済レベルの再生産において資本制が支配的な位置を占めそれが構造として定置されることと、社会を構成する実在の諸主体が個別の経済活動において資本主義に強い影響を受けることとは、ひとまず別次元に属するとされるであろう。だが一方で、そうしたマクロレベルにおける変化の現実的基盤は徹頭徹尾、人々のミクロ的な営為であり、いわゆる「社会の変化」とはその集積と総合にほかならない。したがって、そうした絶えざる過程がいかに生起していたのかを知るために個別のミクロ的な対象を分析する意義がここに生じてくる。ここでは東京府荏原郡玉川村における耕地整理事業という、空間的・内容的に二重の意味で限定された特定の素材を、そうした分析の舞台として設定する。

ここまでで諒解されるように、本書の方法は関心そのものをミクロコスモスの中での出来事に限定し、歴史的現実として当時の社会編成上重要な単位をなしていた国民経済のレベルを議論の射程外に置くものではない。意図はむしろその反対であって、両大戦間期以降における日本資本主義の変質やそれと照応する社会統合のあり方の変化が、究極的にはミクロレベルにおけるどのような動向に支えられていたのかという点に大きな関心を抱いている。もちろん、マクロレベルの変化はミクロレベルのそれの単なる集積ではなく、その総合であって、単純に複数の事例を積み重ねれば「確からしさ」が増すわけではないし、まして「代表的」な一事例を採り挙げて事足れりとするのでは牽強付会の誹りを免れ得ない。ここではこうした方法および対象の選択に関する主要な論点について、本書の立場を述べておく。

　本書で玉川全円耕地整理事業が取り上げられるのは、その代表性の故ではない。念のために述べておけば、本事業は関東大震災後に最も市街地化が進展したとされる東京西南郊において実施された、当時としては最大規模の事業であって、カバーする範囲の広さのみから言えば常識的には非常に高い代表性を有すると判断して差し支えのない事例である。だが、原理的に言って特定の歴史的事実が代表的であるか否かは先見的には判断不可能なのであり、本書がこの事業を議論の素材として選択した理由は、分析の有効性に対する筆者の直感を別とすれば、それに応え得る豊富な史料の存在という外在的条件に帰せられるほかはない。仮にそうではなくて本事業が持つカバリッジの広さに分析の根拠が求められるとするならば、それがカバーし得ない範囲は必然的に捨象されざるを得ないが、そうした態度はかえって分析の部分性を際立たせることになるであろう。

　また、類似する複数の事例を取り上げることによって蓋然性を高めるという方法もここでは排除される。複数の事例を集積すれば「全体」に接近し得るという前提は、たった今批判した素材の代表性に依拠する考え方と同一のものであり、結局は分析の部分性を認めざるを得ないことに繋がる。それを克服するにはすべての事例を確認する作業が必要となるであろうが、それはどだい不可

能なことであるし、上にも述べた集積と総合の混同であると言わざるを得ない。世界の全部を再現しようとする試みと普遍的な全体像を描こうとする試みとは全く異なる次元に属する作業と言える。

　ある限定された素材が普遍的な議論を提供しえる根拠は、それが社会の構成要素であった以上、社会の大勢的安定に質した原理を何らかの形で反映していることに求められるのであり、したがって仮に極めて「周縁的」な現象であっても（あるいはそれゆえより一層かもしれないが）その社会が内に抱える緊張を照射することは可能である。「世界」を、小さな出来事の外にではなく、それらの内側に見出そうというのが、本書の採る立場である。

　このような試みは、対象となる現象のうちに観察された諸主体の切り結ぶ社会関係がどのようなものであったのかを具体的に把握すると同時に、それがいかなる原理によって律せられていたのか、という次元まで抽象度を高め、それを当時の日本社会のあり方に関する議論と対照させることで可能となる。そうした手続きを経てはじめて、本書の議論は当該期の都市化を単に現在へと繋がる市街地拡大やそれにともなって発生する都市問題、あるいはその解決策の起源としてではなく、すぐれて歴史的な現象として把握するための視座を提供し得るであろう。

第2節　研究史上の位置づけ――問題構成に即して――

　次に本書の関心が研究史のどのような文脈に連なるものであるのかを確認するために、本書が扱う時期の日本社会がどのように論じられてきたのかをみておく。明治維新を通じて曲がりなりにも近代社会として定置された日本の社会が日露戦後から両大戦間期前後にかけて再度大きな動揺と再編を経たという見方は、基本的には広く同意を得たものである。

帝国主義段階論――「型の分解」から「調停法体制」論まで――

　例えば山田盛太郎はこの時期の重化学工業化と独占形成が労働の「型」を

「分解」し、日本資本主義の動揺の前提をなすことを指摘していた[8]。ただし、それは同時代的制約からマルクス＝レーニン的な意味での資本主義の一般的危機として把握されるにとどまっており、結果的にはその後の歴史過程を必ずしも整合的に説明し得るものではなかった。第二次世界大戦後、大内力は現実の歴史過程を踏まえ当該期の変化を資本主義の一般的な没落としてではなく、古典的帝国主義の展開および高橋財政を画期とした国家独占資本主義への移行として把握した[9]。前者の段階においては資本主義の矛盾（なかんずく労働力商品化の「無理」）は個別の社会政策的対応で解決が図られたのに対し、後者の段階においては管理通貨政策を起点とした国家による社会の全般的包摂によってその解決が図られるようになったことを指摘し、それと引き換えに「資本主義は自律的に自立することができなくなった」[10] ことを強調した。

　その後の一時期、研究動向は一方で対外侵略＝対外的契機に着目する「帝国主義」研究、一方で国内的な独占資本形成に着目した「独占論」とへ分離する傾向が強まったが、これを再度包括的な議論へ復帰させたのは橋本寿朗と武田晴人であった。そこでは大内が指摘した資本主義の自律性＝自立性の喪失が改めて強調されたが、大内説がその画期を1931年以降の高橋財政による管理通貨制への移行に求めたのとは異なり、両者は1920年代から進行する日本資本主義の国内経済体制としての変容に着目した上で、それを一つの連続した段階的変化と把握した。つまり、日本資本主義における固有の歴史的時期区分としての「帝国主義段階」を定置したのである[11]。

　橋本・武田の帝国主義論における両者の議論は大方において共通していたが、具体的な論点の絞込みにおいては異なる方向を示した。すなわち、橋本が主として当該期の社会変容の基軸をなした重化学工業部門における労資関係の「矛盾解決」を問題にし、そこに第二次世界大戦後の高度成長を準備する条件を見いだすという原動力追求を志向したのに対し、武田はそうした構造を認めつつも、重化学工業部門から直接・間接の影響を受けるその他の工業や農業といった部門における動向をも視野に入れ、当該期における社会の全体構造把握をめざす方法を志向し、それを「調停法体制」としたのである[12]。本書の素材によ

り強く関連するのは武田説であろう。武田の調停法体制論の利点は、狭義の経済的原動力以外の部門を捨象するのではなく包含し、当該期の社会の経済的基盤を包括的に提示することで、それと絡み合った政治的側面を含む社会の全体像に接近する可能性を拓いたことであった。そのことによって、経済史研究としての帝国主義段階論は、相互に没交渉であった政治史における大正デモクラシー論などとの対話の可能性を得たのである。

農村「共同体」論——部落共同体論から行政村体制論まで——

本書は、地域社会における政治状況を正面から取り扱うものではないが、一方でそうした事柄も視野に含めつつ、当該期社会の包括的な把握をめざす立場を取る。経済活動を必ずしも狭義の経済合理性に沿った行動に限定せず、社会を構成するさまざまな主体の再生産にとって必要な活動一般とみるならば、それを方向づけまた可能ならしめる条件としての政治構造を抜きにして議論することは不可能だからである。

その手がかりとして、ここでは丸山学派の代表的見解と目される石田雄の議論[13]を取り上げてみよう。石田は、日露戦後から戦後改革期までの「帝国主義段階」に照応する政治体制が社会秩序の状況に応じて変容しつつも、政治構造としては一貫したものであったことを指摘したが、その根拠を、地域社会レベルにおける部落を単位とする「共同体的秩序」が支配体制の末端として常に利用されてきた点に求めた。対等な市民間の「政治」によって形成されるべき近代国家の政治構造が、実は根底で「非政治」＝共同体的秩序によって支えられていたという丸山学派の理解は、経済史における講座派的理解、すなわち日本の資本制が非資本制的ウクラードに依存して存立していたという図式と照応する。

こうした理解を前提に農村社会の具体的な動向を分析した金原左門[14]は、地主制を基盤とした明治憲法体制の動揺として把握されうる「下から」の体制変革を希求する動きが、「体制」によって絶えず絡め取られていき、むしろその強化に資したことを指摘した。金原の議論はその後西田美昭、林宥一らの農

民運動史研究[15] や大門正克の農村社会経済論[16] に引き継がれていったが、その一方で社会統合に関する問題が正面から論じられることは少なくなっていった。

さて、共同体的秩序の残存を日本の政治構造の特質として強調した丸山学派的理解は、その後の研究史において批判の対象に回った。宮地正人は、地方改良運動における町村制の強化が部落レベルでの共同体的秩序の徹底した否定の論理に立脚していたこと、代わって町村レベルでの共同性が国家レベルでのそれと入れ子の構造をもって、「家族国家観」として権力的に創出されていったことを主張した[17]。この批判の意義は、例えば丸山真男が『日本の思想』において、「底辺の共同体的構造を維持したままこれを天皇制官僚機構にリンクさせる」明治地方自治制を温存するのが「明治から昭和まで一貫した支配層の配慮であった」[18] と述べていることを踏まえれば理解しやすい。

ただし、留意しておかねばならないのは丸山が「部落共同体的人間関係はいわば日本社会の『自然状態』」[19] と述べるとき、それは地域社会の実態というよりはむしろ当事者達の主観的な心性のあり方を念頭に置いたものであって、静態的な不変の共同体が実在したと述べている訳では必ずしもない点である。また、石田の言う「共同体的秩序の残存」は単に不変の部落共同体が絶えず体制に包摂されて政治構造の基礎をなすというのではなく、再生産に不可欠な社会関係の実態が「再編」されつつも共同性が「観念的・社会的」に温存されていくという議論であり、読み方によっては日露戦後の農村で部落秩序が解体されつつ新たに町村－国家レベルでの共同体意識が植えつけられていくことを指摘した宮地説との相違はそれほど大きなものではなくなる。さらに、藤田省三はそうした近代日本の政治構造の根底をなす「共同体」が、ファシズム期に至って一連の政策体系の中で、家族国家観の喧伝にもかかわらず変容した側面を指摘しており[20]、これは実態レベルでの変化を意識したものと理解できる。こうしてみると、丸山学派の主張とそれに対する批判は、それほど大きな差異のない史実認識に基づいた上で、事態の両面をそれぞれ衝いたものであったとも評価できよう。

このように、社会統合に家族主義的・共同体的国家観が繰り返し利用されてきたことを指摘することは国民国家が「想像の共同体」[21]であることを指摘するのと同義であるが、そのこと自体は今見たようにすでに繰り返し議論されてきた。ただ、想像の産物であってもそれは社会的再生産の実態から全く遊離した完全に観念上のものではあり得ない。宮地が指摘したように、地方改良運動以降の過程で打ちだされた数々の政策は、部落単位の共同性のみならず町村単位の共同性を発揮しなければ実行不可能な内容をともなっていたし、藤田の指摘したように空間としては同じく部落＝大字を範囲として発揮される共同性であっても、地方改良運動で否定されたそれと農山漁村経済更生運動で強化されたそれとでは内実の社会関係は異なるものであった。

共同体というのは、人類史の原初に想定される「共同態」を別とすればそれ自体が即自的に存在するのではなく、ある生産に対応して発揮される共同性を観念によって固めたものである。そのように考えるならば、すべての共同体は想像の産物にすぎない。重要なのはいかなる社会的実態に対応していかなる共同性が観念され、またその観念が社会的実態にいかなる影響を及ぼすのかという、両者の緊張関係と相互作用であろう。共同体の社会的実態のみならず、そこで観念される共同性についても、固定的なものと見ることは慎まねばならない。

こうした研究状況を批判的に継承した大石嘉一郎・西田美昭らは長野県埴科郡五加村という特定の行政村にスポットを当てた分析を行ったが[22]、その最大のメリットは地域社会の動向に即した社会統合論を実証的に展開したことにあった。従前の研究においては、部落共同体が温存されるにせよ破壊されるにせよ、それは国家権力が「上から」の「公共性」を振りかざし体制統合を意図した結果として把握されてきたのに対し、同書は地域社会の内部から新たな「公共性」が成立し、社会統合の契機が醸成されてくることを指摘したのである。本書はこうした視角と方法をある意味で継承するものであり、とりわけ行政村内部における大字＝部落間の関係や意思決定のあり方などについては多くを学んでいる。とはいえ、行政村－部落の「二重構造」がファシズム期に至って解

消することをもって行政村体制の完成と位置づける同書の見解については異論を呈さざるを得ない。本書は両大戦間期の社会変容をむしろ行政村体制＝明治地方自治制の解体過程と理解するが、この点については後段で改めて述べることとする。

第3節　研究史上の位置づけ——対象に即して——

次に対象に即して本書の位置と立場を述べておきたい。本書の対象はひとまず都市近郊農村と規定されるが、純粋な農村的要素よりは大都市の近郊に位置したことによる都市的要素を重視して議論を行うこと、さらに近郊農村の宅地開発が従来いわゆる都市史研究として行われてきた事情から、まずはこの文脈から本書の位置づけを試みる。

都市経済論と都市工学における都市史研究——実践的関心に基づく研究——

近代都市史の研究に先鞭をつけたのは、都市経済論の分野であった。それらは第二次世界大戦後の高度成長期を通じて深刻化した都市問題の起源を明らかにする意図から着手されたもので、とくに都市政策のあり方に着目するものであった[23]。また、1980年代になると高度成長を通じて形成された都市景観に対する批判が高まり、そうした都市景観形成の起源を明らかにする意図から都市工学の分野で近代都市史研究、とりわけ都市計画史が活発化した[24]。つまり、これらの研究は都市政策や都市計画に関する実践的な動機に基づいて行われたものであった。この分野の研究は事実発見において非常に大きな成果を収め、近代都市史に関する基本的な史実が広く共有される契機となった。

ただ、一方でそのように分析者の実践的な価値観が過去に投影された分析は、歴史学的研究として見るならば大きな限界を有していることも否定できない。過去を探求するに際しての関心はもとより自由なものであり、いかなる動機から着手されるかは分析者に委ねられるべきものであるが、上に述べたような本書の関心、つまり、ある時代における社会の存立構造とその編成原理を明らか

にするという関心にとって、「よりよい社会」への直接的な処方箋を提示しようとする実践的関心は、さしあたり次元を異にするものであると言わざるを得ない[25]。「われわれを拘束する規範や理想をつきとめ、そこから実践のための処方箋を導き出すようなことは、断じて、経験科学の課題ではない」[26]のである。

歴史分析としての近代都市史研究

　歴史学の分野における近代日本都市研究の嚆矢は、石塚裕道であった。石塚はその著書において「上から」の政策に対応するものとして殖産興業期から産業資本確立期にかけての「都市構造」に着目し、とくに東京に即して産業構造の変化を解明した[27]。こうした石塚の分析視角は『日本近代都市論――東京：1868-1923』[28]においてより積極的に説明されている。同書の中で石塚は「企業史・経営史の単純な並列的叙述に終始したり、工業化・都市化による地域社会の変動などを切り捨てるような迫りかたではその全体像は明らかにならない。そして、とくに資本と労働力の著しい集積集中により伝統的な地域産業（地場産業）が再編あるいは壊滅に追いこまれる動きにも注目し、地域社会の変動にからめて」[29]地域史、なかんずく都市史を把握すべきであると主張している。社会の段階的変化を具体的な地域社会の動向に即して把握するという方法、個別事例を散発的なものにとどまらせず、社会の段階的変化に位置づけていくという方法はすでに農村史研究において実践されていたものであるが、それを近代都市史の分析に適用したのである。

　このように歴史学における近代都市史研究は社会経済史の分野で着手されたのであったが、その後の研究はむしろ「政治史」の分野で進展したといってよい。大阪では都市の支配構造を解明する研究が原田敬一、小路田泰直によって進められ、産業資本確立段階および独占段階にそれぞれ照応するものとしての「予選体制」および「都市専門官僚制」を措定した[30]。櫻井良樹、大西比呂志は東京市政、横浜市政の展開に即して政治構造の変化を析出している[31]。また、友愛会研究から都市史研究に着手した成田龍一は、その後都市民衆の生活や文

化などに着目して社会統合との関連を論じている[32]。

社会経済史的な視角からの都市史研究は、中川清による戦前日本の都市下層社会に関する研究[33]を除けば、その活発化は1990年代以降に属する。とりわけ1994年に首都圏形成史研究会が発足して以降、同会においては関心を共有する研究者が共同研究を進め、その一環として関東の近代都市史の諸相が明らかにされた。また、同会とメンバーの重なる横浜近現代史研究会も横浜に対象を絞って同様に多くの成果を生み出している。これらの動向とは別に、大石嘉一郎・金澤史男編著『近代日本都市史研究』は従前の都市史研究を大都市偏重と批判し、地方都市の歴史過程を実証的に分析した[34]。行財政分析から社会関係を読み解くという大石がかつて農村史研究で採用した[35]方法がその特徴となっている。

近代日本都市経済史研究の到達点

近年発表された近代日本都市史に関する研究成果のうち、社会経済史分野での現時点における到達点を示すと考えられる著作について触れておく。

沼尻晃伸『工場立地と都市計画——日本都市形成の特質1905-1954』[36]は、「日本において都市計画が理念どおりに機能しない理由」を探るという課題を設定し、日露戦後から戦後復興期にかけての東京・川崎・静岡・名古屋の各都市圏における工業用地整備に即して検討を行った。同書の方法的特徴は日露戦後・両大戦間期・戦後復興期の工業用地整備について複数の事例を挙げて実証的に分析し、それぞれの時期において都市計画＝公的規制と私的土地所有との関連を具体的に明らかにした点にある。そして、いずれの時期においても土地所有者の私的利害の貫徹が都市計画の公的理念の浸透を阻んでいたと結論した。

社会経済史的視角による近代都市史研究において両大戦間期以降の分析が必ずしも多くはなかった状況下、沼尻の研究の意義は事実発見にとどまらない。それらの史実を基に上記のような包括的な議論を提示したことは、研究史に対する重要な貢献であった。だが、それだけに同書の提示した議論は批判的に継承されていかねばならないであろう。さしあたり指摘しえる最大の問題は、沼

尻が「国家＝公⇔市民＝私」という二元的な枠組みをアプリオリに適用した点にあったと考えられる。言うまでもなく公私の範疇は時代状況によって変化するものであり、さらに言えばそうした範疇の成立そのものが特定の時代状況に応じた歴史性を帯びているものであって、行うべきはそうした範疇がいかなる文脈を経て成立してきたのかを検証することであった。だが、沼尻説においてはそうした枠組みが先見的に設定されており、同書が発見した様々な史実の理解において無理を生じていると言わざるを得ない。

このことは、本書との関連で言えば、土地整理事業の理解に関わって看過できない問題を残している。沼尻は民間施行土地区画整理事業や耕地整理事業を鍵括弧つきの「『公』的性格」を持つものと評価したが、その理由はこうである。これらの制度では、組合結成時において土地総面積および地価の3分の2以上の土地所有者が同意すれば反対者の存在如何にかかわらず組合を発足させることが可能となっており、そうした「強制原理」はその公的性格を表わしていた。だが、その一方で現実の土地整理の進行においては土地所有者に対する地元有力者の説得や、その資産価値の増大が意味を持ち、「人的関係によって土地所有者の契約の自由に圧力が加えられるとともに、土地売却代金が取得できるという私的利害がセットになって実現する」[37]という特徴があり、そこには私的関係に立脚した近代日本の土地所有権・耕作権の特質が見いだされるとする。

一定範囲の人間集団において近代の国家的公共とは別の強制原理が作用していたという議論は、かつて講座派歴史学が用いた「半封建」の語を想起させるが、それはさて措くとしても、これは現実の利害調整のあり方に対する内在的な理解に基づいた新たな概念の提示というよりは、既成概念の無理な適用による静態的な理解と言わざるを得ない。説明されるべきは、そのような内実を含む強制原理が、近代の国家的公共といかなる意味で異なり、いかなる意味で独自性をもった社会構成原理と言い得るのかという点であろう。あるいは、近代的公共がミクロレベルの諸活動の中から立ち現われてくる過程として、動態的に把握することもできたかもしれない。沼尻の実証は既成概念の先見的適用をもってのみでは理解し得ない事象を発見しているにもかかわらず、こうした無

理を行った結果として事象を整合的に説明することに必ずしも成功していないのみならず、使用した公私概念そのものにも曖昧さを生ぜしめているのである。繰り返すが、解明すべきは、沼尻が所与の枠組みとして設定した、公私概念の歴史的生成過程であったように思われる。

鈴木勇一郎『近代日本の大都市形成』[38]は、東京と大阪を事例に為政者、民間資本、地域社会といったさまざまなプレイヤーの動向を探り、明治中期から第二次世界大戦期までの都市形成史を叙述した。鈴木によれば、近代における都市の発展に応じて都市固有の社会問題＝「都市問題」が発生し、それに対するさまざまな解決が試みられていくが、戦時期になると都市の枠内では解決し得ない、「地方計画」に解決が委ねられるべき性質の問題が発生していくという。

本書との関連で言えば、鈴木書は当初別荘開発として行われた郊外開発がやがて宅地開発として行われるに至る変容の過程を解明している。とりわけ、玉川村の至近に立地した世田谷町の荏原郡第一土地区画整理事業を分析し、代官の系譜を引く地域の有力者が土地区画整理にあたって電気軌道の誘致や小規模土地所有者に対する減歩の肩代わりなどを行い、その遂行に重要な役割を果たしたこと、しかし同時に土地整理事業が十分な市街地化を直ちにはもたらし得なかったこと等を明らかにした点は、本書の論点にとっても重要な示唆を与える事実発見と言える。ただ、そこに旧中間層主導による地域社会運営の意義と限界を読み込むことは勿論不可能ではないのであるが、残念ながらこうした問題に対する鈴木の評価は必ずしも明示的ではない。この問題に限らず、実証分析によって得られた史実が近代日本の都市社会を把握する上でどのような意義を持ちえるのかについて、同書は必ずしも明示的ではないのである。

名武なつ紀『都市の展開と土地所有——明治維新から高度成長期までの大阪都心』[39]は、明治期から高度成長期までの大阪北船場における土地所有構造の変化を土地台帳および登記簿によって解明することを主な作業としつつ、個別の土地所有者の史料をも用いて、資本主義の展開過程に応じて——具体的には戦前・戦時および戦後復興期・高度成長期における経済状況や法制度などといった外的条件の変化に応じて——土地所有の意義がどのように変化していった

のかを論じた。この分析にあたり、名武は従来の研究を批判して「土地強者として企業を、土地弱者として都市住民を措定する構図によって、都市部で生じている土地をめぐる現実の諸関係を説明することができるのかは、大いに疑問である」[40]と提起している。この指摘自体は極めて妥当なものであるが、把握された「現実の諸関係」をどのように近代都市社会の理解に資するのかという点については、必ずしも明示的ではない。発見された史実に基づいて、図式的な理解では把握し得ない「現実の諸関係」をどのように抽象化して再構成するかという点については、その禁欲的な叙述ゆえにほとんど説明されていないのである。

こうした状況を踏まえて両大戦間期以降に関する都市史研究の到達点を概括するならば、実証面、事実発見に関しては急速な深化を見たものの、かつて石塚が提起した当該期の社会関係がいかなるものであったのかを解明するという課題については、なお議論の余地が大きいという点に尽きるであろう。

農村史研究との関わり

地域社会を素材とする日本経済史研究は、伝統的には農村社会を主な対象としていた。それは必ずしも一定の空間領域における経済活動の把握を念頭において取り組まれてきたわけではなく、むしろ農村社会に見いだされるさまざまな現象を日本資本主義を特徴づける重要な要素と考えたゆえのものであったが、結果的には農村社会の実態解明に多大な貢献を残し、一方で近代都市社会の分析を立ち遅らせる一因となってきた。

本書の対象地域である近郊農村が純農村社会と同質であるかどうかは検討の余地があるが、行政村の構成単位として大字が大きな役割を果たし、それぞれの大字の内部には相対的に突出した規模の土地所有者が一定数存在し、政治的・経済的に枢要な地位を占めていた、などの諸点は共通する。こうした農村的秩序については、独占段階への移行とともにその半封建制的性質に由来する資本制社会との矛盾が噴出し、衰退に向かうと一般には理解されている。都市近郊農村においては、その立地条件ゆえ、資本制部門の影響を時期的により早

く内容的により強く受け、社会の農村的秩序は急速に弛緩したと考えられる。

　こうした農村社会の秩序一般の動揺については、11～14頁において述べたので繰り返さない。ここでは、加瀬和俊の議論[41]に依拠しつつ、もっぱら農業上の問題に視角を限定して留意すべき論点を簡単に整理しておく。加瀬が提示した主要な論点は、①資本主義が地主制に対してもつ利害関係の多様性、②資本主義の展開と小作農民の小商品生産者化との内的連関、③米価水準、④農業政策、であった。これらを本書が素材とする小規模自小作層が多数を占める近郊農村地帯に適用すると、次のとおりである。

・資本主義発展（なかんずく都市化の進展）と農業の利害との関係
・商品作物生産、とりわけ蔬菜や果樹・花卉栽培の展開と、宅地需要との関係
・都市政策と農業との関係

　これら諸論点の解明は本書の直接的な課題ではないが、耕地整理事業の理解にとって必要な限りで適宜言及する。

　あらかじめ断っておかねばならないのは、本書においては農村史研究が伝統的に採ってきた階級論的アプローチ、すなわち地主－小作関係に着目して社会秩序を論ずる方法を必ずしも踏襲していないことである。これは耕地整理があくまで土地所有者間で行われる事業であり、残存する史料にも小作人とのやり取りは一部を除き登場しないという事情による。前述の沼尻説においては土地整理の実施にあたり小作人との間で多くの利害調整が行われていたことが指摘されており、これが重要な論点であることは疑い得ない。しかしながら、次章以下で示されるように、社会秩序の動揺と再編は、地主－小作関係以外の関係の内にも見出されるのであり、したがって階級論的アプローチが地域社会秩序を論ずるための唯一の方法とは言えないことも事実である。小作人との関係についてほとんど分析をなし得なかったのは本書の限界を示すものであるが、一方でそれ以外の側面から社会秩序を論ずることで、階級論を相対化することも可能であると考えられよう。

第4節　史料の紹介および本書の構成

史料について

　両大戦間期の都市圏拡大において土地所有者による耕地整理あるいは土地区画整理が、民間のディベロッパーによる開発等と並び少なくとも量的には無視し得ない役割を果たしていたことは、自治体史や組合の事業誌、さらにそれらを下敷にした概説書などによってすでにある程度知られているが、その具体的内容については十分に解明が進んでいるとは言えない。

　土地整理は国の許認可事業であり、耕地整理は府県、土地区画整理は市町村など対象地域の公共団体が取り扱ったから、府県や市の公文書を参照すれば事業の概略を把握することが理屈上は可能である。管見の限り、少なくとも東京都公文書館や大阪府公文書館、名古屋市市政資料館にはそうした土地整理の関係資料が収蔵され、組合結成の認可申請関係書類および事業施行中の設計変更、事業終了時の換地処分申請関係書類が綴られているが、これらは実施過程における具体的な意思決定や合意形成の様子を必ずしも伝えるわけではない。

　こうした限界を克服するには組合の関係文書等に依拠せざるを得ないが、従来こうした史料の所在はほとんど知られていなかった。本書が主として依拠する玉川全円耕地整理組合関係文書は組合の活動や事業の内容をかなりの程度詳細に伝えており、こうした課題に応える可能性を持った、現在のところ他に類例のない史料群であると言える[42]。

　同史料は現在、世田谷区立郷土資料館（所在地：東京都世田谷区世田谷1-29-18）に保存されている。文書箱に18箱に分けて収められ、内容は組合全体に関わるものと工区別のものとに分類される。工区というのは事業を円滑に行うために対象区域を細分化する際の単位で、玉川全円耕地整理組合の場合は全体が17工区に分割され、それぞれの工区に強い自主性が与えられた。ほとんどの業務は工区を単位に行われ、組合は実質的に工区連合の様相をなし、組合

全体の意思決定機関である組合会は各工区の活動に事後的に承認を与えるのみの存在となっていたのである。こうした事実を反映して、資料もまた大部分が工区を単位として残存しており、組合全体に関わる部分の割合は小さくなっている。以下、内容をごく簡単に示す。

まず工区関係の史料であるが、点数については工区によって多寡の差があるものの、大略次のものが共通して合まれている。

- ・区会議事録　区会とは組合員から選出された区会議員によって構成される工区の意思決定機関であり、ここには区会の議事進行がある程度具体的に記されている。また、区会の承認事項であった毎年度の予算・決算書類も綴じこまれている。
- ・換地台帳　工事終了後に東京市または東京都に提出した登記書類の控で、整理を通じた土地の交換分合に関する情報が一筆単位で記載されている。
- ・図面類　工区の全体あるいは部分について、多数の地図が残されている。換地前後の図も含まれており、右記の換地台帳と対照すれば土地所有の異動状況が克明に復元されることになる。ただし、寸法の非常に大きな図面が多いため取扱が難しく、また図面類を活用する方法論的検討も筆者の力量不足によりなされていないことから、本書では十分な分析に至らなかった。

その他に東京府や東京市とのやりとり、目黒蒲田電鉄など鉄道会社＝ディベロッパーとの交渉、組合員からの苦情や陳情などをまとめた綴や、組合員に交付した換地説明書の控などもある。

また、組合全体に関わるものとしては組合会議事録のほか、創立前後に発生した紛糾に関連する各種陳情書なども残されている。

形態は基本的に厚手の表紙で閉じこまれた縦書の簿冊となっているが、それとともに綴じ込まれずに封筒に入れただけの図面類や各種メモ書きなども少なからず存在する。一部は収蔵機関の封筒に入れ替えられているものもある。

ところで、この史料群はその収蔵経緯が明らかになっていない。1980年代にはすでに世田谷区立郷土資料館に搬入されていたらしいが、正式な受入の経緯

は不明とのことである。通常、耕地整理組合の文書は事業終了後に東京都特別区や市町村、関係水利組合等に継承にされることになっているので一旦世田谷区に収められた後に郷土資料館に移管された可能性もあるが、筆者はその可能性は低いと考えている。というのは、ここには玉川村とは直接関係のない、近隣の大田区調布や鵜ノ木の土地区画整理関係史料の一部が紛れ込んでいるためである。これらの混入文書が世田谷区役所に収められていたとは考えにくく、むしろ何らかの事情で同区役所を経由せずに存置され、それらが直接同資料館に収められたと考えるほうが自然であろう。経由地として可能性が高いのは、組合嘱託耕地整理技術者の土木事務所（田園調布所在の合資会社高屋土木事務所、のちに岡田土木事務所）である。仮に世田谷区役所経由で資料館に収められたのであれば大田区域の史料が混入する可能性は極めて低いが、行政区画にかかわらず近隣一体の土地整理事業を担当していた請負事務所を経由したのであれば、そうした事態も発生し得よう。また、部分的にではあるが、1980年代に岡田土木事務所から寄贈された旨のメモが添付された史料も混入している。

　なお、本史料は従来から東京大学や東京工業大学の都市工学関係の研究者による調査が行われる機会を得てきたものの、本格的な目録作成には至っていなかった。しかし、2003年度から2004年度にかけて詳細な目録が整備されたため、利用条件は大幅な改善を見た。

本書の構成

　本書は序章および本編4章、結章、補章からなる。
　第1章は、両大戦間期の東京近郊における宅地開発と土地整理の全体像を確認する。第1節では大阪との対照も行いつつその特徴を述べ、第2節では土地整理の制度的沿革と背景にあった理念を確認したのち、道路計画および人口との関係を見る。次いで、各事業を概観した上で、玉川全円耕地整理事業の位置づけを確認する。
　第2章は、玉川全円耕地整理事業の開始状況を観察し、既存の地域社会運営秩序＝行政村体制との関わりを析出する。第1節では事業着手の背景と計画を、

第2節では計画をめぐる賛否の地域内対立とその処理過程を、第3節では発足した組合の組織と人事をそれぞれ検討し、それが行政村における既存の秩序に則ったものであったことを確認する。第4節は事業の全体を概観する。

第3章は、事業に積極的で早期に着工した村域東部各地区（工区）における事業展開を見る。第1節では行政村体制に沿った組合運営が事業の各局面で限界に突き当たり、行き詰ったことを確認する。第2節では、この点につき、とりわけ組合財政に焦点を絞って分析を行う。

第4章は、遅れて着工した村域中央部および村域西部の各工区における事業展開を分析する。第1節では各工区において先行工区の事例を踏まえた運営方式の変化が見られたこと、それが既存の秩序からの逸脱に繋がったことを示す。第2節では都市計画道路という外生的要因によって事業そのものは円滑に進行した一方で組合の自律性＝自立性は動揺し、行政村体制の解体が促進されたことを示す。第3節ではこれらの変化を組合財務に即して検討する。

結章ではこれらの実証を踏まえ、この時期における社会の段階的変化についてやや試論的な総括を行う。

補章は、本編とは別の分析対象として雑誌『都市公論』を取り上げ、内務官僚のトップエリート集団であった都市研究会と各地の土地区画整理に携わった実務者との関わりの変化を見るとともに、そこに内在する経済・政治思想を解明する。これによって、本編とは別の角度からこの時期における社会変容の兆候を読み取ることで、本編の実証を補完する。

注
1） 事業主体であった玉川全円耕地整理組合の設立認可申請は1924年、認可は1925年である。碑文が1926年を発起の時点とした根拠は知り得ない。
2） 耕地整理事業は制度的には農事改良を主眼としており、都市計画法に基づいて市街地整備を行うことをめざした土地区画整理事業とは区別されたが、実際には市街地整備を目的とした耕地整理事業も多数行われた。本書では両者を区別なく指示する場合に、土地整理または土地整理事業と称する。
3） 代表的なものとしては世田谷区編『世田谷近・現代史』（同区、1976年）、越沢

明『東京都市計画物語』（日本経済評論社、1991年）、篠野志郎・内田青蔵・中野良『郊外住宅地開発・玉川全円耕地整理事業の近代都市計画における役割と評価——近代の都市開発における住宅地供給に関する史的研究』（第一住宅建設協会、1997年）。
4） この時期の東京における市街地拡大についての概観は、原田勝正「東京の市街地拡大と鉄道網（1）——関東大震災前後における市街地の拡大」（原田勝正・塩崎文雄編著『東京・関東大震災前後』日本経済評論社、1997年）を参照。
5） そうした前提の上に構成される議論は、透明な市場の中で戦略的に行動するプレイヤーたちが最終的にはある種の均衡に辿りつくということ、それを妨げる諸条件が存在していても限定合理性の下での均衡が達成され、そうした「外在的」な条件に変化が生じた場合は別の均衡へと移行するという考え方に適合的ではあるが、そこには社会の変化を内在的に説明し得ないという困難もともなうであろう。
6） マックス・ヴェーバー（大塚久雄訳）『プロテスタンティズムの倫理と資本主義の精神』（岩波書店〈岩波文庫〉改訳版、1989年、54頁、原論文は1905年）。
7） こうした指摘自体は別段新しいものではない。例えばクリフォード・ギアーツ（池本幸生訳）『インボリューション』（NTT出版、2001年、原論文は1963年）。
8） 山田盛太郎『日本資本主義分析——日本資本主義における再生産過程把握』（岩波書店、1934年、ここでは岩波文庫版、1977年を参照）。
9） さしあたり大内力『大内力経済学大系7　日本経済論（上）』（東京大学出版会、2000年）を参照。
10） 同上、513頁。
11） 武田晴人「日本帝国主義の経済構造」（『歴史学研究　1979別冊』歴史学会研究会、1979年）、橋本寿朗『大恐慌期の日本資本主義』（東京大学出版会、1984年）。
12） 武田晴人「1920年代史研究の方法に関する覚書」（『歴史学研究』第486号、歴史学研究会、1980年）。
13） 石田雄『近代日本政治構造の研究』（未来社、1956年）。
14） 金原左門『大正デモクラシーの社会的形成』（青木書店、1967年）。
15） 西田美昭『近代日本農民運動史研究』（東京大学出版会、1997年）、林宥一『近代日本農民運動史論』（日本経済評論社、2000年）。
16） 大門正克『近代日本と農村社会——農民世界の変容と国家』（日本経済評論社、1994年）。
17） 宮地正人『日露戦後政治史の研究——帝国主義形成期の都市と農村』（東京大学出版会、1973年）。
18） 丸山真男『日本の思想』（岩波書店〈岩波新書〉、1961年）45～46頁。

19) 同上、51頁。
20) 藤田省三『天皇制国家の支配原理』(未来社、1966年、ここではみすず書房全集版、1997年を参照)。
21) ベネディクト・アンダーソン(白石さや・白石隆訳)『想像の共同体——ナショナリズムの起源と流行』(リブロポート、1987年、ここではNTT出版増補版、1997年を参照。原著は1983年)。
22) 大石嘉一郎・西田美昭編『近代日本の行政村——長野県埴科郡五加村の研究』(日本経済評論社、1991年)。
23) 代表例として柴田徳衛『現代都市論』(東京大学出版会、1967年)、宮本憲一『都市経済論——共同生活条件の政治経済学』(筑摩書房、1986年)。
24) 代表例としては藤森照信『明治の東京計画』(岩波書店、1982年、ここでは岩波同時代ライブラリー版、1990年を参照)。
25) もちろん、それらの研究が背景となる実践的関心を直接に投影するとは限らず、対象に即した内在的な議論を展開し得ている場合も多々あることを否定するものではない。ここでは、あくまで都市経済論や都市工学と異なる、歴史系研究における都市史のあり方を際立たせて述べたまでである。
26) マックス・ウェーバー(富永祐治・立野保男訳、折原浩補訳)『社会科学と社会政策にかかわる認識の「客観性」』(岩波書店〈岩波文庫〉、1998年、原論文は1904年)29頁。
27) 石塚裕道『日本資本主義成立史研究——明治国家と殖産興業政策』(吉川弘文館、1973年)。
28) 石塚裕道『日本近代都市論——東京:1868-1923』(東京大学出版会、1991年)。
29) 同上、164〜165頁。
30) 原田敬一『日本近代都市史研究』(思文閣出版、1997年)、小路田泰直『日本近代都市史研究序説』(柏書房、1991年)。
31) 櫻井良樹『帝都東京の近代政治史——市政運営と地域政治』(日本経済評論社、2003年)、大西比呂志『横浜市政史の研究——近代都市における政党と官僚』(有隣堂、2004年)。
32) 成田龍一『近代都市空間の文化経験』(岩波書店、2003年)。
33) 中川清『日本の都市下層』(勁草書房、1985年)。
34) 大石嘉一郎・金澤史男編『近代日本都市史研究——地方都市からの再構成』(日本経済評論社、2003年)。
35) 大石嘉一郎『日本地方財行政史序説——自由民権運動と地方自治制』(御茶の水書房、1961年)。

36）沼尻晃伸『工場立地と都市計画——日本都市形成の特質1905-1954』（東京大学出版会、2002年）。
37）同上、286頁。
38）鈴木勇一郎『近代日本の大都市形成』（岩田書院、2004年）。
39）名武なつ紀『都市の展開と土地所有——明治維新から高度成長期までの大阪都心』（日本経済評論社、2007年）。
40）同上、10頁。
41）加瀬和俊「両大戦間期における地主制衰退の論理をめぐって」（『歴史学研究』第486号、歴史学研究会、1980年。ここでは武田晴人・中林真幸編『展望日本歴史18　近代の経済構造』東京堂出版、2000年版を参照）。
42）最近発表された沼尻晃伸「1930年代の農村における市街地形成と地主——橘土地区画整理組合（兵庫県川辺郡）を事例として」（『歴史と経済』第50巻第4号、政治経済学・経済史学会、2008年）および同「戦時期～戦後改革期における市街地形成と地主・小作農民——兵庫県尼崎市を事例として」（『社会経済史学』第77巻第1号、社会経済史学会、2011年）は土地区画整理組合の史料を用いているが、全体の史料点数は本書の対象となる玉川全円耕地整理組合のそれに及ばないようである。

第1章　東京近郊における宅地開発と土地整理

第1節　大都市近郊の宅地開発

1-1-1．両大戦間期大都市における市街地拡大と住宅供給

　本章では、両大戦間期の大都市およびその近郊における宅地開発について概観する。

　第一次世界大戦を契機とする重化学工業の発展は都市への人口集中と市街地の拡大をもたらし、大都市では職住分離の進展をともないつつ郊外の宅地化が進展した。ここでは、次章以下における議論の前提となる両大戦間期の郊外宅地開発について、東京に重点を置きつつ適宜大阪を中心とした京阪神地区との比較も行いながら述べていく。

　この時期の東京では、地代の低廉な郡部、とくに南葛飾郡、北豊島郡、荏原郡南部といった「下町」で工場新設が活発に行われ、その近傍に労働者用の住宅が整備された[1]。一方、旧武家地に起源をもつ「山の手」は、市街電車の普及に支えられて大戦前から大久保・渋谷・日暮里などの「郊外」が官公吏や新中産階級を対象とした住宅地と化しつつあったが[2]、その後はさらに西郊・西南郊の豊多摩郡・荏原郡といった高燥で居住条件に恵まれた地域へと拡大していった[3]。

　1923年の関東大震災は工場や住宅の郊外移転を促進させる契機となったが、市街地拡大の趨勢は震災に先立つ1910年代初頭からすでに認められていた。東京市の調査によれば、1920年末の同市ではすでに4万～8万戸（基準となる住

居環境によって異なる）の住宅が不足するとされており[4]、すでに隣接郡部の市域に近い地区では「無計画」な宅地化が進みつつあった。

　こうした事態を前提に、1922年には東京市の行政区画を超えた都市計画が公示された[5]。都市計画法そのものは1919年に公布されていたが、その理念に具体的な内容を与えたのがこの計画であった。その対象範囲は、東京駅から半径10マイル・鉄道で30分圏内、かつ既存の行政区画に沿って境界を設定することが条件とされたが、結果として策定された範囲は1932年および36年に実施された市域拡張の範囲とほぼ一致するものであった[6]。

　1920年代においては「慢性不況」の下で量的な意味での住宅難は解消しつつあったものの、家賃の下降が相対的に緩慢であったため、空家率が高まるにもかかわらず借り手がつかないという、住宅需給の不均衡＝「経済的住宅難」が新たに発生し、郊外の宅地化を促進したという事情もあった[7]。それは以前から存在した「不良住宅」問題のような都市雑業層固有の問題ではなく、新中間層にも影響を与えた。例えば東京市で土地整理技術者として経験を積み、当時は宮内省帝室林野局に勤務していた阿部喜之丞は、居家の家賃高騰に耐え切れず1919年に市内から荏原郡世田谷町への転居を余儀なくされていた[8]。日雇仕事に従事することが多い貧困層は就業機会を逃すまいとして住居水準を落としてでも市内かその近傍にとどまったのに対し、むしろ新中間層以上の人々は郊外移住に踏み切りやすかったと考えられる。これと並行して郊外電鉄の整備が進み、職住分離型の郊外住宅地開発が進められていったのである[9]。

　公的な住宅供給をはじめとした社会政策的対応も開始され、1920年には東京市による貸家貸間の斡旋と市営住宅建設が開始された[10]。また、「細民地区」や「不衛生地区」の「整理」もしばしば実施されたが[11]、それはスラムを都市の外延に排斥するのではなく、そうした住環境そのものを解消しようとする住宅改良としての性格を有していた。

　都市の拡大は大阪も同様であった。産業革命期に工場が林立した大阪においては環境の悪化を避けた郊外移住が明治中期からみられたが[12]、第一次世界大戦期における工業化の進展は周辺の東成・西成両郡の人口増加に拍車をかけ、

住宅難を引き起こした[13]。こうした状況を受けて1918年12月に大阪市区改正委員会が開催され、市外域を含めた「大阪市区改正設計」が作成された。市外南郊の住吉方面と北郊の千里山方面を住宅好適地と定めたこのプランは、都市計画法の公布に先立つ実質的な都市計画であり、1925年の第二次市域拡張や用途地域指定の基礎をなした[14]。鉄道沿線の「田園都市」開発は、東京に先んじて阪神間から着手された。また、大阪南郊では「田園都市」の名を用いつつも長屋形式をとった住宅も建設された。例えば東成郡田辺町の開発を行った大阪住宅経営会社々長の山岡順太郎は、同社の住宅供給を「大阪市が現今取りつつある社会政策と協調」するものであると述べていたという[15]。

こうした郊外住宅の供給にはさまざまな主体が関わっていた。片木篤らによって作成された「郊外住宅地データベース」[16]（以下「データベース」）によれば、この時期における郊外住宅の主たる供給者は鉄道会社と土地会社、それに信託会社であった。住宅の供給には開発業者＝ディベロッパーだけではなく土地の提供者が不可欠である。阪神間における箕面有馬電気軌道や東京における田園都市会社といった先駆的なディベロッパーは、基本的に用地取得費を可能な限り低廉に抑え、一方で開発後の土地を高額に売却することで利益を獲得した。だが、そうした開発による利益の大きさが広範に知られるようになれば、土地所有者たちは土地の売却価格を吊り上げるため、上に述べたような方針は行き詰まりを見せる。それは、言わば一回限りの手法であり、とくに土地所有者たちが耕地整理組合または土地区画整理組合を結成して自ら開発に関わるようになると、開発業者はこれらと改めて関係を築いていかねばならなかった。また、都市政策の存在も、土地所有者の組合による住宅開発に大きな影響を与えた。郊外住宅地の開発が持続的に行われるには、こうした諸主体の動きのなかから新たな関係の枠組みが形成されていく必要があったのである。

1-1-2．民間開発業者の動向

データベースによれば、この時期の関東と京阪神における開発主体別の郊外住宅開発件数は表1-1に示すとおりである。以下、これに従って民間開発業

表1-1　両大戦間期における開発主体別の郊外住宅地開発（1914〜36年）

(単位：件)

	鉄道会社	土地会社	信託会社	その他
関東	61	109	84	17
京阪神	62	177	0	5

出典：片木篤・角野幸博・藤谷陽悦編『近代日本の郊外住宅地』（鹿島出版会、2000年）。

者の動向を述べる[7]。

関東では鉄道会社による分譲のうち40件が五島慶太の経営にかかる東京横浜電鉄・目黒蒲田電鉄およびその系列会社によって占められており、次いで小田原急行鉄道（小田急）の10件、東武鉄道5、京成電気軌道5、京浜電気鉄道1と続く。方角で見ると西南郊方面で51件、東郊10件と圧倒的に西南郊が多い。また、土地会社の開発のうち60件は堤康次郎の経営する箱根土地によるものである（ただし、うち3件は軽井沢および箱根の開発）。同社の関東における住宅開発は東京の旧市域に所在した華族旧所有地の開発と、隣接郡部の近郊農村の開発とに大別される。後者は1922〜29年に豊多摩郡落合村を開発した「目白文化村」や、学校誘致と住宅開発とを組み合わせた大泉（1924年）・小平（1938年）などの「学園都市」があり、1931年頃から堤が経営に携わった武蔵野鉄道の沿線が中心であった[18]。郊外電鉄沿線ではこのほかにも大小の土地会社が開発を行っていた。これらの会社では、経験を積んだ社員が独立して新たな土地会社を興すことが特徴であった。これらはデータベースによれば1930年台後半以降に活発な分譲を展開しているが、それ以前の時期から活発に活動していたという指摘もあり[19]、詳細は不明な点が多い[20]。また、「その他」に分類されるが、学校経営の資金を得るために住宅開発を行った珍しい例として小原国芳らによる成城学園・玉川学園住宅地がある。これも小田急の開業（1927年）を前提とした事業であった。いずれが主体であっても、郡部の開発は鉄道の整備と密接不可分の関係にあったと言える。このほか東京の特色としては財閥系信託会社による大規模開発の存在が指摘できる。60件は三井信託（1924年設立）によるものであり、多くは旧東京市域内における華族所有地や西郊における畑地山林の処分事務を代理し高級住宅地を造成したものであったが[21]、同じく三井系の東京信託（のち日本不動産）の活動との異同は明らかでない[22]。このほかには三菱信託が西郊郡部を中心に

13件、住友信託による千代田区一番町の1件がそれぞれある。

　京阪神に移ると、鉄道会社62件中で活発な開発を行ったのは阪神急行電鉄で対象時期には29件、その前後にも活発な開発事業を展開している。並行する阪神電気鉄道は沿線住宅開発事業の先駆けでありながらこの時期の開発は7件にすぎず、京阪電気鉄道および新京阪鉄道の計9件よりも少ない。このほか南郊へ延びる鉄道では大阪電気軌道7件、大阪鉄道6件、阪和電気鉄道2件、南海電気鉄道2件の計17件がある。次に土地会社である。大阪では早くから土地の商品化が進行し、東京と異なり地所家作一括分譲が普及していたため、総じて資本金規模が大きな土地会社が数多く設立されたとされているが、この時期の開発件数だけ見れば京阪神は177件であり、関東の「土地会社」109件と「信託会社」84件の合計に及ばない。これは、両大戦間期に東京の不動産市場が拡大していたという橋本寿朗の指摘や[23]、土地建物賃貸業の会社数で東京が大阪を逆転したという長谷川信の指摘[24]と整合する。

1-1-3. 土地の提供者

　住宅開発の大部分が地租改正以来所有権を認められた私有地を対象に実施された以上、そこには土地の提供者が存在した。彼らはさまざまな形で開発に関わり、場合によっては積極的に開発利益を享受し、またある場合には意に反して自らの土地を提供した。

　東京旧市域内の場合、華族による所有地の「開放」が無視できない。東京の旧市域内では明治以降の土地の集積にともない、2,000人程度の大地主が市内の土地の大部分を所有していたが、一方で1920年代における「住宅問題」の発生はこのうちとくに可視化された大邸宅を有するような華族の大土地所有に対する批判を生み出した。また、彼ら自身の中にもこうした批判に対する思想的共感を覚える者があり、世代交代等にともなう相続税財源捻出の必要もあって「宅地開放」が実施されることになったのである。これらは1カ所に集約された大面積の土地を「開放」することによってまとまった住宅用地を生み出した[25]。上記の箱根土地や三井信託の事業はこうした機会を捉えたものであった。

これに対し、周辺郡部の住宅開発は東京・大阪とも近郊農村の農地・山林などの宅地化によって進められた。今述べた華族所有地の「宅地開放」以外の住宅開発が市内建築物の高層化ではなく、もっぱら市街地の外延的拡大によって行われた背景には、経済的・技術的理由のほかに当時「田園都市」として鼓吹された郊外居住への憧憬が存在していた事情も無視できないであろう。開発業者の中には箱根土地や三井信託のように旧市域内の土地を入手した者もいたが、それ以外の鉄道会社や土地会社は新中産階級のこうした感情を鼓舞しながら積極的に郊外に進出することで事業の機会を獲得したと言える[26]。

また、農村の側でも商工業部門の実質賃金上昇や社会主義思想の普及などに影響されて年雇や日雇の労賃が上昇し、農業の採算性悪化が進行していた。さらに都市近郊では流入した新住民の生活を目の当たりにする機会も多く、経済的事情とは別次元で農業を忌避する機運も高まった。こうして小作・自作に離農の動機が生じていくと、地主は小作の離農やそれに先立つ小作料軽減要求などに直面することになる。こうして、機会さえあれば旺盛な宅地需要に応じて所有農地を宅地に転換する動機が生じることになった[27]。

こうした近郊農村における用地の調達には大別して二とおりの方法があった。ひとつは、鉄道会社や土地会社が土地を直接買収するというものである。だが、この手法はすぐに次のような困難に直面することとなった。すでに簡単にふれたことであるが、ひとつは買収価格の高騰である。田園都市会社は1918年頃に東京府荏原郡碑衾村・馬込村・平塚村にまたがる土地買収に際してすぐに買収額の高騰に直面し、やむなく開発対象を近隣に転換した。1925年頃の神奈川県橘樹郡大綱村でも、建設途上の東京横浜電鉄沿線で地主による買収価格の釣り上げが行われ、地域社会と会社の間に軋轢が生じていたことが知られている[28]。宅地開発事業の有望性が認識されればされるほど、低廉な土地買収は困難となっていったのである。今ひとつは、開発地の分譲が不振の場合、資本が固定化して会社の経営を圧迫するという問題である。上述の箱根土地の場合がまさにこれに該当しており、東京における住宅開発は、もともと軽井沢および箱根の土地販売が不振で「中間事業」として実施したものであったのだが、結果とし

表1-2 郊外鉄道と沿線土地整理組合

ターミナル	路線	組合数	坪数(千坪)	他線重複(％)	1路線重複	2路線	3路線
品川駅口	省線京浜線	16	3,246	100	74	26	
	京浜電気鉄道	30	4,561	59	41	18	
渋谷口	目黒蒲田電鉄	48	12,209	50	43	7	
	東京横浜電鉄	24	6,831	87	87		
	東横玉川線	24	3,033	67	60	5	1
	帝都電鉄	12	3,080	100	12	87	1
新宿駅口	省線中央線	16	4,027	100	34		66
	京王電気軌道	11	1,260	92	76	13	3
	小田原急行鉄道	21	1,278	69	54	12	3
	西武軌道（青梅街道）	10	3,089	96	96		
	西武鉄道（高田馬場）	15	1,764	84	84		
池袋駅口	武蔵野鉄道	18	3,017	64	57	6	
	東武鉄道東上線	15	3,053	30	22	9	
	省線赤羽線	20	2,522	98	70	28	
上野駅口	王子電気軌道	21	1,557	92	37	35	20
	京成電気軌道	55	4,418	58	48	3	7
	東武鉄道	8	468	32	14	18	
	省線大宮線（東北線）	24	2,767	100	67	21	11
	省線松戸線（常磐線）	14	947	100	60	7	33
	省線千葉線（総武線）	25	2,177	100	98	2	
	城東電気軌道	17	2,113	30	28	2	

注：八王子市内の7事業を含む。各路線沿線の組合数は、他線沿線との重複を含む。したがって組合数合計は実際の組合数と合致しない。
出典：東京土地区画整理研究会『交通系統沿線整理地案内』（同、1938年）。

ては同社のさらなる経営圧迫要因となった[29]。

　実際に近郊農村で宅地創出のために多用されたのは、耕地整理あるいは土地区画整理（両者を区別せずに用いるときは単に「土地整理」とする）事業であった[30]。これらは土地所有者が組合を結成し、所有地の交換・分合および区画変更を行ったのちに土地を運用することで開発利益の獲得をめざすもので、その限りでは鉄道会社や土地会社などの開発業者にとって対抗的な立場にあった。だが、以下で述べるとおり、実際の組合運営においてはその途中から開発業者が関与・参加したり行政の介入が行われることも少なくなかった。

　東京における土地整理については次節で改めて述べるが、関東大震災後の帝

表1-3 大阪市内の土地区画整理

区	事業数	面積（町）
北 区	1	79
東 区	1	3
大正区	2	295
西淀川区	5	306
東淀川区	6	233
東成区	5	326
旭 区	12	770
住吉区	16	1,000
合 計	48	3,011

出典：大阪市土地整理協会『大阪市の土地区画整理』（同、1933年）。

都復興事業によって整備された隅田川周辺を除けば西南・西北および東の郊外で多く実施された。西南部こそ隣接しあう複数の組合によって比較的まとまった形で施行されたものの、他の地域は総じて虫食い状で土地整理がなされ、連坦性には欠けていた。1938年3月末までに東京市内で実施された土地整理は271事業（申請中1）あり[31]、面積は1万3,161町歩に及んでいた。これらを鉄道路線沿線別にまとめたのが表1-2である。もっとも事業面積が広いのは同一経営の下にあった目黒蒲田電鉄および東京横浜電鉄の沿線であり、なおかつ同一の土地整理事業地域をめぐる他路線との競合も少なかった。両者の鉄道事業と土地開発事業とが、独自の地域で展開されていたことが理解されよう。

これに対し、大阪では複数の土地整理が隙間なく連坦して施行され、結果として既成市街地の外縁が土地整理施行地区で埋め尽くされるような形となった。これは土地所有者たちが周辺地域の土地整理組合と密接な連携を取るとともに[32]、次項に述べるとおり大阪市当局による調整が積極的に行われたことによるものであった。1933年2月時点で市内の土地区画整理は48事業、面積は3,011町歩（実測）であった[33]。地区別の内訳は表1-3のとおりであり、旧市域の各区（北区・東区・大正区）よりも1925年に編入された新市域が圧倒的に多い。このほかに東京と同様宅地開発を目的とした耕地整理も多数実施された。例えば地区内の大部分が東成土地建物株式会社の所有地であった住吉第一耕地整理地区などでは事業（1913～1915年）を通じ、いわゆる帝塚山住宅地が整備された[34]。

1-1-4．宅地整備への政策的介入および民間開発事業者との関係

上に述べた組合による土地区画整理は都市計画法第12条に定められたもので

あったが、同法第13条では公共団体による土地区画整理事業も定められていた。都市計画の事業主体は市町村などの地方団体であったから[35]、これらの団体が直接土地区画整理を行う制度的根拠も存在したことになる。だが、実際にはこうした行政執行の土地区画整理は既成市街地の駅前など極めて少数にとどまった。東京では帝都復興事業を除くと新宿駅前・渋谷駅前・浅草で市が施行したにとどまり、大阪でも大阪駅前土地区画整理事業が唯一の事例にすぎなかった[36]。

実際の郊外住宅地整備にあたり採られたのは、東京においては、都市計画道路の建設にあたり土地区画整理組合や耕地整理組合の結成地を優先して道路建設を行うことを明言して、沿道予定地の土地所有者たちに組合結成を促すという手法であった。道路用地を買収するのでなく土地整理を通じて上地させれば財政支出は大幅に縮小することができるが、整理後の土地運用はあくまで土地所有者たちの裁量に任される。行政に可能なのは用途地域指定や風致地区指定による間接的なコントロールであり、場合によっては都市計画がめざした統一的な整備の阻害要因となることもあった。こうした過程の実際については、第4章で論じる。

これに対し大阪では土地整理に対しより直接的な市の関与が見られた。1923年頃から市内都島地区において、高級助役時代から大阪の市街地開発に関与していた関一市長が土地区画整理組合設立の「慫慂」を行っていたという。これにより1925年、都島土地区画整理組合が設立され、市内土地区画整理組合の嚆矢となった。組合長に大阪市都市計画部次長であった瀧山良一が就任した点も、市と地域社会との密接な関係を示していたといえる[37]。同市は第二次市域拡張を実施した1925年に土地区画整理に対する助成を開始し[38]、1927年には大阪市土地区画整理助成規程および大阪市土地区画整理受託規程を制定して、耕地整理および土地区画整理事業に対する市当局の積極的な介入を制度化した。前者は助成費の支出のほかに事務の補助や指導をも行うことを可能とし、後者はさらに踏み込んで市が組合から事業を受託することを可能とする規定であった。1927年、大阪市長を会長とし、土地区画整理および耕地整理の施行者または認

可申請者を会員として大阪市土地整理協会が発足した。同会は事業の一部代行、関係官公署への意見開陳、講習会・講演会の開催などを活動内容としており[39]、上に述べた一連の動向の到達点であったと言える。

　また、住宅開発を触発するための交通インフラとして、道路のみならず市営高速鉄道を自ら建設したのも大阪の特徴であった。これを主張したのも市長の関一であった。関は、母市から離れた衛星都市開発よりも連続的な「田園郊外」開発を主張し、とりわけ南郊において土地区画整理および土地会社の活動に介入するとともに高速鉄道我孫子線（地下鉄御堂筋線）の建設を優先し、結果的にはE. ハワードの思想とは異なる都市開発を促進した。1926年に我孫子や江坂など南北方向の路線と大阪港、平野など東西方向の路線が計画され、1928年の総合大阪都市計画で決定された。ただし、第二次世界大戦前には旧市域の既成市街地区間（梅田－天王寺）が建設されたにとどまった。

　社会政策的住宅供給にも触れておく。「住宅問題」への対策として東京市・大阪市とも市営住宅の建設を行った。大阪の市営貸付住宅は1919年から、分譲住宅は1926年からそれぞれ建設された。このほか、上述の土地会社および住宅組合法（1921年公布・施行）に基づく住宅組合に対しては建設資金の貸付が行われた[40]。東京ではこれに加えて震災罹災者の救済をめざして1924年に設立された同潤会による住宅供給が行われた。これらの政策的住宅供給に共通するのは、低所得者層向け住宅の改善事業と同時に新中産階級向けの一般住宅をも供給していたことである。同潤会について言えば、当初はバラック解消のための応急的仮住宅建設および「不良住宅」解消のための労働者向けアパート建設という応急的な要素が強い活動が主であったが、1929年に政府から低利資金を借り入れてアパート建設および戸建住宅の分譲を開始し、新中間層向けと同時に安価な職工向け住宅を提供した。石見尚の研究によれば、これらの内訳は「一般住宅」12カ所3,478戸、「アパートメントハウス」14カ所2,180戸、「分譲住宅」8カ所212戸であった[41]。

　民間開発業者との関係はどうであったか。東京全体の傾向について述べる準備はないが、次章以下で詳述する玉川全円耕地整理組合についてあらかじめ触

れておくと、当初は開発利益の獲得をめぐって民間開発業者との対抗関係が明確に意識されていたものの、実際の組合運営の過程においては、事業資金獲得のため開発業者に対し一定規模の保留地（組合地）を予約売却する方式が定着した。これらの土地の運用は売却相手に委ねられていたから、組合は事実上開発業者の介在を許容したといえる。

一方、大阪では土地区画整理組合結成時点より積極的にこうした開発業者を介入させた事例が見られた。大阪市都市整備協会のまとめによれば、こうした性格のものと判断されるのは以下の組合等である[42]。

・瑞光寺土地区画整理組合（1927年結成、東淀川区所在、以下同じ）；組合事務所が新京阪鉄道の京阪ビル内に所在し、区域内で新京阪が住宅地を経営（建売分譲）。
・西平野土地区画整理組合（1928年、住吉区）；関西土地会社が従前から取得していた土地を区画整理を通じて整備。組合長は同社長の建石辰治。
・森小路土地区画整理組合（1929年、東区）；関西土地会社が発起人、組合長は社長の建石辰治。
・神崎川土地区画整理施行地区（1929年、東淀川区）；淀川右岸の新京阪鉄道沿線で、施行委員は京阪電気鉄道社長太田光煕。

このように、地域社会における土地整理事業においても開発業者と密接に関連しながら活動を展開した事例は見いだされる。第二次世界大戦後には民間開発事業者が土地区画整理組合の業務を請け負う一括代行が広く行われるようになるが、これにつながるような現象は1920年代末から30年代にかけて既に発生していたと言える。

ここまで見てきたように、この時期における郊外住宅地の開発は開発業者、土地の提供者、行政の三者に集約される多様なプレイヤーが相互に連関を持ちつつ進行した。開発業者、あるいは土地所有者や都市計画官僚がそれぞれ単独で宅地開発を行うことは困難であり、これらの運動の相互連関の中から郊外住宅地開発の新しい枠組みが形成されていったのである。

第2節　東京近郊の土地整理事業

1-2-1．土地整理をめぐる制度的沿革

　本節では、土地整理に関する制度的枠組みと、その特質を瞥見する[43]。

　土地、なかんずく耕地の生産性向上を目的として区画を整理する事業自体は、近世における畦畔改良にまで遡るとされる。明治に入って間もない1872〜75年に静岡県磐田郡田原村で篤農家の名倉太郎馬が実施した田区改良は、畦畔改良の系譜を引きつつ集落内における土地の交換・分合や道路改良をも包含していた。1887年には石川県石川郡立模範農場でドイツの耕地整理技術を応用した田区改良が実施された。

　土地整理は個人的な土地の用益を何らかの形で制限するものであるが、近代のそれは前近代的・共同体的規制によってではなく、原則的には近代的所有権の成立を前提としつつ、実施される[44]。このような意味で土地整理を制度化した最初の法は、1897年に制定された「土地区画改良ニ関スル法律」であった。同法では土地所有権に関わる規定は設けられていなかったが、翌年には「関係地主全体の同意を得るに難き事」が問題点として指摘され、近代的土地所有権の制限にともなう摩擦は自覚されていた。また、同法では、改良前後の地価総額には変更を加えず、事業後の各筆の評価額は従前土地の総額を配賦することが認められていたが、これは整理後の地租上昇を防止することで、土地改良の誘因とする狙いを持っていた。この内容は次に述べる耕地整理法にも継承されたが、地価上昇が必ずしも肯定的に捉えられていなかった点に注意したい。

　1899年、耕地整理法が制定された。同法は施行区域内で人数・面積・地価額において3分の2以上が賛同すれば、残余の反対者を強制的に組合に加入させることを可能とした。また、あわせて土地の強制収用規定も設けられた。同法はドイツの耕地整理法に範をとったとされるが、灌漑や排水に関する規定が日本の農業事情に必ずしも適合しなかったことから1909年に全面的に改正され、

同時に上述の「土地区画改良ニ関スル法律」は廃止された。

　1919年に制定された都市計画法は市街地における土地区画整理を制度化した。同法は、第12条で土地所有者が結成した組合による事業を、第13条で公共団体による事業を、それぞれ規定した。第12条事業の背景には耕地整理法を準用した宅地開発がすでに活発に実施されていたという事情があったが、同事業は耕地整理の手法を準用することとしたため実務上の差異はほとんどなく、さらに耕地整理に対してのみは補助金が交付されるとともに各府県農工銀行および日本勧業銀行から低利の融資が行われたことなどから、同法施行後も耕地整理を名目とする宅地開発は継続して実施され、土地区画整理事業は低調であった。第13条事業は、土地所有者の申請がなくとも公益上必要と認められた場合に国やその他の行政主体が土地区画整理事業を実施することを可能としたものであったが、後述する帝都復興事業など既成市街地のごく一部で行われるにとどまり、郊外開発の手段とはならなかった。1920〜30年代にかけて土地区画整理に対する助成制度が各都市で独自に定められるようになるとともに、1931年に地租法制定により耕地整理による宅地開発が制限されると、土地区画整理による宅地開発が本格化した。このときには、都市計画法も改正され、建築物がすでに存在する区域を施行地区に強制編入することも可能とされた。

　このように、近代的な法体系の中で土地所有権に制限を加える制度は年代とともに拡充されていったのであるが、土地整理の歴史上、大きな画期となったのは、関東大震災後の帝都復興事業であった。同事業は1924年に発布された特別都市計画法に基づく土地区画整理事業によって実施されたが、とりわけ施行区域の土地の1割を無償で上地させる点を大きな特徴とした。そして、このときに採られた上地を正当化する論理は、その後の郊外開発の範となったのである。

1-2-2．帝都復興事業における土地区画整理の「効能」

　帝都復興事業における土地区画整理の位置づけを市民向けの小冊子『帝都復興の基礎　区画整理早わかり』[45]によって確認していく。同書は、「焼けた東

京」の「市区改正で出来た大通の外」、すなわち狭隘な道路について次のように問題を指摘する。

まずは安全である[46]。従来の路地は、「小供をひき殺す恐れなしに自動車の通れる所は極めて尠なかつた」(ママ)し、「折角自動車ポンプが馳せ付けても……自由に消火作業を為すことが出来ず……時間を空費して居る間に、見す〳〵火の手が拡がつて行つた事実は無数にあ」った。さらに、「曲がりくねつたり行止まりであつたりして、人を訪ねても小半日も家がわからなかつたり、引越の荷車が一丁も先に立往生する位のことはまだしものこと、一朝袋路地の入り口の方に火事があつたらソレコソ大変」という状況であった。

次に、衛生である[47]。従来の市街地は、「小さな裏家が乱雑に建込んで碌々日の目も拝めず……風通しが悪く、陰鬱で而も台所の鼻先に隣の便所の汲取口があるかと思へば又其側に井戸があると云ふ風で寔に不潔極まるものであつた」。「斯う云ふ不安不衛生の大部分は結局曲りくねつたり行止りの狭い路地横丁が無数に入り乱れて存在して居ることに帰着するのである」が「斯んな非文化生活の標本とも云ふべき裏家生活、路次生活も、『住めば都』で、永年住んで居るものは危険も不潔も余り気にかけぬ者も多」かった。

しかし、最も大きな問題とされたのは「土地利用上乃至は日常経済上の損失」であった[48]。従前の「下町一帯の建築の敷地」は「三角」だったり「イビツ」だったり「間口が狭くて奥行許り馬鹿に長かつたり、間口許り広くて奥行が無い鰻の寝床見たやうなものや千差万別」であったが、「同じ百坪でも四角な敷地と三角の敷地では土地の値うちは非常な違」(ママ)いがあるし、「狭い路次横丁の中ではドウしても平家か精々二階位の低い家屋」しか建てられず、「地価に相応する家賃及び地代を回収し得ないとすれば其地価は著しく低下」するおそれがあった。また、「道路、上水道、下水道の工事の費用、瓦斯電気敷設の費用は皆直接間接に吾々市民の負担となるのであるが……ミミズののたくつたやうな路次や横丁の中には、ドウしても之等の地価埋設物を経済的に敷設する事が出来ぬ」(ママ)という問題も生じていたのである。

こういうわけで、同書は「如何に大通だけが立派に出来上がつても狭い路次横(ママ)

丁と乱雑な宅地割が整理されずに取残されてはトテモ堪つたものではない」、「不安、不潔、不便、不経済な非文化生活」は「孫子の代までも依然として続いて行くであらう」と述べて、「此目前に迫りつゝある恐しい悲しい事実はドウしても免れることは出来ない運命であらうか。之を救済す可き方法は無いのであらうか」と自問し、そして次のように自答するのである。「方法はある、困難ではあるが必ず遂行し得べき方法はある。それは都市計画法に依る所の土地区画整理を断行して蚯蚓道路と寄木細工の敷地を撤廃して秩序整然たる道路と宅地を作ることである」[49]と。

こうして土地区画整理は「非文化生活」解消の切札として位置づけられた。そして、その「効能」は、次のように概括された。

(イ) 幅の狭い曲りくねつた「路次」がなくなる
(ロ) どの家も交通が便利になり商売は繁昌する
(ハ) 採光と換気が良くなり下水は溜らず衛生上良くなる
(ニ) 地震や火事の時に避難が楽になり又消防の活動も自由になる。保険料は安くなる
(ホ) 路幅が広くなるから高い建物が許される
(ヘ) 家を建てる時に一々建築線の指定を受ける必要がなくなる
(ト) 宅地が整形になるから建築の設計は楽になり建築費も安くつく
(チ) 直ぐに表通であるから上下水道瓦斯管電灯電力電話線等が節約されそれだけ経費が省けることになる
(リ) 要するに宅地が改善され其利用が増進するから地価が騰貴する
(ヌ) 換地に就いては所有権の外地上権、借地権をも指定するが故に地主も借地人も借家人も凡てが利益を受ける
(ル) 地番が整理され「路次」がなくなるから他人の家を尋ねるにしても分り易くなり一般に市民の労力と時間とが節約される[50]

これらの各項は必ずしも体系的でなく、相互の関係も明らかではない。だが、

さまざまな利便の向上は（リ）に示されたごとく「要するに」地価上昇に帰結するという、その論理構造にここでは注意を払っておきたい。

同書の述べる土地区画整理の「効能」はこれだけではない。従前の市区改正のように単純な道路計画として道路用地を買収していく方法では、道路敷設予定地に該当した土地の所有者のみが立ち退きを迫られ、しかも買収価格が「土地所有者を満足せしむることは却々困難」であった。一方で、その他の地主や借地人は道路建設による「利益」を享受し得るという「不公平」がしばしば生じていた。これに対し、土地区画整理においては、区域内の道路用地すべてを区域内の土地所有者全員が提供し、全員が一様に換地を取得するため、その種の「不都合な結果」は回避される[51]。「凡ての市民の負担と受益とが公平である」[52]のが、土地区画整理の利点とされた。

だが、土地区画整理を通じた道路整備によって均霑されるはずの「利益」は、同時に区域内の関係者すべてに対し減歩——すなわち所有面積の実質的な減少——という負担を強制するものでもあった。両者の関係は次のように説明された。

> 今度の焼跡地は元来道路が非常に狭かつたのを相当に広い道路にするのであるから多少宅地の坪数の減るのは已むを得ない事で新しく割振られる敷地も前よりは……先づ大体一割から二割迄位は減るであらう。〔中略〕そして前には狭い道路横丁の奥にあつたものでも、今度相当の広い道に向ひ、以前は三角や馬鹿に細長い形の敷地であつても、今度はキチンとした格好の敷地となり、平常の出入りにも消防や避難にも便利で、衛生状態もよく建物も相応に高い家を建てる事が出来る。貸家なら家賃も多くとれる従つて土地の値段も前とは非常な相違で仮令坪数は減るとも財産は殖える訳である[53]。

土地区画整理にともなう減歩という負担は、「平素出入」から「衛生状態」といった宅地利用上のあらゆる便益を「土地の値段」に一元化することによっ

て、つまり「坪数は減るとも財産は殖える」という論理を介在させることによって、利得に読み替えられたのである。

　先に触れた1割無償減歩はこのような論理に基づいて決定されたのであるが、それに対しては当初、大規模かつ組織的な反対運動が展開され、政界では江木翼よび伊東巳代治が、所有権の侵害にあたり違憲であると主張した。だが、当時東京市内の土地の大半を所有していた約2,000人の地主は、この上地＝減歩を、むしろ地価上昇をもたらすものとして歓迎した。彼らは、減歩を受容しても土地区画整理によって新たな道路が建設されれば残余の地価が上昇し利得になる、という為政者の論理に同意していたのである。反対運動を担ったのは、むしろ震災直後に公布された勅令414号（バラック勅令）に基づき建設された仮設建築の住民であった。彼らの主張は、勅令によって保証された5年間は土地区画整理を遷延してほしいというもので、現実の生活に根ざした要求であったとされている。これに対し国と東京市は5年間の建築物存置は土地区画整理を一層困難にするとして、これを退けた[54]。

　1割減歩を正当化した論法は、今見てきた『区画整理早わかり』と共通する表現の多い島経辰『復興市民要覧』においても採られていたし[55]、東京市区画整理局技術員講習会の講師を務めていた長谷川一郎も、1924年の著作において「新設道路等ノ為ニ如何程多ク宅地ガ潰レテモ夫ハ其土地開発ノ為メ忍ブベキデアル」[56]と述べていた。土地整理、なかんずく道路整備によって土地の面積が減少しても、結果としてもたらされる地価上昇が土地所有者にとっての利益となる、という考え方は、帝都復興事業における大義名分となっていたのである。

　だが、土地整理における利益の再分配は、換地という形式をとってしか行われず、その「利益」の実体化はその後の個々の土地の運用に委ねられるのであって、実在としては一定の地積の土地以外の何者でもない。土地整理における換地処分とは、現実には運用時の利益獲得に対する期待（＝未実現の利益）の再配分でしかない。にもかかわらず、それさえ行えば開発利益の再分配をしたことになる、あるいはそのように見なすのがここで確認してきた考え方である。

それは、実在の負担を、仮構された利益に読み替える論理であると言ってよい。

したがって、理論的には土地区画整理の実施が土地所有者達の利益に繋がると言っても、その利益はもとよりフィクショナルなものであって、実在の負担そのものが解消されるわけではなかった。先に述べたとおり、帝都復興事業においては1割までの無償減歩を定めたが、それは減歩率が1割以上となった場合には超過分に対して補償金が土地所有者および借地人に支払われることを意味した。その理由は「仮令其土地改良の為めとは言い乍ら強制的に区画整理をして余り多く宅地が減るのは気の毒であり又震災後の経済回復助長の意味もあつて補償をする」と説明されたが[57]、これは自らの論理がある種の無理をともなうことを半ば告白するようなものであった。たしかに東京市内の地主はこの条件を受け入れたが、それは市内という条件ゆえに直ちに利益を現実化することが可能であったためと考えられ、土地区画整理によってもたらされる「利益」が仮構のものであったことに変わりはない。

ところで、同書において土地区画整理は、持田信樹が指摘したように、帝都復興事業の財政負担を緩和するための手段としても位置づけられていた。買収による用地の取得は「主に表通を取り拡げる為めに買収費が巨額に達する」のに対し、「土地区画整理ならば平均地価で道路敷等を得ることが出来るのみならず無償提供の部分もあるから道路を沢山つけても国費や市費が節約される」[58] というのである。土地区画整理は、財政に対する実在の利益と、土地所有者に対する仮構された利益とを架橋する装置であった。

1-2-3．東京府の都市計画道路と土地整理

前節で見たように、帝都復興事業の中心的課題は道路建設であり、土地区画整理はその重要な手段と位置づけられていた。同事業は特別都市計画法に基づくものであったが、通常の都市計画法に基づく都市計画においても、道路整備は最も重要視された課題であった。時期が下った1933年、東京市は『都市計画道路と土地区画整理』[59] において、「都市的施設として将来施行せねばならぬ事業」として、教育施設、道路および橋梁、河川および運河、水道事業、下水

道事業、衛生施設、屎尿処分、塵芥処理、公園施設、社会事業、市場、墓地、電気事業、港湾施設、航空港、地下鉄道を挙げた後、次のように述べた。

> 此の種々の施設の中で……直ちに施行せねばならぬもの〔のうち──引用者〕市民と密接の関係があり、又他の施設と最も深い連関を持つて居るのは道路であると云ふことができる。何となれば、水道下水皆道路中に施設される、学校、公園皆道路の連継(ママ)が必要である。河川運河皆道路との連絡がなければ価値はない。其の他凡ての施設が道路無しでは用をなさぬ、即ち道路は都市的施設の礎石であり、動脈であると云ふことが出来る[60]。

　都市計画事業の一環として整備が行われる道路は都市計画道路と呼ばれた。東京においては表1-4に示すとおり1921年以降数次にわたって計画が策定された。郊外開発に関わるのは、1927年8月決定の都心部と郊外とを結ぶ放射線、郊外間を結ぶ環状線、それに補助線からなる道路および、1930～32年決定の細道路網であった。これらは当時としては高規格の道路整備であり、1940年時点における計画では幅員8～25m、総延長388kmのうち210kmは幅員22m以上とされ、1944年まで四期にわけて事業が進められることとなっていた[61]。
　そして、これら郊外への都市計画道路建設においても、帝都復興事業において示された減歩に関する論理が適用された。次に示すのは、1932年に都市計画道路整備計画第二期分（主に郊外の道路整備を目的とした）を決定するに際して掲げられた方針の一部である。

> 土地区画整理又は耕地整理施行地区内に都市計画路線か(ママ)介在するときは該路線の敷地を相当提供せしむることは、数年来督励して来た所であるが、整理施行を助成し且地方の交通の発達を促進する為、整理施行に依り当該計画道路の敷地を、一定の割合を以て提供するものに付ては交通情勢等を調査の上、特に其の区間を〔都市計画道路〕事業区域に編入するの方針を樹てた[62]

表1-4 東京の都市計画道路一覧（1933年現在）

決定年月	種別	路線数	延長（m）	事業費（円）	1932年度までの執行額（円）	進捗率（％）	
1921年5月	府知事執行	62	63,881.7	109,668,306	65,853,907	60.1	91.3
	市長執行		41,555.8				45.1
1924年3月	幹線道路（内務大臣執行）	52	117,111.0	333,683,679	329,950,895	99.0	100.0
	補助線道路（東京市長執行）	122	137,525.0				100.0
	計画決定		2,060.0				—
1926年3月	桜田門―虎ノ門道路	1	876.0	495,906	495,906	100.0	
1927年8月	放射線道路	16	133,356.0	369,539,183	15,947,083	4.3	
	環状道路	3	113,165.0				
	補助線道路	107	386,648.0				
	市内	16	31,972.0				
1927年8月	築地中央卸売市場付近道路	2	840.0	420,000			
1929年8月		10	3,978	4,937,050	294,525		
	議院前広場	1カ所	2,827坪				
1930～32年	細道路網	476	583,940.0	125,213,330	—		
合計		867	1,616,908.5	943,957,454	412,542,316*1		
		1カ所	2,827坪				

注：空欄は不明を示す。＊1は合計値だが出典中には412,542,316円との記述も別途見出される。
出典：東京市『都市計画道路と土地区画整理』（同、1933年）5～26頁。

　都市計画道路を土地整理事業地区内に敷設することは事業「助成」の効果を持つとされた。その根拠は、整理施行後における地価上昇にほかならない。続く第三期計画においても「土地区画整理又は耕地整施行地区内に介在する計画道路にして交通上開設の急を要するもので事業助成の効を兼ぬるもの」[63]を採択しており、この方針は継続的なものであったと見なし得る。

　このときの上地のルールは、帝都復興事業とは異なり、道路を新たに新設する場合は、幅員8m分と超過幅員の3分の1（例えば幅員25mの道路であれば13.7m分）を上地し残りは買収、既存の道路を拡幅する場合は拡幅分の3分の1を上地することとなっていた[64]。いずれにせよ、上地によって整理施行地の民有地面積が減少しても、道路敷設によって地価が上昇すればそれは助成の効果を持つとされた点は同様であった。

このような考え方は、その後東京市土地区画整理助成規程（1935年12月27日制定、1936年1月1日施行）として結実した。同規程によって、従来「方針」にすぎなかった上記の原則、すなわち用地を土地区画整理組合が上地する場合には優先して都市計画道路を建設することが制度化されたのである。上地の割合は幅員11m分と超過分の3分の1までとなったが[65]、これは上に掲げた1932年の条件よりも土地所有者にとって厳しいものであった。同規程について、東京府経済部整地課長であった山田稔は次のように述べている。

　　今や土地区画整理事業は市の事業と相提携して施行せらるるに至つたのであるが、此の関係は今後益々発展せしむべきであり、其の地区の有する機能を可及的発揮する様努むべきである[66]

　用地を提供し都市計画道路を建設することが土地区画整理組合員の利益であるという論理を介した土地区画整理と都市計画事業との結合、財政にとっての実在の利益と土地所有者にとっての仮構された利益との結合を山田は肯定的に「提携」と呼び、「地区の有する機能」を「発揮」するため「今後益々発展せしむ」べき関係と捉えているのである。
　だが、その本質は1937年に東京市土木局長衣斐清香が記した次の一文に明らかであろう。衣斐は、「東京市の道路として、近代都市として之に応はしく完備するには」「土地面積に対する道路面積の比率」を「少くとも二十％程度に達する必要」があるとして、そのために必要な建設面積を65万km^2、費用を13億円と試算し、次のように述べた。

　　上記十三億円の将来計画は今後約三十年間を期して完成せしむるを適当とすべく、然るときは年額四千余萬円を要すべく、之に橋梁、河川、下水等の土木施設費を併せ考ふるときは、市の財政を以てしては到底完全円満なる遂行を期待し能はざるを以て、之が緩和策として、地元住民をして自発的に土地区画整理組合を組織せしめ、耕地整理法の準用に依り、組合をし

て其の負担に於て道路を新設せしむるを策の得たるものなりと思料す[67]。

このように、土地整理にともなう上地を土地所有者にとっての利益とみなす論理には、ある種の「無理」があった。こうした無理も、目前に旺盛な土地需要が存在してさえいれば、直ちに実利の獲得が実現するため、土地所有者に容れられやすい。だが、その実体化が整理後における各人の土地運用に任されている以上、必ずしも宅地需要がともなわない郊外においてこうした考え方に基づく道路整備を行う場合には、しばしば地域社会との間に大きな摩擦をともなう可能性がある。とはいえ、結果的にこうした論理は一種の経済外的な力をも借りながら、大勢としては社会的同意を獲得したのも事実であった。土地整理をともなう道路整備は、郊外開発の手法として一般化していったのである。

1-2-4. 両大戦間期東京近郊における土地整理と人口との関連

本項以下では、両大戦間期の東京近郊における土地整理事業を概観し、玉川全円耕地整理事業の相対的な位置づけを確認する。

まずは土地整理と人口との関連から見る。表1-5は、東京市編入直後（1932年）の新市域における土地整理事業施行面積と人口密度について、旧郡および町村別に表示したものである。史料に用いた『都市計画道路と土地区画整理』[68]は、東京市が土地整理と並行して実施する意向を有していた都市計画道路の整備計画を策定すべく現状調査を行ったもので、当時の東京市域における土地整理事業を網羅的に把握することが可能となっている。

まず、整理施行面積を旧郡別に見ると、旧東京市周辺5郡（新市域）のうち、土地整理施行地域（組合結成済の地域）の割合が群を抜いているのは旧荏原郡であり、総面積の5割以上がすでに耕地整理または土地区画整理に取りかかっていたことがわかる。他は旧南葛飾郡の21％、旧豊多摩郡16％、旧北豊島郡14％と続き、旧南足立郡のみ2％と圧倒的に低い。ただし、整理予定地をも含めた土地整理対象地（整理施行地＋整理予定地）の割合は旧南足立郡すなわち足立区が94％と最も高く、この地域が土地整理の有力な候補地となっていたこ

表1-5 旧町村別土地整理面積と人口密度

旧郡名	区名	旧町村名	面積(ha) 下段:面積比(%)			総面積(万坪)	人口密度(人/万坪)	
			整理施行	整理予定	総面積		現在人口 下段:対「飽和人口」比(%)	「飽和人口」
荏原郡	品川区	品川町	89 29	—	304 100	92	615 65	950
		大崎町	97 31	53 17	318 100	96	559 59	950
		大井町	122 30	—	404 100	122	580 65	890
		合計	308 30	53 5	1,026 100	310	584 63	926
	目黒区	目黒町	70 10	513 72	717 100	217	310 38	820
		碑衾町	555 73	80 11	756 100	229	179 28	640
		合計	624 42	593 40	1,473 100	446	243 33	728
	荏原区	荏原町	374 65	—	580 100	175	753 92	820
		合計	374 65	0 0	580 100	175	753 92	820
	世田谷区	玉川村	1,126 87	35 3	1,299 100	393	43 10	440
		駒沢町	376 44	191 22	854 100	258	120 23	530
		世田谷町	236 19	621 50	1,246 100	377	194 32	610
		松沢村	12 3	474 99	481 100	146	84 16	540
		合計	1,751 45	1,321 34	3,881 100	1,174	114 22	527
	大森区	馬込町	338 82	15 4	413 100	125	184 26	720
		東調布町	341 62	24 4	554 100	167	73 14	520
		池上町	563 78	14 2	722 100	218	95 14	660
		入新井町	78 29	—	272 100	82	554 64	860
		大森町	298 77	9 2	384 100	116	400 53	760
		合計	1,617 69	63 3	2,345 100	709	209 31	677

荏原郡	蒲田区	矢口町	290 66	11 3	443 100	134	136 25	550
		蒲田町	325 111	10 3	292 100	88	499 73	680
		六郷町	229 56	40 10	410 100	124	116 19	600
		羽田町	392 38	136 13	1,036 100	314	68 10	670
		合計	1,236 57	197 9	2,181 100	660	148 23	634
旧荏原郡合計			5,910 52	2,226 19	11,485 100	3,474	209 32	654
豊多摩郡	淀橋区	大久保町	—	—	207 100	63	541 54	1,000
		戸塚町	—	—	178 100	54	587 60	980
		落合町	85 26	95 29	322 100	98	314 37	840
		淀橋町	3 1	59 20	298 100	90	637 67	950
		合計	88 9	154 15	1,005 100	304	505 54	930
	渋谷区	渋谷町	3 1	—	605 100	183	558 59	950
		代々幡町	15 2	462 68	674 100	204	346 39	890
		千駄ヶ谷町	—	—	245 100	74	551 56	990
		合計	18 1	462 30	1,524 100	461	463 50	930
	中野区	中野町	86 13	170 26	652 100	197	442 53	830
		野方町	22 3	601 68	888 100	269	174 27	640
		合計	108 7	770 50	1,541 100	466	287 40	720
	杉並区	和田堀町	22 4	420 68	622 100	188	102 17	610
		杉並町	57 6	521 57	908 100	275	288 45	640
		井荻町	878 93	—	944 100	286	79 21	370
		高井戸町	—	749 80	936 100	283	47 13	360
		合計	957 28	1,690 50	3,410 100	1,032	130 27	483

第1章　東京近郊における宅地開発と土地整理

旧豊多摩郡合計			1,171 16	3,075 41	7,480 100	2,263	281 41	683
北豊島郡	荒川区	南千住町	8 3	27 10	265 100	80	674 67	1,000
		三河島町	49 18	65 24	275 100	83	1,000 105	950
		尾久町	33 10	147 45	327 100	99	742 87	850
		日暮里町	71 37	—	190 100	57	1,237 126	980
		合計	160 15	238 23	1,057 100	320	881 94	937
	滝野川区	滝野川町	36 7	194 37	520 100	157	641 72	890
		合計	36 7	194 37	520 100	157	641 72	890
	豊島区	巣鴨町	19 9	101 50	202 100	61	707 74	960
		西巣鴨町	139 29	—	480 100	145	797 84	950
		高田町	20 8	—	258 100	78	623 64	980
		長崎町	251 65	15 4	387 100	117	250 32	790
		合計	429 32	116 9	1,326 100	401	482 53	911
	王子区	岩淵町	71 7	760 80	953 100	288	131 31	430
		王子町	72 11	279 44	629 100	190	468 66	710
		合計	143 9	1,038 66	1,582 100	479	265 68	387
	板橋区	志村	222 19	914<>78	1,174 100	355	34 10	330
		板橋町	204 39	64 12	526 100	159	281 37	760
		中新井村	—	361 100	361 100	109	67 11	590
		上板橋村	83 14	491 86	574 100	174	48 7	660
		練馬町	144 19	615 81	759 100	230	57 18	310
		上練馬町	54 5	993 95	1,047 100	317	19 5	400
		赤塚村	55 5	979 95	1,034 100	313	21 10	210

郡	区	町村						
北豊島郡	板橋区	石神井町	70	1,330	1,400	424	23	280
			5	95	100		8	
		大泉村	111	1,083	1,194	361	14	120
			9	91	100		12	
		合計	941	6,831	8,068	2,441	43	345
			12	85	100		13	
旧北豊島郡合計			1,709	8,417	12,554	3,797	213	483
			14	67	100		44	
南足立郡	足立区	千住町	—	228	571	173	400	790
				40	100		51	
		西新井町	—	606	606	183	109	540
				100	100		20	
		江北村	—	912	912	276	20	280
				100	100		7	
		舎人村	33	413	444	135	15	110
			7	93	100		14	
		梅島村	—	503	503	152	84	290
				100	100		29	
		綾瀬村	—	341	341	103	55	360
				100	100		15	
		東渕江村	—	472	472	143	22	260
				100	100		8	
		花畑村	48	609	657	199	22	160
			7	93	100		14	
		渕江村	—	537	537	162	40	160
				100	100		25	
		伊与村	—	308	308	93	18	140
				100	100		13	
		合計	80	4,929	5,350	1,619	81	319
			2	92	100		25	
旧南足立郡合計			80	4,929	5,350	1,619	81	319
			2	92	100		25	
南葛飾郡	江戸川区	小松川町	159	24	426	129	310	900
			37	6	100		34	
		松江町	378	521	899	272	63	310
			42	58	100		20	
		葛西村	—	1,129	1,129	342	27	250
				100	100		11	
		瑞江村	595	121	716	216	36	220
			83	17	100		16	
		鹿本村	34	346	406	123	31	230
			8	85	100		13	
		篠崎村	—	566	566	171	24	150
				100	100		16	
		小岩町	362	178	540	163	91	130
			67	33	100		70	

第1章　東京近郊における宅地開発と土地整理

	江戸川区	合計	1,527 33	2,885 62	4,681 100	1,416	68 24	288
	葛飾区	金町	85 19	322 71	453 100	137	75 58	130
		水元村	19 3	571 97	591 100	179	22 15	150
		新宿町	31 12	233 88	264 100	80	61 28	220
		奥戸町	165 19	702 81	868 100	263	43 14	300
		本田村	167 33	322 64	500 100	151	181 50	360
		亀青村	—	407 100	407 100	123	50 17	300
		南綾瀬町	23 5	472 95	495 100	150	136 33	410
南葛飾郡		合計	490 14	3,031 85	3,578 100	1,082	78 29	271
	向島区	吾嬬町	—	256 65	393 100	119	681 70	970
		墨田町	—	53 30	177 100	54	468 50	940
		寺島町	—	104 50	208 100	63	785 79	990
		合計	— —	413 53	779 100	236	660 68	969
	城東区	亀戸町	—	77 30	258 100	78	837 85	980
		大島町	—	68 30	227 100	69	629 66	960
		砂町	67 13	186 35	534 100	161	215 23	950
		合計	67 7	331 33	1,018 100	308	465 48	960
旧南葛飾郡合計			2,084 21	6,660 66	10,056 100	3,042	158 39	403
全地域総計			10,955 23	25,307 54	46,924 100	14,195	196 38	521

出典：前表に同じ。29〜33頁間の表（頁番号なし）。

とがうかがえ、続いて旧南葛飾郡87％、旧北豊島郡81％、旧荏原郡71％、旧豊多摩郡57％となっている。玉川村が位置した旧荏原郡は、土地整理がすでにかなりの程度進行していたが、一方ですでに頭打ちになりつつあったことがわかる。

人口密度を旧郡単位で見た場合、圧倒的に低いのは旧南足立郡である。ここは、当時「飽和密度」と算定された数値に対する充足率も低い。その他は、旧豊多摩郡がやや突出しており、旧北豊島郡、旧荏原郡、旧南葛飾郡と続く。旧荏原郡の209人／万坪という数値は、新市域全体の中でごく平均的なものであったと言える。

続いて、区あるいは旧町村単位で検討する。旧荏原郡においては品川区で整理対象地全体の割合が低く、荏原区、大森区、蒲田区ではすでに多くの部分が整理施行地であって予定地の割合が低くなっていた。品川区では旧市域の近接地帯で震災前後から宅地化・工場地帯化が進展しつつあったため、すでに土地整理の余地が限られつつあり、荏原、大森、蒲田の各区では早期に宅地化が進展し土地整理が実施されたものと推察される。現在人口密度の飽和密度に対する割合を見ると、荏原区の92％と品川区の63％が圧倒的に高い。また、旧豊多摩郡においても淀橋区および渋谷区の存在によって類似の傾向が看取されるが、これは旧荏原郡域内の品川区と同様の事情によったものと考えてよいであろう。一方、旧荏原郡で人口密度が相対的に低く整理予定地の割合が高かったのは、目黒区と世田谷区である。目黒区においては旧碑衾町が、世田谷区においては旧玉川村の整理施行地の割合が大きく、すでに相当程度の土地整理が進行していた。旧玉川村についてはほとんどが玉川全円耕地整理事業の分であるが、後述するようにこの時点では未完工の地区が多かった。旧豊多摩郡では杉並区の旧井荻町で大部分が整理施行地区となっているが、これは井荻町土地区画整理事業[69]の存在によるものであった。

旧北豊島郡域、とくに荒川区、滝野川区、豊島区では整理対象地全体が僅かである一方で人口密度は高く、とくに荒川区の旧三河島町と旧日暮里町ではすでに飽和点を突破していた。これらの地域では住宅が密集する一方で土地整理

の実績も見込みも捗々しくなかったことがうかがえる。板橋区に属する西北方面の各町村においては、これと正反対に人口密度がいまだ低水準で、なおかつ土地整理が広汎に予定されていた。王子区は両者の中間的な存在と言えよう。

旧南足立郡域は上に述べた旧北豊島郡域の板橋区と同様の傾向にあり、全体として人口密度の水準が際立って低く、整理予定地の割合が高い。相対的に都心に近接している足立区の千住町域は人口密度が比較的高いが、一方で整理対象地域全体の割合は必ずしも高くなく、これは上述の荒川区、滝野川区、豊島区の旧各町村域と同様の傾向である。

旧南葛飾郡域の江戸川区では、旧小松川町域の人口密度が高く市街地化が進行していたことを除けば、いずれも人口密度が低く整理対象地全体の割合が大きい。葛飾区では旧本田村域、旧南綾瀬町域で若干人口密度が高く、市街地化に対応した土地整理の予定が立てられていたことが見て取れるが、他は近郊農村的な地域であった。本所・深川を擁する向島区と城東区はすでにかなりの程度市街化が進展しているが、整理施行地の面積は非常に小さく、また予定地も多くはない。

以上のデータに基づき、東京市は「急激なる発展のもとに住宅地化することの速やかなる区域」として「世田ヶ谷区、杉並区、中野区、豊島区、王子区等」を、「住宅地化すること比較的緩慢なる」区域として「杉並区の一部旧高井戸町板橋区の西半部」をそれぞれ挙げ、さらに「大部分農耕地の状態にあつて寧ろ農業的に開発するを恰適とする」地域として足立区、葛飾区、江戸川区を指摘した。そして、そうした地域の状況によって「土地区画整理の必要程度に自ずから緩急ある」として、表1−6のように土地整理の地帯別優先順位を策定したのである[70]。

第1期とされたのは「今後十五カ年位に推定飽和人口に達する見込の区域」で、かつ土地整理施行の余地がある地域であった。これには、旧荏原郡の全域、旧豊多摩郡の旧高井戸町（人口密度が低い）を除く全域、旧北豊島郡のうち旧赤塚村、石神井町、大泉村を除く各地域、旧南葛飾郡のうち向島区および城東区が該当する。ここから洩れた地域が第2期、第3期対象区域とされた。

表1-6　土地整理施行地の優先順位（1933年現在）

	区　名	旧町村名	予定面積(ha)	備　考
第1期	蒲田区	各町	197,206	本区の大半はすでに整理施行中
	品川区	大崎町	52,500	
	大森区	大森、馬込、池上、東調布	62,492	
	目黒区	各町	592,832	うち31.0haは東京府において調査中
	世田谷区	各町村	1,320,838	玉川村、駒沢町の大半は整理施行中
	渋谷区	代々幡町	461,540	
	淀橋区	淀橋町、落合町	153,736	
	中野区	各町	770,337	
	杉並区	和田堀町、杉並町	940,864	井荻は全部施行中、高井戸は第二期 うち194.0haは東京府にて調査中
	豊島区	長崎町、巣鴨町	115,997	長崎は大部分整理施行中
	板橋区	上練馬、練馬、志村、板橋、中新井、上板橋	2,445,000	その他は第二期 うち441.0haは東京府にて調査中
	滝野川区	滝野川町	193,541	
	王子区	各町	1,038,142	うち198.0haは東京府にて調査中
	荒川区	尾久、三河島、南千住	238,231	
	向島区	各町	393,210	
	城東区	各町	330,889	
	計		9,307,355	うち864.0haは東京府にて調査測量中
第2期	杉並区	高井戸町	748,800	うち513.0haは東京府にて調査中
	板橋区	石神井、大泉、赤塚、上練馬	4,385,662	
	計		5,134,462	
第3期	足立区	各町村	4,929,014	
	葛飾区	各町村	3,040,722	
	江戸川区	各町村	2,885,029	
	計		10,854,765	
	合　計		25,296,582	

注：備考欄は出典の記述をもとに記入。
出典：前表に同じ。33〜35頁。

　旧玉川村は第1期対象地域に含まれていたが、人口密度を見ると同地域は旧荏原郡あるいは世田谷区の中にあって際立って人口希薄（43人／万坪）な地域であり、しかも飽和密度に対する充足率も10％と低い水準にあった。これは杉並区に位置しながら第1期対象地域から洩れた旧豊多摩郡高井戸町域や、「大部分農耕地の状態にあつて寧ろ農業的に開発するを恰適とする」とされた足立区域、江戸川区域、葛飾区域の平均値をすら下回っていた。それにもかかわらず旧玉川村域が第1期対象地域に含まれたのは、玉川全円耕地整理事業によっ

て大部分ですでに土地整理に着手していたからにほかならない。この事業は玉川村長であった豊田正治が積極的に推進したものであったが、以上の検討を踏まえるとき、それが相当程度農村的色彩の濃い段階で着手されたものであったことがうかがえる。

1-2-5．東京都市計画区域内における土地整理の内容

本項では、東京都市計画区域（新市域にほぼ一致、ただし1936年に東京市に編入された北多摩郡砧村、千歳村をも含む）における土地整理事業について、その概略を確認する。表1-7は対象地域における耕地整理事業、表1-8は同じく土地区画整理事業を表示したものである。

耕地整理、土地区画整理に共通するのは、施行後の面積が施行前に比較して増加している点であり、減少例が存在しない点である。品川区における土地区画整理のように前後で全く変化のない場合や、増加率が31％にも達する渋谷区の耕地整理は例外的な存在であり、とくに後者は施行面積も小さく特殊な事例と見てよいが、両表から土地整理の平均増歩率を算出すると、約5％となる。

耕地整理や土地区画整理においては、実施に際して改めて施行区域の土地を実測し、その結果を換地設計として配賦する。したがって、土地整理の施行はその対象区域にとって多くの場合、おそらく地租改正以来の大規模検地であった。これらの事業を通して各地域がほぼ同一の水準で増歩をみた背景には、何らかの共通する事情が存在したと考えるのが自然であろう。本書はそれを実証的に特定する準備を持ち得ないが、ここでは仮説として地租改正時の測量における過少評価の是正を指摘しておく。地積は言うまでもなく地租算定の重要な要素であり、それが小さければ地租および関係諸税の負担も軽くなる。その限りでは、土地所有者には公簿上の地積を過少にしておく誘因が存在した。土地整理に際しての測量では、この縄延分が表面化したわけである。ただし、このことが持った意味は耕地整理と土地区画整理とでは若干異なっていた。

耕地整理法は前述のとおり整理後における地価総額の据置を認めていたから、公簿上の増歩それ自体は公租公課の負担増を意味しない。したがって、土地所

表1-7　東京都市計画区域内の耕地整理事業（1932年10月1日現在）

区名 事業数		施行面積（千坪）下段：面積比（%）						事業費（千円）下段：坪単価（円）		
		民有地	実際の面積	公共用地 道路	その他	計	合計	工事費	事務費等	合計
品川区 11	施行前	765.1 / 91.7	815.4 / 92.2	69.1 / 8.3	0.0 / 0.0	69.1 / 8.3	834.2 / 100.0	201.69	187.22	388.92
	施行後	769.9 / 87.1	769.9 / 87.1	114.6 / 13.0	0.0 / 0.0	114.6 / 13.0	884.5 / 100.0	0.23	0.21	0.44
	前後比	100.6	94.4	165.8	—	165.8	106.0			
目黒区 9	施行前	1,547.7 / 92.2	1,650.3 / 92.7	130.8 / 7.8	0.0 / 0.0	130.8 / 7.8	1,678.5 / 100.0	683.69	394.30	1,077.99
	施行後	1,521.2 / 85.4	1,521.2 / 85.4	260.0 / 14.6	0.0 / 0.0	260.0 / 14.6	1,781.1 / 100.0	0.38	0.22	0.61
	前後比	98.3	92.2	198.7	—	198.7	106.1			
荏原区 6	施行前	1,059.4 / 93.5	1,127.1 / 93.9	73.2 / 6.5	0.0 / 0.0	73.2 / 6.5	1,132.6 / 100.0	331.41	225.21	556.62
	施行後	1,062.0 / 88.5	1,062.0 / 88.5	138.3 / 11.5	0.0 / 0.0	138.3 / 11.5	1,200.2 / 100.0	0.28	0.19	0.46
	前後比	100.2	94.2	188.9	—	188.9	106.0			
大森区 27	施行前	4,502.2 / 93.6	4,847.8 / 94.1	305.6 / 6.4	0.0 / 0.0	305.6 / 6.4	4,807.8 / 100.0	1,787.01	1,141.69	2,928.70
	施行後	4,426.9 / 85.9	4,426.9 / 85.9	726.6 / 14.1	0.0 / 0.0	726.6 / 14.1	5,153.5 / 100.0	0.35	0.22	0.57
	前後比	98.3	91.3	237.7	—	237.7	107.2			
蒲田区 15	施行前	3,458.4 / 93.3	3,680.2 / 93.6	250.2 / 6.7	0.0 / 0.0	250.2 / 6.7	3,708.6 / 100.0	897.46	604.63	1,502.01
	施行後	3,394.9 / 86.4	3,394.9 / 86.4	535.5 / 13.6	0.0 / 0.0	535.5 / 13.6	3,930.4 / 100.0	0.23	0.15	0.38
	前後比	98.2	92.2	214.0	—	214.0	106.0			
世田谷区 14	施行前	3,402.4 / 92.7	3,668.8 / 93.2	268.0 / 7.3	0.0 / 0.0	268.0 / 7.3	3,670.4 / 100.0	618.35	505.54	1,123.90
	施行後	3,439.8 / 87.4	3,439.8 / 87.4	496.9 / 12.6	0.0 / 0.0	496.9 / 12.6	3,936.8 / 100.0	0.16	0.13	0.29
	前後比	101.1	93.8	185.4	—	185.4	107.3			
渋谷区 6	施行前	8.6 / 90.5	11.6 / 92.8	0.9 / 9.5	0.0 / 0.0	0.9 / 9.5	9.5 / 100.0	1.92	0.40	2.32
	施行後	11.5 / 92.6	11.5 / 92.6	0.9 / 7.4	0.0 / 0.0	0.9 / 7.4	12.5 / 100.0	0.15	0.03	0.19
	前後比	134.1	99.8	102.6	—	102.6	131.2			
淀橋区 4	施行前	242.5 / 93.9	257.3 / 94.3	15.6 / 6.1	0.0 / 0.0	15.6 / 6.1	258.2 / 100.0	28.09	41.45	69.54
	施行後	236.1 / 86.5	236.1 / 86.5	36.9 / 13.5	0.0 / 0.0	36.9 / 13.5	272.9 / 100.0	0.10	0.15	0.25
	前後比	97.3	91.7	235.9	—	235.9	105.7			
中野区 2	施行前	57.6 / 87.0	63.1 / 88.0	8.6 / 13.0	0.0 / 0.0	8.6 / 13.0	66.2 / 100.0	26.34	16.40	42.73
	施行後	55.3 / 77.1	55.3 / 77.1	16.4 / 22.9	0.0 / 0.0	16.4 / 22.9	71.7 / 100.0	0.37	0.23	0.60
	前後比	96.1	87.7	190.2	—	190.2	108.4			

第1章　東京近郊における宅地開発と土地整理

区										
杉並区 2	施行前	204.4 91.8	216.4 92.3	18.2 8.2	0.0 0.0	18.2 8.2	222.5 100.0	76.01	20.07	96.17
	施行後	206.4 88.0	206.4 88.0	28.1 12.0	0.0 0.0	28.1 12.0	234.5 100.0	0.32	0.09	0.41
	前後比	101.0	95.4	154.9	―	154.9	105.4			
豊島区 9	施行前	1,185.6 91.4	1,229.6 91.6	112.1 8.6	0.0 0.0	112.1 8.6	1,297.7 100.0	161.95	297.17	459.12
	施行後	1,182.2 88.1	1,182.2 88.1	159.5 11.9	0.0 0.0	159.5 11.9	1,341.7 100.0	0.12	0.22	0.34
	前後比	99.7	96.1	142.3	―	142.3	103.4			
荒川区 2	施行前	221.6 93.7	239.8 94.1	15.0 6.3	0.0 0.0	15.0 6.3	236.5 100.0	10.75	5.47	16.23
	施行後	229.0 89.9	229.0 89.9	25.8 10.1	0.0 0.0	25.8 10.1	254.8 100.0	0.04	0.02	0.06
	前後比	103.4	95.5	172.0	―	172.0	107.7			
板橋区 3	施行前	1,867.3 91.3	1,984.4 91.8	178.5 8.7	0.0 0.0	178.5 8.7	2,045.7 100.0	296.02	282.94	578.96
	施行後	1,834.4 84.8	1,834.4 84.8	328.5 15.2	0.0 0.0	328.5 15.2	2,162.9 100.0	0.14	0.13	0.27
	前後比	98.2	92.4	184.1	―	184.1	105.7			
足立区 2	施行前	230.6 94.7	247.4 95.1	12.8 5.3	0.0 0.0	12.8 5.3	243.4 100.0	33.19	43.67	76.86
	施行後	239.9 92.2	239.9 92.2	20.4 7.8	0.0 0.0	20.4 7.8	260.2 100.0	0.13	0.17	0.30
	前後比	104.0	96.9	159.4	―	159.4	106.9			
城東区 1	施行前	138.1 90.2	148.5 90.8	15.0 9.8	0.0 0.0	15.0 9.8	153.1 100.0	268.90	13.08	281.98
	施行後	141.7 86.7	141.7 86.7	21.8 13.3	0.0 0.0	21.8 13.3	163.5 100.0	1.64	0.08	1.72
	前後比	102.7	95.4	145.1	―	145.1	106.8			
葛飾区 20	施行前	1,336.7 93.9	1,437.3 94.3	86.2 6.1	0.0 0.0	86.2 6.1	1,422.9 100.0	690.71	329.38	1,020.09
	施行後	1,273.9 83.6	1,273.9 83.6	249.6 16.4	0.0 0.0	249.6 16.4	1,523.5 100.0	0.45	0.22	0.67
	前後比	95.3	88.6	289.6	―	289.6	107.1			
江戸川区 27	施行前	4,234.3 92.1	4,526.4 92.6	364.2 7.9	0.0 0.0	364.2 7.9	4,598.6 100.0	1,115.84	748.97	1,864.81
	施行後	4,103.5 83.9	4,103.5 83.9	787.1 16.1	0.0 0.0	787.1 16.1	4,890.7 100.0	0.23	0.15	0.38
	前後比	96.9	90.7	216.1	―	216.1	106.4			
合計	施行前	24,462.4 92.7	26,151.4 93.1	1,924.0 7.3	0.0 0.0	1,924.0 7.3	26,386.4 100.0	7,229.43	4,857.60	12,087.03
	施行後	24,128.6 85.9	24,128.6 85.9	3,946.8 14.1	0.0 0.0	3,946.8 14.1	28,075.4 100.0	0.26	0.17	0.43
	前後比	98.6	92.3	205.1	―	205.1	106.4			

出典：前表に同じ。85～120頁。

表1-8　東京都市計画区域内の土地区画整理事業（1932年10月1日現在）

区名 事業数		施行面積（千坪） 下段：面積比（%）						事業費（千円） 下段：坪単価（円）		
		民有地	実際の 面積	公共用地			合計	工事費	事務 費等	合計
				道路	その他	計				
品川区 1	施行前	92.0 95.6	92.0 95.6	3.3 3.4	0.9 1.0	4.2 4.4	96.3 100.0	175.47	98.13	273.61
	施行後	78.7 81.7	78.7 81.7	17.4 18.0	0.2 0.2	17.6 18.3	96.3 100.0	1.82	1.02	2.84
	前後比	85.5	85.5	525.2	25.4	415.7	100.0			
目黒区 3	施行前	184.9 87.9	196.7 88.5	6.0 2.8	19.6 9.3	25.5 12.1	210.4 100.0	217.09	112.16	329.25
	施行後	181.2 81.5	181.2 81.5	30.9 13.9	10.2 4.6	41.0 18.5	222.2 100.0	0.98	0.50	1.48
	前後比	98.0	92.1	517.1	52.0	160.7	105.6			
大森区 4	施行前	76.5 90.9	83.1 91.6	4.9 5.8	2.8 3.3	7.6 9.1	84.1 100.0	234.82	38.49	273.32
	施行後	76.8 84.7	76.8 84.7	12.6 13.9	1.3 1.4	13.9 15.3	90.8 100.0	2.59	0.42	3.01
	前後比	100.4	92.4	259.5	47.2	182.7	107.9			
蒲田区 1	施行前	17.8 93.7	19.3 94.1	0.7 3.9	0.5 2.4	1.2 6.3	19.0 100.0	3.70	9.20	12.90
	施行後	17.3 84.3	17.3 84.3	3.0 14.6	0.2 1.0	3.2 15.7	20.5 100.0	0.18	0.45	0.63
	前後比	97.1	89.6	406.1	45.4	267.0	107.8			
世田谷区 12	施行前	1,496.5 92.1	1,559.5 92.3	75.6 4.7	53.6 3.3	129.2 8.0	1,625.7 100.0	841.21	247.49	1,088.70
	施行後	1,398.5 82.8	1,398.5 82.8	265.2 15.7	25.0 1.5	290.2 17.2	1,688.7 100.0	0.50	0.15	0.64
	前後比	93.5	89.7	350.6	46.6	224.5	103.9			
渋谷区 1	施行前	41.0 93.2	44.1 93.6	0.7 1.6	2.3 5.2	3.0 6.8	44.0 100.0	109.93	93.93	203.86
	施行後	39.8 84.6	39.8 84.6	6.7 14.3	0.5 1.1	7.2 15.4	47.0 100.0	2.34	2.00	4.33
	前後比	97.0	90.4	953.8	22.6	241.6	106.8			
淀橋区 1	施行前	8.2 92.1	8.8 92.6	0.3 3.2	0.4 4.7	0.7 7.9	8.9 100.0	21.15	3.24	24.39
	施行後	7.4 77.9	7.4 77.9	2.1 22.1	0.0 0.0	2.1 22.1	9.5 100.0	2.23	0.34	2.57
	前後比	90.4	84.1	741.6	0.0	299.9	106.8			
中野区 3	施行前	233.2 89.2	248.5 89.8	12.1 4.6	16.2 6.2	28.3 10.8	261.6 100.0	658.30	536.65	1,194.95
	施行後	209.1 75.5	209.1 75.5	55.7 20.1	12.0 4.3	67.7 24.5	276.8 100.0	2.38	1.94	4.32
	前後比	89.7	84.2	458.2	74.2	238.8	105.8			
杉並区 4	施行前	2,493.0 93.3	2,620.2 93.6	109.4 4.1	68.5 2.6	177.9 6.7	2,670.9 100.0	1,029.04	686.17	1,715.22
	施行後	2,347.4 83.9	2,347.4 83.9	400.4 14.3	50.4 1.8	450.8 16.1	2,798.2 100.0	0.37	0.25	0.61
	前後比	94.2	89.6	365.9	73.5	253.3	104.8			

第1章　東京近郊における宅地開発と土地整理　63

滝野川区 2	施行前	104.0 96.3	113.3 96.3	3.6 3.3	0.7 0.7	4.3 4.0	108.3 100.0	202.76	77.46	280.22
	施行後	94.9 80.7	94.9 80.7	21.7 18.5	1.0 0.8	22.7 19.3	117.6 100.0	1.72	0.66	2.38
	前後比	91.3	83.8	604.7	132.1	523.4	108.6			
荒川区 6	施行前	232.9 93.7	241.5 93.9	10.4 4.2	5.3 2.1	15.7 6.3	248.6 100.0	552.76	152.23	705.00
	施行後	199.5 77.6	199.5 77.6	56.1 21.8	1.6 0.6	57.7 22.4	257.2 100.0	2.15	0.59	2.74
	前後比	85.6	82.6	538.6	30.0	367.0	103.4			
王子区 5	施行前	393.6 90.9	432.8 91.7	32.4 7.5	7.0 1.6	39.4 9.1	433.0 100.0	378.44	257.50	635.94
	施行後	373.1 79.0	373.1 79.0	93.4 19.8	5.7 1.2	99.2 21.0	472.2 100.0	0.80	0.55	1.35
	前後比	94.8	86.2	288.2	81.9	251.6	109.1			
板橋区 6	施行前	750.8 93.8	797.2 94.1	34.1 4.3	15.6 1.9	49.7 6.2	800.5 100.0	171.08	88.49	259.56
	施行後	717.1 84.7	717.1 84.7	117.5 13.9	12.3 1.5	129.8 15.3	846.9 100.0	0.20	0.10	0.31
	前後比	95.5	89.9	344.3	79.2	261.2	105.8			
城東区 1	施行前	45.4 92.1	50.5 92.9	1.1 2.2	2.8 5.6	3.9 7.9	49.3 100.0	106.00	28.63	134.63
	施行後	44.5 82.0	44.5 82.0	9.7 17.8	0.1 0.1	9.8 18.0	54.4 100.0	1.95	0.53	2.48
	前後比	98.0	88.3	874.1	4.2	252.8	110.2			
葛飾区 2	施行前	53.9 91.4	56.9 91.8	3.8 6.4	1.3 2.2	5.1 8.6	59.0 100.0	55.30	10.03	65.33
	施行後	50.0 80.6	50.0 80.6	10.7 17.3	1.3 2.1	12.0 19.4	62.0 100.0	0.89	0.16	1.05
	前後比	92.6	87.8	286.0	96.3	236.6	105.0			
江戸川区 1	施行前	19.0 92.1	20.5 92.6	1.1 5.6	0.5 2.4	1.6 7.9	20.6 100.0	22.02	6.93	28.95
	施行後	17.7 80.2	17.7 80.2	4.2 18.9	0.2 1.0	4.4 19.8	22.1 100.0	0.99	0.31	1.31
	前後比	93.4	86.6	364.3	43.3	268.1	107.3			
北多摩郡 4	施行前	292.7 95.1	318.5 95.5	14.4 4.7	0.7 0.2	15.1 4.9	307.8 100.0	364.38	182.65	547.03
	施行後	279.9 83.9	279.9 83.9	53.2 16.0	0.4 0.1	53.6 16.1	333.6 100.0	1.09	0.55	1.64
	前後比	95.6	87.9	369.8	61.9	356.3	108.4			
合計	施行前	6,535.5 92.7	6,903.2 93.1	314.0 4.5	198.6 2.8	512.6 7.3	7,048.1 100.0	5,143.46	2,629.39	7,772.85
	施行後	6,132.9 82.7	6,132.9 82.7	1,160.5 15.6	122.5 1.7	1,282.9 17.3	7,415.9 100.0	0.69	0.35	1.05
	前後比	93.8	88.8	369.5	61.7	250.3	105.2			

出典：前表に同じ。65～82頁。

有者にとっては耕地整理による縄延の表面化それ自体は問題とならず、土地改良による生産性上昇という恩恵のみを得ることが可能となる。ただし、その場合でも負担が皆無であったわけではない。表1-7によれば工事費と事務費等からなる事業費を坪あたり平均0.4円要していたが、それだけではない。同表からは同時に、各区において縄延の表面化による名目上の増歩分がほぼそのまま公共用地[71]の増加に繋がっていることが判明する。この部分は従前においては事実上民有地同様に用益されていたと考えられるから、土地所有者の側から見れば実際に利用可能な面積は減少することになる。そして、それは土地改良による生産性の上昇を通じて補填されなければならない。いま、耕地整理による縄延分の全部が従前は民有地と同様に用益されていたと仮定して、それを実面積とみなす場合、整理前後における面積の変化を確認すると、平均7.7%は用益可能な土地が減少していたことになる。したがって生産性向上による単位面積あたりの利回りは最低でもそれ以上上昇する必要があったことになる。同様の方法で世田谷区における実面積の減少を推測すると約6.2%となり、これを補填する利回り上昇が必要であったことになろう。

　一方、土地区画整理事業においては若干事情が異なる。表1-8から面積の変化を見ると、耕地整理の場合に比べ民有地の減歩率が高く、公共用地、とりわけ道路の増加率が非常に高いことが特徴としてうかがえる。都市計画を推進する立場にとって土地区画整理の目的の一つは公共用地なかんずく都市計画道路用地の安価な取得であり[72]、しかもそれは耕地整理と異なり縄延分の算入によってのみでは調達し得ない規模の幅員であったから、必然的に民有地の減歩率は高く設定されざるを得なかったのである。同表によれば、新市域全区における民有地の平均減歩率は公簿上でも6.2%に達しているが、ここでも先ほどと同様、縄延分が民有地同様に用益されていたと仮定して実面積の減歩率を算出すると11.2%にも達し、耕地整理の場合をおよそ3.5ポイント上回っていたことが判明する。これに加え、単位面積あたりで耕地整理の約2.5倍に達する事業費をも利回り上昇で補填しなければならなかった。しかも、土地区画整理の場合は耕地整理の場合と異なり1936年1月の東京市土地区画整理助成規程施

行までは補助金が支給されず、また整理後における地価総額の据置もなく、換地の総額は土地の利便性の増進に応じて増価された。したがって、土地所有者たちが整理後の土地を運用し従来どおりの利益を上げるための条件は耕地整理の場合と比較してより一層厳しいものであったと見なしてよいであろう。そして、そうした運用が実際に可能であったのか否かが、土地所有者たちにとっての土地区画整理の意味を決定づけることになる。

1-2-6. 世田谷区内における土地整理事業と玉川全円耕地整理事業

表1-7および1-8で見たとおり、世田谷区は東京市内で最も土地整理の施行面積が大きな区であった。表1-9は、世田谷区内における耕地整理および土地区画整理の一覧であるが、これによると玉川全円耕地整理事業の施行面積が際立って大きいことがわかる。ただし、次章で述べるとおり同事業は実際には17の工区に分割して実施され、1工区あたりの施行面積で見れば他の土地整理事業と同程度の規模であったから、同事業の突出した規模はさしあたり捨象して大過ない。

今、実面積の平均前後比92.5を基準として、それ以上の事業（つまり民有地の実際の減歩が相対的に少ない事業）と、それ以下の事業とに区分してみる。すると、全26事業のうち1930年より前に設立認可の下りた13事業については平均以下と平均以上とが9：4であるのに対し、1930年以降の13事業についてはそれが2：11となることがわかる。また、これら事業を道路用地の平均前後比221.8を基準として二分した場合、道路用地の増加率が平均以上の事業数は1929年以前には2、1930年以降には9となる。世田谷区域における土地整理は、この時期を境に民有地の減歩率を高め、また道路用地の比率を高めていった。

表1-9によれば、玉川全円耕地整理事業は施行前後に施行地全体で7.7％増歩、うち民有地は名目上1.3％増歩することになっているが、縄延分がすべて民有地と同様に用益されていたとの仮定に基づけば実際には6.4％の減歩となる。これは平均より若干低い数値である。また、「道路」として表示されている公共用地はほぼ2倍に増加しているが、この前後比も平均よりは若干低い。

表1-9 世田谷区の土地整理事業（1932年10月1日現在）

組合名 設立認可年月日 換地処分年月日		施行面積（千坪） 下段：面積比（%）		公共用地			合計	事業費（千円） 下段：坪単価（円）		
		民有地	実際の面積	道路	その他	計		工事費	事務費等	合計
玉川耕地整理組合 設立認可1912年6月13日 換地処分1914年9月19日	施行前	109.1 92.1	118.9 92.7	9.3 7.9	0.0 0.0	9.3 7.9	118.5 100.0	4.19	2.47	6.66
	施行後	115.4 89.9	115.4 89.9	12.9 10.1	0.0 0.0	12.9 10.1	128.3 100.0	0.03	0.02	0.05
	前後比	105.7	97.0	138.4	—	138.4	108.3			
大典記念玉川耕地整理組合 設立認可1916年2月8日 換地処分1918年6月22日	施行前	121.7 90.7	131.0 91.3	12.5 9.3	0.0 0.0	12.5 9.3	134.2 100.0	7.86	6.41	14.28
	施行後	127.4 88.8	127.4 88.8	16.1 11.2	0.0 0.0	16.1 11.2	143.5 100.0	0.05	0.04	0.10
	前後比	104.7	97.2	128.8	—	128.8	106.9			
世田谷三宿共同施行地 設立認可1922年6月19日 換地処分1922年9月7日	施行前	3.4 74.2	4.3 78.6	1.2 25.8	0.0 0.0	1.2 25.8	4.5 100.0	1.35	0.87	2.21
	施行後	4.0 73.4	4.0 73.4	1.4 26.6	0.0 0.0	1.4 26.6	5.4 100.0	0.25	0.16	0.41
	前後比	119.0	93.4	124.1	—	124.1	120.3			
第二三宿耕地整理組合 設立認可1923年5月30日 換地処分1925年6月15日	施行前	31.0 83.4	33.3 84.4	6.2 16.6	0.0 0.0	6.2 16.6	37.1 100.0	13.46	6.68	20.14
	施行後	33.9 85.7	33.9 85.7	5.7 14.3	0.0 0.0	5.7 14.3	39.5 100.0	0.34	0.17	0.51
	前後比	109.4	101.6	91.5	—	91.5	106.4			
代田耕地整理組合 設立認可1924年8月12日 換地処分1925年12月14日	施行前	6.9 76.7	7.4 78.1	2.1 23.3	0.0 0.0	2.1 23.3	9.0 100.0	15.88	2.98	18.86
	施行後	7.9 83.2	7.9 83.2	1.6 16.8	0.0 0.0	1.6 16.8	9.5 100.0	1.67	0.31	1.98
	前後比	115.4	106.6	76.4	—	76.4	106.3			
荏原郡第一土地区画整理組合 設立認可1924年10月13日	施行前	244.4 93.6	256.9 93.9	10.9 4.2	5.8 2.2	16.7 6.4	261.1 100.0	234.45	41.55	276.00
	施行後	226.7 82.9	226.7 82.9	41.6 15.2	5.3 1.9	46.9 17.1	273.7 100.0	0.86	0.15	1.01
	前後比	92.8	88.2	383.5	90.1	280.8	104.8			
玉川村田園都市（一人施行）土地区画整理地区 設立認可1925年8月15日 換地処分1928年3月12日	施行前	43.8 92.0	45.5 92.3	3.6 7.5	0.3 0.6	3.8 8.0	47.6 100.0	112.28	2.63	114.90
	施行後	39.5 80.1	39.5 80.1	9.8 19.9	0.0 0.0	9.8 19.9	49.4 100.0	2.27	0.05	2.33
	前後比	90.3	86.8	276.7	0.0	257.6	103.7			
玉川全円耕地整理組合 設立認可1925年11月20日	施行前	2,890.0 93.5	3,129.2 94.0	201.3 6.5	0.0 0.0	201.3 6.5	3,091.3 100.0	446.31	462.40	908.71
	施行後	2,928.1 87.9	2,928.1 87.9	402.4 12.1	0.0 0.0	402.4 12.1	3,330.6 100.0	0.13	0.14	0.27
	前後比	101.3	93.6	199.9	—	199.9	107.7			
太子堂耕地整理組合 設立認可1927年9月3日 換地処分1929年4月10日	施行前	12.9 77.0	14.1 78.5	3.9 23.0	0.0 0.0	3.9 23.0	16.8 100.0	16.08	2.25	18.33
	施行後	14.2 79.1	14.2 79.1	3.8 20.9	0.0 0.0	3.8 20.9	18.0 100.0	0.89	0.12	1.02
	前後比	110.0	100.8	97.1	—	97.1	107.0			

組合名		39.3	40.4	4.6	0.0	4.6	43.9			
四ツ字耕地整理組合	施行前	39.3 89.5	40.4 89.8	4.6 10.5	0.0 0.0	4.6 10.5	43.9 100.0	5.73	5.32	11.05
設立認可1928年3月6日 換地処分1930年3月26日	施行後	37.0 82.1	37.0 82.1	8.0 17.9	0.0 0.0	8.0 17.9	45.0 100.0	0.13	0.12	0.25
	前後比	94.1	91.5	174.8	—	174.8	102.5			
豪徳寺一人施行地区	施行前	9.0 92.8	9.2 93.0	0.7 7.2	0.0 0.0	0.7 7.2	9.7 100.0	5.92	0.20	6.12
設立認可1928年3月23日	施行後	8.5 85.1	8.5 85.1	1.5 14.9	0.0 0.0	1.5 14.9	9.9 100.0	0.60	0.02	0.62
	前後比	93.9	91.5	212.5	—	212.5	102.4			
若林耕地整理組合	施行前	39.0 79.4	39.0 79.4	10.1 20.6	0.0 0.0	10.1 20.6	49.1 100.0	40.54	3.89	44.43
設立認可1929年5月15日	施行後	36.2 73.7	36.2 73.7	12.9 26.3	0.0 0.0	12.9 26.3	49.1 100.0	0.83	0.08	0.90
	前後比	92.9	92.9	127.4	—	127.4	100.0			
下北沢永楽土地一人施行地区	施行前	10.7 84.8	10.7 84.8	1.9 15.2	0.0 0.0	1.9 15.2	12.6 100.0	5.70	0.30	6.00
設立認可1929年4月	施行後	10.6 83.4	10.6 83.4	2.1 16.6	0.0 0.0	2.1 16.6	12.6 100.0	0.45	0.02	0.47
	前後比	98.3	98.3	109.3	—	109.3	100.0			
代田第二耕地整理組合	施行前	106.7 90.0	106.9 90.0	11.9 10.0	0.0 0.0	11.9 10.0	118.6 100.0	38.23	10.43	48.66
設立認可1930年4月25日	施行後	94.4 79.5	94.4 79.5	24.4 20.5	0.0 0.0	24.4 20.5	118.7 100.0	0.32	0.09	0.41
	前後比	88.4	88.3	205.2	—	205.2	100.1			
世田谷町竹ノ上土地区画整理組合	施行前	17.3 82.8	17.5 83.0	2.8 13.3	0.8 3.9	3.6 17.2	20.9 100.0	15.74	1.74	17.48
設立認可1930年6月6日 換地処分1930年11月17日	施行後	16.1 76.1	16.1 76.1	4.8 22.7	0.2 1.2	5.0 23.9	21.1 100.0	0.75	0.08	0.83
	前後比	92.6	91.8	172.1	30.3	140.1	100.8			
世田谷町経堂第一土地区画整理組合	施行前	14.4 93.6	15.0 93.9	0.5 3.4	0.5 3.0	1.0 6.4	15.3 100.0	6.52	0.97	7.49
設立認可1930年9月15日	施行後	13.0 81.0	13.0 81.0	3.0 18.5	0.1 0.6	3.1 19.1	16.0 100.0	0.41	0.06	0.47
	前後比	90.3	86.2	570.9	19.1	311.7	104.4			
駒沢町下馬土地区画整理組合	施行前	264.4 90.5	272.8 90.8	14.4 4.9	13.2 4.5	27.6 9.5	292.0 100.0	145.00	37.19	182.19
設立認可1930年10月8日	施行後	247.5 82.4	247.5 82.4	48.8 16.2	4.2 1.4	52.9 17.6	300.5 100.0	0.48	0.12	0.61
	前後比	93.6	90.7	337.5	31.6	191.6	102.9			
世田谷町代沢土地区画整理組合	施行前	107.1 89.5	113.0 90.0	4.9 4.1	7.6 6.4	12.5 10.5	119.6 100.0	76.15	6.44	82.59
設立認可1930年12月24日	施行後	99.9 79.6	99.9 79.6	21.8 17.4	3.8 3.1	25.6 20.4	125.5 100.0	0.61	0.05	0.70
	前後比	93.3	88.4	444.5	50.3	205.0	104.9			
世田谷町松竹土地区画整理組合	施行前	25.6 94.3	25.7 94.3	1.5 5.7	0.0 0.0	1.5 5.7	27.1 100.0	21.55	2.71	24.26
設立認可1931年4月4日	施行後	22.8 83.9	22.8 83.9	4.4 16.1	0.0 0.0	4.4 16.1	27.2 100.0	0.79	0.10	0.89
	前後比	89.2	88.9	284.5	—	284.5	100.3			

地区	区分									
駒沢町新町土地区画整理組合	施行前	75.6 96.0	81.7 96.3	2.1 2.7	1.0 1.3	3.1 4.0	78.7 100.0	19.00	11.92	30.92
設立認可1931年7月4日	施行後	71.6 84.4	71.6 84.4	12.7 15.0	0.5 0.6	13.2 15.6	84.8 100.0			
	前後比	94.7	87.6	600.5	48.7	422.6	107.7	0.22	0.14	0.36
松沢村宮前土地区画整理組合	施行前	31.9 87.0	31.9 87.0	1.5 4.1	3.2 8.8	4.8 13.0	36.7 100.0	10.80	2.26	13.06
設立認可1931年8月20日	施行後	29.9 81.6	29.9 81.6	6.4 17.6	0.3 0.9	6.8 18.5	36.7 100.0			
	前後比	93.7	93.7	424.2	10.0	142.4	100.0	0.29	0.06	0.36
経堂一人施行地区	施行前	9.1 95.5	9.1 95.5	0.4 4.5	0.0 0.0	0.4 4.5	9.5 100.0	7.48	0.30	7.78
設立認可1931年10月26日	施行後	8.7 91.1	8.7 91.1	0.8 8.9	0.0 0.0	0.8 8.9	9.6 100.0			
	前後比	96.2	95.4	196.8	—	196.8	100.8	0.78	0.03	0.81
呑川以西共同施行	施行前	13.7 88.1	15.1 89.0	1.9 12.0	0.0 0.0	1.9 12.0	15.6 100.0	9.63	1.06	10.69
設立認可1932年5月10日	施行後	13.7 80.9	13.7 80.9	3.2 19.1	0.0 0.0	3.2 19.1	16.9 100.0			
	前後比	99.8	90.9	173.8	—	173.8	108.6	0.57	0.06	0.63
世田谷町久保共同施行地区	施行前	3.5 98.9	3.5 98.9	0.0 1.1	0.0 0.0	0.0 1.1	3.5 100.0	0.64	0.26	0.90
設立認可1932年6月3日	施行後	3.1 88.3	3.1 88.3	0.4 11.7	0.0 0.0	0.4 11.7	3.5 100.0			
	前後比	89.4	89.3	1,078.2	—	1,078.2	100.1	0.18	0.07	0.26
駒沢町深沢土地区画整理組合	施行前	440.4 92.1	458.7 92.4	23.8 5.0	14.1 2.9	37.9 7.9	478.3 100.0	123.08	95.66	218.74
設立認可1932年8月27日	施行後	418.1 84.2	418.1 84.2	71.8 14.5	6.7 1.3	78.5 15.8	496.5 100.0			
	前後比	94.9	91.1	301.5	47.5	207.2	103.8	0.25	0.19	0.44
駒沢町上馬土地区画整理組合	施行前	228.1 93.2	237.2 93.4	9.5 3.9	7.2 2.9	16.7 6.8	244.8 100.0	76.00	44.17	120.17
認可申請中	施行後	210.3 82.9	210.3 82.9	39.6 15.6	3.9 1.5	43.5 17.2	253.9 100.0			
	前後比	92.2	88.7	415.5	54.8	260.8	103.7	0.30	0.17	0.47
合 計	施行前	4,898.9 92.5	5,228.2 92.9	343.6 6.5	53.6 1.0	397.2 7.5	5,296.1 100.0	1,459.56	753.04	2,212.60
	施行後	4,838.4 86.0	4,838.4 86.0	762.1 13.5	25.0 0.4	787.1 14.0	5,625.5 100.0			
	前後比	98.8	92.5	221.8	46.6	214.6	106.2	0.26	0.13	0.39

出典:前表に同じ。71〜73、101〜104頁。

　工事費は坪あたり0.3円で、直前直後の時期に実施された事業と比較すれば相対的には廉価であったと評価してよい。また、表1-7に照らせば減歩率は東京都市計画区域内における標準的な耕地整理の水準であったが、それでも減歩分の収入減を補うには最低でもおよそ7％の利回り上昇が必要であったことに

なる。

　ただ、これは1932年時点の史料に基づくものであって、後掲図2-4に示すとおり、結果的にみればこの時点は同事業の施行期間全体のうちごく初期の段階にあたり、村域東部の3工区が工事を終えたにすぎなかった。当初計画によれば本事業は1925年から3年程度で終了することになっていたのであるが、結果的には第二次世界大戦後まで足掛け30年にわたる事業となった。その原因は次章以下で述べる地域社会内の合意形成の難航（2章）や事後的な都市計画の導入（3・4章）といった事情に帰せられるが、とくに後者は事業の内容そのものに大きな影響を及ぼし、民有地の減歩率を結果的に10％前後にまで押し上げたのである（後掲表2-9）。

　つまり、玉川全円耕地整理事業のように施行期間が長期にわたった場合、事業の過程で減歩率が上昇することがあったのであるが、それを土地所有者の立場から見れば、彼らが無償で差し出す土地の増加、すなわち実際の負担の増加を意味した。民有地が実測値で10％減少するならば、土地の利回り上昇はそれを補填し得るものでなければならない。次章で述べるとおり、この地域ではすでに蔬菜・果樹・花卉といった商品作物栽培がかなりの程度普及しており、また温室栽培に着手するなど先進的な農業への取り組みがなされつつあった。したがって、一層の利回り上昇を農事改良によって達成するのは容易ではなかったから、それは宅地化によって実現されねばならなかった。

　だが、一方で表1-5に見たとおり玉川村域は東京近郊の内では人口が希薄な地帯であり、その性格は基本的に後年まで不変であったから、残された土地を宅地として有利に運用することには非常な困難がともなったと推測される。それだけではない。耕地整理事業の事業費を調達するためには残された民有地のうち幾分かを「組合地」として売却しなければならなかったのであるが、その面積は今述べたような立地条件の不利に加えて不況下における組合地売却額の下落（2章）や事業の遷延による経費の膨張（3・4章）等によって一層拡大した。つまり、旧来の土地所有者たちによる負担はより一層重くならざるをえなかったのである。

小　括

　以上の検討にみたように、東京都市計画区域内における郊外の土地整理は、道路をはじめとする公共用地の無償提供を土地所有者に課すものであった。耕地整理と土地区画整理をあわせた公簿上の平均減歩率は2.4%であったが、土地の測量によって生じた縄延分を勘案すると、実際に用益可能な土地の減少幅は一層高くなり、概ね8.4%程度の実質的な減歩がなされたと推測される。減歩による収入減は、農地であれば生産力の上昇＝収穫高の増加によって補填されねばならないが、すでに近郊農村では商品作物栽培が広凡に展開しており、世田谷区域では温室栽培も開始されていたほどであるから、農事改良による補填には自ずと限界があった。

　にもかかわらず、こうした苛烈とも言える土地整理は、都市計画区域内において一定程度実施された。そこには土地所有者が「命令」と受け止めるほどの行政による強要もあったが、それ自体は地域社会が曲がりなりにもこうした事業を「受容」した理由を内在的に説明するものではない。当時の都市計画行政が強権的であったのは事実であっても、行政は一定の論理によってその計画を正当化しなければならなかった。それは、土地整理によってどれほど減歩をしても、併せて都市計画道路を整備すれば、整理後の地価上昇によって損失は補填される、という論理であった。それは実在の負担を仮構された利益に読み替える論理であったが、一方で交換可能性への着目によって「土地の商品化」を一層推し進める論理であって、その限りでは経済合理的な論理であり、以後は第二次世界大戦後に至るまで抗い難いタテマエとして通用することになる。本章第1節の末尾に述べた、地域社会・民間資本・政策（政治権力）の新たな関係の形成、その根底にあった地域社会秩序全般の転換は、こうした経済合理性の貫徹と歩を一にするものであった。

　とはいえ、両大戦間期の東京都市計画区域にはいまだ農村的性格の強い地域が多く含まれていた。土地整理によって公簿上の地価がいくら上昇したところ

で、換地後の土地を実際に運用して利益を現実のものとすることは困難であり、かかるフィクションが社会的な同意を取りつけるに十分な条件は未だ整っていなかった。いずれかといえば道路整備に要する財政負担の軽減という、行政にとっての利点のほうが目立ったかもしれない。こうした無理を通すには、種々の経済外的手段——例えば高圧的な態度による強要やイデオロギー注入——が採られざるを得なかった。『区画整理早わかり』の末尾に掲げられた次の呼びかけは、そのイデオロギー性によって、前段で自らが振りかざした経済合理性の持つ、ある種の無理を逆照射していたとも言えるのである。

　　考へても見よ、国家の金を以て我が都市のために、道路を造り運河を造り公園を造り家屋の建築を助けると云ふのである。加之土地区画整理にまでも費用を支出すると云ふのである。然るに吾々市民が自分の住む此都を改良する為めの此の区画整理の事業に対して多少の目前の困難や犠牲を我慢することが出来ない為めに中途で此の事業や中絶する様な事があつたならば吾々は全国の同胞に対して何の合せる顔があらうか。また吾々の子孫に対して何と申訳が立つであらうか[73]。

注

1）　沼尻晃伸『工場立地と都市計画——日本都市形成の特質1905-1954』（東京大学出版会、2002年）19〜47頁。
2）　鈴木淳『新技術の社会誌』（中央公論新社、1999年）160〜191頁。
3）　長谷川徳之輔『東京の宅地形成史——「山の手」の西進』（住まいの図書館出版局、1988年）。
4）　東京市社会局『東京市ニ於ケル住宅ノ不足数ニ関スル調査』（東京市、1922年）。
5）　東京市役所『東京市域拡張史』（東京市、1934年）92〜99頁。
6）　鈴木勇一郎『近代日本の大都市形成』（岩田書院、2004年）247〜273頁。
7）　第一次大戦期から関東大震災以後にかけての東京における住宅市場の動向については小野浩「第一次世界大戦前後の東京における住宅問題——借家市場の動向を中心に」（『歴史と経済』第48巻第4号、政治経済学・経済史学会、2006年）および同「関東大震災後の東京における住宅再建過程の諸問題——借家・借間市場

の動向を中心に」（『社会経済史学』第72巻第1号、社会経済史学会、2006年）を参照。
8）　阿部喜之丞「東京時代の区整組合の思い出」（全国土地区画整理組合連合会編『土地区画整理組合誌』1969年）398～412頁。
9）　東京における市街化と鉄道の関連については、原田勝正「東京の市街地拡大と鉄道網（1）――関東大震災後における市街地の拡大」および同「東京の市街地拡大と鉄道網（2）――鉄道網の構成とその問題点」（原田勝正・塩崎文雄編著『東京・関東大震災前後』日本経済評論社、1997年）を参照。
10）　石見尚『日本不動産業発達史――大正・昭和（戦前）および昭和30年代前半期――』（日本住宅総合センター、1990年）24～25頁。
11）　内務省都市計画局『都市計画要鑑』第一巻（内務省、1922年）。
12）　鈴木勇一郎前掲書、71～131頁。
13）　大阪市都市整備協会編『大阪市の区画整理』（同、1995年）139～143頁。
14）　鈴木勇一郎前掲書、177～197頁。
15）　同上、223頁。
16）　片木篤・角野幸博・藤谷陽悦編『近代日本の郊外住宅地』（鹿島出版会、2000年）
17）　住宅開発の動向を知るには件数のみならず規模の把握が重要であることは言うまでもないが、作成者も断っているようにこの「データベース」は史料の制約により規模に関するデータが極めて限定されている。だが、現時点でこれ以上に郊外住宅開発の全体像を把握し得る資料は存在せず、ここでは上記の問題を承知しつつ件数のみによって叙述を進める。
18）　野田正穂・中島明子編『目白文化村』（日本経済評論社、1991年）。
19）　石見尚前掲書、37～41頁。
20）　大阪の事例であるが、名武なつ紀「都市化と土地所有・利用の史的展開――住宅地への転換プロセス――」（足立基浩・大泉英次・橋本卓爾・山田良治編『住宅問題と市場・政策』日本経済評論社、2000年）は、大阪における土地会社が幕藩制下における有力町人の系譜を引くものであったことを指摘している。
21）　加藤仁美「華族の邸宅から高級住宅地へ――三井信託社による分譲地開発」（片木篤ほか編前掲書）。
22）　両大戦間期の東京信託の不動産経営については、橘川武郎「日本における信託会社の不動産業経営の起源――1906～1926年の東京信託の不動産業経営――」（日本住宅総合センター編『不動産業に関する史的研究〔II〕』同、1995年）参照。なお、麻島昭一「本邦信託会社資料史――日本最古の信託会社1　東京信託の分析」（『信託』第47号、信託協会、1961年）によれば、明治末期から大正初年の信託会社の

中には今日不動産業に含まれる業務を行っていたものがあり、この時期の東京信託はむしろそれを主要業務としていた。
23) 橋本寿朗「戦前日本における地価変動と不動産業」(日本住宅総合センター編『不動産業に関する史的研究〔Ⅰ〕』同、1994年)。
24) 長谷川信「土地会社の経営動向——両大戦間期の大阪を中心に」(前掲『不動産業に関する史的研究〔Ⅱ〕』32〜34頁。ただし資本金規模ではなお大阪が東京を上回っていたという。なお、「データベース」が挙げているのは「開発または分譲」された郊外住宅地であり、賃貸物件も含んでいると思われるが、その内訳は明記されていない。
25) 長谷川徳之輔前掲書、96〜108頁。
26) イギリスでハワードが提唱した田園都市は既成市街地から距離を隔てた場所に立地し職住が近接したある程度自律的な衛星都市であったのに対し(エベネザー・ハワード著、長素連訳『明日の田園都市』鹿島出版会、1968年)、東京・大阪の「田園都市」は既成市街地に隣接し大都市のベッドタウンとしての役割しか持ち得ない「田園郊外」とも言うべきものであった。この相違は、前者が自由主義的な経済活動の止揚として構想されたのに対し、後者は自由主義的経済活動の新たな一環として取り組まれたことと無関係ではないだろう。
27) 東京近郊農村における農業の採算性悪化や不償感の堆積については帝国農会『東京市農業に関する調査(第壱輯)東京市域内農家の生活様式』(同、1935年)を参照。詳細には次章(77〜83頁)で述べる。
28) 大豆生田稔「都市化と農地問題——一九二〇年代後半の橘樹郡南部——」(横浜近代史研究会・横浜開港資料館編『横浜の近代——都市の形成と展開』日本経済評論社、1997年)。
29) 老川慶喜「箱根土地会社の経営と高田農商銀行」(由井常彦編著『堤康次郎』リブロポート、1996年)。
30) 序章注2で述べたように、耕地整理事業は本来農事改良を目的としたものであったが、これを利用した実質的な宅地造成も行われていた。1919年公布の都市計画法では宅地造成のための土地区画整理事業が制度化されたものの、実際の施行にあたっては耕地整理法が準用されたこと、耕地整理事業の場合は補助金の交付が行われたことなどが理由で1931年の地租法改正で禁止されるまで耕地整理事業による宅地整備が多く行われた(石田頼房「日本における土地区画整理制度史概説 一八七〇—一九八〇」『総合都市研究』第28号、東京都立大学都市研究センター、1986年)。
31) 東京土地区画整理研究会『交通系統沿線整理地案内』(同、1938年)。

32) 鈴木勇一郎前掲書、221〜245頁。
33) 大阪市土地整理協会『大阪市の土地区画整理』(同、1933年)付表「大阪市内ニ於ケル土地区画整理事業進捗状況一覧」。
34) 前掲『大阪市の区画整理』127〜135頁。
35) 都市計画そのものは国の所管であるが、財源の提供および事業の実施主体は自治体であった。この点については赤木須留喜『東京都政の研究』(未来社、1977年) 1〜58頁を参照。
36) 大阪市都市計画部次長、大阪市助役を歴任した瀧山良一によれば、大阪駅前土地区画整理も「始めは都計法第十二条で施行する積りであつたが、途中にて種々な問題に逢着して結局第十三条で公共団体たる大阪市が施行する事となつ」たという(大阪市都島土地区画整理組合『都島土地区画整理組合事業誌』同、1939年) 93頁。
37) 以上、同上書による。
38) 耕地整理事業に対しては以前より農林省の助成制度が存在し、市を通じて助成金が交付されていた。
39) 前掲『大阪市の土地区画整理』5〜11頁。
40) 大阪市都市住宅史編集委員会編『まちに住まう――大阪都市住宅史』(平凡社、1989年) 311〜312頁。もっとも、住宅組合は結果的には郊外住宅地整備に大きな効果をあげることはできなかったと評価されている(藤谷陽悦・内田青蔵「住宅組合法が戦前郊外住宅・住宅地形成に及ぼした影響に関する研究」科学研究費補助金研究成果報告書、2002年)。
41) 石見尚前掲書、60〜69頁。
42) 前掲『まちに住まう――大阪都市住宅史』。
43) 以下、小栗忠七『土地区画整理の歴史と法制』(巖松堂書店、1935年)第3章による。
44) 石井寛治『日本経済史 第二版』(東京大学出版会、1991年)は、地租改正によって成立した日本における近代的土地所有権について、その絶対性すなわち所有権に対する用益権の未確立をもって、特殊な(近代的土地所有権としては不十分な)ものであったとする(同書、120〜123頁および236〜239頁)。こうした「所有権の絶対性」を日本の特徴とする理解は、前掲沼尻晃伸著の議論にも継承されていると考えられ、それゆえ土地整理における地主的利害の貫徹が強調されるのである。だが同時に、土地整理の内にある組織化された用益権に基づく所有権の制限の契機を見逃してはならないであろう。
45) 復興局『帝都復興の基礎 区画整理早わかり』(同、1924年)。

46) 同上、2～3頁。
47) 同上、3～4頁。
48) 同上、5～6頁。
49) 同上、7～8頁。
50) 同上、32～33頁。
51) 同上、16～17頁。
52) 同上、33頁。
53) 同二、22～23頁。
54) 岩見良太郎『土地区画整理の研究』（自治体研究社、1978年）175～222頁および石田頼房前掲論文。
55) 島経辰『復興市民要覧』（有斐閣、1926年）8～9頁には次のようなくだりがある。「焼失地跡は、元来道路が非常に狭かつたのを、相当に広い道路にするのでありますから、多少宅地の坪数の減るのは已むを得ないことで新しく割振られる敷地も前よりは…先づ大体一割から二割位ゐは減るでありませう。〔中略〕そして前には狭い道路の横丁の奥にあつたものでも、今度は相当の広い道路に向つて以前は、三角や、馬鹿に細長い形の敷地であつても、今度は、キチンとした格行（ママ）の好い敷地となり、平素出入にも、消防や避難にも便利で、衛生状態もよく、建物も相当に高い家を建てる事が出来ます。貸家なら家賃も多く取れるし、従つて、土地の値段も、以前とは、非常な相違でありまして、仮令坪数が減つても、財産は殖える訳であります」。
56) 長谷川一郎『土地区画整理関係法規釈義』（中屋書店、1924年）80頁。
57) 前掲『帝都復興の基礎　区画整理早わかり』27頁。
58) 同上、34頁。
59) 東京市都市計画課編『都市計画道路と土地区画整理』（同、1933年）。
60) 同上、2～3頁。
61) 東京庁土木部道路課『東京府道路概要』（同、1940年）85頁。
62) 東京府土木部『東京府道路概要』（同、1932年）36頁。
63) 前掲『東京府道路概要』（東京府土木部道路課、1940年）97頁。
64) 前掲『東京府道路概要』（東京府土木部、1932年）36頁。
65) 東京市土地区画整理助成規程第2条。
66) 山田稔「東京府に於ける土地区画整理の展望」（土地区画整理研究会『区画整理』第3巻第12号、1937年。ただしここでは区画整理刊行会編『復刻　区画整理』第Ⅰ期第5巻、柏書房、1990年版を利用）20頁。
67) 衣斐清香「東京市の土木事業と土地区画整理に就て」（同上『区画整理』第3巻

第12号）10〜11頁。
68) 前掲『都市計画道路と土地区画整理』。
69) 井荻町土地区画整理については井荻町土地区画整理組合『事業誌』（同、1935年）参照。
70) 前掲『都市計画道路と土地区画整理』31頁、以下の引用も同様。
71) 資料の制約により公共用地の全部が道路となっているが、実際には道路以外の用地も含まれよう。
72) 持田信樹『都市財政の研究』（東京大学出版会、1993年）147〜157頁。持田は都市財政論の立場から当時の土地整理における減歩が行政にとっての「見えない」財政収入であると同時に、地価上昇が地主にとっての利益となっていたことを指摘した。
73) 前掲『帝都復興の基礎　区画整理早わかり』34頁。

第2章　耕地整理組合の結成と地域社会秩序

第1節　耕地整理の背景と事業計画

2-1-1．近郊農村における農業の動揺

　玉川村は荏原郡の西端に位置した面積約1,309町歩の行政村であり、大正半ばまでは東京市に蔬菜類を供給する近郊農村であった。前章で確認したとおり、東京市への編入が実施された1932年段階においてもこの村域は相対的に人口密度が低く、農村的性格の強い地域であった。だが、一方で大正中期以降の東京都市圏拡大はこうした地域に対しても着実に影響を及ぼし、そうした農村的性格に動揺を生じさせていた。

　表2-1は玉川村域[1]における1915年以降の戸数および人口数の推移を示したものである。

　これによると、戸数は大正半ばまで1,100戸前後と横ばいで推移するが、1920年の第1回国勢調査では1,327戸と増加の兆しを見せ、その5年後の1925年国勢調査では2,347戸、1930年には3,341戸と急激に増加していった。この間、人口も増加したが、1戸あたりの平均構成員数は少しずつ減少しており、新中間層世帯の流入が推察される。1932年の市域拡張で世田谷区の一部となったのちも人口は増加し続け、1939年時点における戸数は8,980、人口は4万1,357に達していた。これを耕地整理事業開始の時期に相当する1925年と比較すると、それぞれ3.8倍、3.5倍の増加ということになる。なお、第二次世界大戦後についても数値が得られた分だけ掲げておく。

表2-1　玉川村域人口・戸数推移

年度	人口（人）	世帯数	1戸あたり平均人員（人）
1915	7,531	1,129	6.7
1916	7,111	1,145	6.2
1917	7,388	1,051	7.0
1919	7,867	1,134	6.9
1920	7,591	1,327	5.7
1925	11,974	2,347	5.1
1930	16,759	3,341	5.0
1933	24,085	4,820	5.0
1934	26,400	5,529	4.8
1935	29,175	5,861	5.0
1936	30,899	6,263	4.9
1937	34,209	7,022	4.9
1938	39,466	7,698	5.1
1939	41,357	8,980	4.6
1950	81,883	19,573	4.2
1952	70,705	16,469	4.3
1953	95,028	24,040	4.0
1954	99,176	24,865	4.0
1955	102,337	25,980	3.9

出典：『東京府統計書』（1925年まで）、『東京市人口統計』（1933・1934・1936年）、『東京市国勢調査付帯調査　区編　新市内ノ部　世田谷区』（1936年）、『東京市統計年表　人口統計編』（1937～1939年）、『国勢調査速報』（東京都臨時国勢調査部、1950年）、『住民登録による世帯と人口』（東京都総務局統計部、1952年）、『世田谷区勢概要』（1953～1955年）。

一方、村内における農家戸数および農業人口はどのように推移したのであろうか。表2-2および表2-3はこれについて1926年から1931年までの動向をみたものである。短期間のデータしか得られなかったが、両者ともに減少傾向にあることは明らかであろう。

同時期における耕地面積の推移は表2-4に示す。

ここでは田の急激な減少が見られるが、一方で畑地の減少は緩慢である。これは、農業が不採算化していく中でまずは田（玉川村では湿田が多かったと考えられる）[2]を埋め立てて畑に転換し、蔬菜や果樹など商品価値の高い作物へと生産物を切りかえ、さらに進んで商品作物栽培すらも不採算化する一方で宅地需要が増加すると、今度は埋め立てた畑地を宅地へと転換する、という当時一般的であった近郊農村における段階的な離農のあり方を示していると解せられよう[3]。

いまだ農村的色彩を色濃く残していたとはいえ、1920年代の玉川村において人々がそれなりに社会変動の兆候を感じとったとしても不思議はない。玉川全円耕地整理事業はこうした事情を背景に計画された。のちに玉川全円耕地整理組合の第2代組合長を務めた毛利博一は、当時を回顧して次のように述べている。

第2章　耕地整理事業の開始と地域社会秩序　79

表2-2　玉川村域における農家戸数の推移

(単位：戸)

年度	自作		自小作		小作		計		合計
	本業	副業	本業	副業	本業	副業	本業	副業	
1926	200	69	191	17	167	25	558	111	669
1927	200	69	167	25	191	17	558	111	669
1928	186	57	281	33	169	23	636	113	749
1929	173	21	272	6	128	24	573	51	624
1930	141	26	252	18	157	20	550	64	614
1931	141	24	249	16	154	19	544	59	603

出典：『東京府統計書』各年度版。

表2-3　玉川村域における農業人口の推移

(単位：人)

年度	自作		自小作		小作		計		合計
	本業	副業	本業	副業	本業	副業	本業	副業	
1926	840	171	801	43	701	62	2,342	276	2,618
1927	756	155	638	52	723	38	2,117	245	2,362
1928	489	118	923	67	515	49	1,927	234	2,161
1929	610	42	952	10	386	45	1,948	97	2,045
1930	545	76	1,056	28	486	42	2,087	146	2,233
1931	575	72	987	25	477	39	2,039	136	2,175

出典：前表に同じ。

　大正六年頃財界人としては勿論、社会事業家としても知名であつた渋沢栄一翁が……田園都市を創設することを目的として、玉川村……等を理想的な候補地として企図されたのである。〔中略〕大正七年九月に田園都市株式会社が創立されて、土地の整理その他諸施設の進捗と共に分譲が開始された。〔中略〕玉川の土地開発〔玉川全円耕地整理事業のこと──引用者〕も、これらの企画に相当刺戟を受けたことは勿論であるが……今は農業生産の村も将来は必ず消費都市へと徐々に移行することは明かな情勢にあるので、村会も若干の調査費を支出して、東京府庁耕地課の指導のもとにこれが基本計画を依頼したのであつた[4]。

表2-4　玉川村域における耕地面積の推移

年度	自作地（町）			小作地（町）			合計（町）		
	田	畑	計	田	畑	計	田	畑	計
1915	63.9	369.5	433.3	82.1	398.5	480.6	146.0	768.0	913.9
1916	62.6	262.5	325.1	83.1	374.1	457.2	145.7	636.6	782.2
1917	62.2	260.8	323.0	82.9	375.1	458.0	145.1	635.9	780.9
1919	62.2	260.2	322.4	82.9	374.8	457.7	145.1	635.0	780.1
1921	61.0	372.2	433.2	75.2	395.1	470.3	136.2	767.3	903.5
1922	61.0	372.2	433.2	75.2	395.1	470.3	136.2	767.3	903.5
1923	61.0	370.1	431.1	75.2	393.1	468.3	136.2	763.2	899.4
1924	54.6	258.6	313.2	81.9	387.8	469.7	136.5	646.4	782.9
1925	54.4	256.3	310.7	8.1	384.3	392.4	62.5	640.6	703.1
1926	52.2	243.2	295.4	79.7	382.1	461.8	131.9	625.3	757.2
1927	20.5	125.8	146.3	126.5	529.8	656.3	147.0	655.6	802.6
1928	20.1	117.3	137.4	114.8	518.8	633.6	134.9	636.1	771.0
1929	36.1	323.5	359.6	35.4	355.4	390.8	71.5	678.9	750.4
1930	34.6	297.4	332.0	32.4	281.8	314.2	67.0	579.2	646.2
1931	24.9	273.0	297.9	27.5	251.6	279.1	52.4	524.6	577.0

出典：前表に同じ。

　このように、当時の玉川村には、周辺地域における開発への関心と自村の将来に対する不安とが存在していた。ここで言及された農業の動向とディベロッパーの進出は、この時代、社会的にも関心を呼んだ問題であった。当時東京帝国大学農学部教授であった那須皓は1935年に帝国農会の委嘱で市域拡張後の東京市における農業の実態調査を行った。調査は旧玉川村域周辺にも及んだが、その報告書『東京市農業に関する調査（第壱輯）東京市内農業経営の実態』からは東京西南郊における農業衰退の様子を具体的にうかがうことが可能である[5]。

　まず、「住宅工場等のため日照、通風を妨げられ、害虫は発生して作物の成育は非常に阻害せられる」[6]と報告されているように、環境の悪化による収穫量の減少があった。次に、交通機関、主として鉄道網の発達によって遠隔地から比較的容易かつ安価に都市部への出荷が可能になったことで、遠方との産地間競争が発生した。これにより、例えばそれまで初物として高額で出荷していた野菜類は他産地品の流入によりその地位を追われつつあった。また、競争は

近接した外延地域との間にも発生した。関東大震災の前後を通じて、農家による屎尿の汲取が、肥料の買取から有償の汚物処理へと性格を転じたため、汲取に多少の費用を投じても採算が取りやすくなるため、遠方の農家が蔬菜栽培を手がけるようになったことが背景にあった[7]。このような競争の激化を受けて、各農家はより競争力の高い、鮮度の要求される作物へと栽培種目の転換を図った。玉川村では「玉川温室村」と称された一部地区で温室を用いた果樹や花卉の栽培がなされたが、こうした試みはなお限定的なものであった。また、商品価値の高いこれら作物の栽培は概して多くの手間を要する労働集約的なものであったが、一方で都市部に近接した地域では第二次・三次産業の労働市場拡大によって農業における日雇・年雇の賃銀高騰にさらされることとなった[8]。この結果、農家は自らの労働日数を増加させざるを得なかった。1911年には年間44日であった定期休業日は1930年時点で18日にまで減少し、その休日も「正月以外の日は殆んど半日休む位」であったという[9]。このように、消費市場たる東京の存在を前提にした、蔬菜栽培における優位性の喪失は、耕作者自身が農業に対する不採算感を募らせていくことに繋がった。一方で都市化の進展は宅地需要を発生させ、これに応じた土地利用を模索する者も出現した。その様子は次のとおりである。

> 一般的には従来自己所有の耕地を耕作せる手作地主、自作階級はその土地を移住者に売却するか、又は宅地として貸地するか或はそれに家屋を建て、貸家とするかの何れかである。上層農家はかゝる賃料によつて生活する純然たる貸地業、貸家業となり、町会、組合等の名誉職委員等に納つて居る者が多い[10]。

地主－小作関係が介在する場合も事情は同様であった。小作農民の側では、上に述べたような農業の不採算化が進行すれば小作料の減免を要求するか、あるいはより強硬に滞納という手段を採る。とくに農外就労機会に恵まれた地域の場合は離農を検討することになる。例えば、昭和初期の駒沢農会区では「小

作料滞納の者は近来著しく増加する形勢にあり、地主は三年以上も滞納する時は小作地の引上げを為すことが多い」[11]ことが指摘されていた。一方、地主にしてみれば収入の途を一時に失うよりは、次善の策としてとりあえず小作料引き下げを選択することもあったが、それは農地としての利益を縮小させることになる。極端な場合には「栽培条件の悪化の為め小作料は甚だ低廉となり、或は貸地売地として需要者を待つて居る様な土地は、何時でも引き上げるといふ条件で、それまで従来の小作人に無料で貸して居る」[12]という事態も発生していた。地主と小作の契約関係は、「殆ど口約束」[13]とか「減免は専ら地主の一存」[14]といったように客観的基準を欠いたものであったとはいえ、その実態はかなりの程度競争原理に律せられたドライな関係であり、「小作地引上げ等に際して小作争議は従来生じたことなく、また小作人組合、地主組合の如き団体を組織して対峙することも絶対にな」[15]かった。

このように、土地を農地として利用することそのものが次第に不利化するという事態に際して、自作・小作・地主という全階層が離農を志向する契機が生じていた。もっとも、東京西郊の近郊農村では小作が複数の地主から土地を借りている場合が多かったから、一挙に離農するのでなく、世帯内で子弟のみ賃労働者化しその分の土地のみ返還し、農家経営を兼業化させるという「部分的転業」[16]が一般的だったと言われている。

ただし、農業の不採算化にともなう現実の土地利用の転換や人々の転業は、必ずしもスムーズな過程ではなかった。報告書は次のように述べる。

　　土地を売却した者は、之を資本として堅実な商売を初めたものもあるが、一攫千金の喜びに駆られて遊興に耽つたり、或は投機的事業に投資し、株に手を出して失敗し、遂にその財産を蕩尽した悲劇も屢々耳にした[17]。

小作についても、次のような状況が伝えられている。

　　蓄財なく、土地を引き上げられた貧農階級に残された途は、唯労働力を売

る外はない。彼等は半失業的な日傭、道路工夫等の肉体労働者となるが、工場労働者になつたものは甚だ稀である[18]。

　農業の不採算化はまずもって個別の農家経営の危機であった。しかも、この時期のそれは、例えば豊凶の変動といった単純な毎年度の利益の変動（つまり生産の基本的なあり方を変えずに耐え忍ぶしかない、あるいはその程度の対応で十分な、再生産の危機には及ばない利益の上下）の枠を超えた危機であった。こうした状況下で、人々の眼前に従来と異なる土地利用や労働力の振り向け方が現われつつあったのは事実であるが、それはいまだ決して安定的な再生産を約束するものではなく、場合によっては危機をより一層深刻化しかねないものだったのである。

　そして第二に、こうした状況は同時にそうした個別経営を包み込む地域社会レベルにおける秩序の動揺をも意味していた。それは、個別的な農家経営の危機の単なる集積ではなかった。離農が偶発的に個別の家計を改善することはあっても、そこではもはや旧来の農業経営において見られた労働力の提供等を通じての社会的紐帯が発揮される余地はなく、その意味で旧来の地域社会秩序は弛緩するほかはなかったのである。こうした問題は商品作物生産への移行においてすでにある程度生じていたと考えられるが、離農はそうした潮流を一層加速するものであったと言えよう。

2-1-2．ディベロッパーの活動

　一方、この時期には近郊農村におけるディベロッパーの活動が活発化しつつあった。荏原郡における大規模宅地開発の事例としては鉄道建設と並行して進められた田園都市株式会社（のち目黒蒲田電鉄田園都市部、以下「田園都市会社」と略す）によるものが有名である。同社が1918年に作成した設立趣意書には「荏原郡玉川村及洗足池附近……四十二萬坪」を開発して住宅を建設し、併せて郊外電鉄の建設を行うことが謳われていた[19]。実際の開発対象地は洗足地区（碑衾村、平塚村、馬込村）、多摩川台地区（玉川村、調布村）、大岡山地区

（碑衾村、馬込村、池上村）の3地区であり、当時田園都市会社の役員とほぼ同一のメンバーによって計画されていた荏原電気鉄道（のち目黒蒲田電鉄）の計画路線に沿うように配置されていた。同村を含むこの付近の有力者たちは大正初期より、後年田園都市会社の経営に携わることになる渋沢栄一を訪れ、「土地開発に関する協議」を行っていたという[20]。多摩川台地区すなわち「田園調布」住宅地が玉川村東南部から調布村にかけて造成されることになった結果、土地買収は玉川村域にも及び、1921年までに村内の土地13万8,591坪が対象になった[21]。これが事実であれば玉川村域全体の面積約1,300町歩（＝約390万坪）の3.5％あまりを占めたことになり、村民たちはその影響を意識せざるを得なかったであろう。

このようなディベロッパーの進出に対応して、土地買収価格は直ちに大幅な上昇を見た。1918年頃の状況を述べた田園都市会社の「土地買収要綱」によれば、洗足地区では最初の10万坪は坪あたり2.3円で買収したものの、その後は同8〜15円に「著シク昂騰」し「予定ノ価格一反歩七百円〔坪2.3円——引用者〕ニテ買収スルハ頗ル至難」な状況にあった。玉川村を含む多摩川台・調布地区でも最初の14万7,000坪の価格こそ坪あたり2.3円であったが追加分5万3,000坪は同2.8円、さらに追加の10万坪は同5.33円へと高騰した[22]。

このような急速な地価の高騰からは地主による価格の吊り上げが想像されよう。だが、開発による地価上昇はそれをはるかに上回るものであった。洗足地区における区画整理および送電設備・下水設備を施した後の分譲価格は坪50〜55円、多摩川台・調布地区では坪24〜60円に達していた[23]。造成費は明らかでないが、建物を含まない土地のみの価格で20倍以上の地価上昇を実現したのであるから、同社が得た利益も大きなものであったと解すべきであろう。

このような動きに対し、地域社会は少なくともごく初期には協力的な態度を示していたようである。すでに述べたとおり、玉川村や周辺における地域の有力者たちは田園都市会社が土地買収に乗り出す以前から渋沢栄一のもとを訪れていたし、渋沢秀雄の述懐によれば買収にあたっても「土地に根強い愛着を持っている」「農家の人」が「株主仲間を奔走してくれた」という[24]。当時は「屢々

な」[25]かったため、そうした中で渋沢栄一の事業として知られた田園都市会社は「比較的信用し得る」[26]相手であったはずである。同社および目黒蒲田電鉄の経営を主導した五島慶太の回想には「大正十三年頃と思うが玉川村長の豊田正治氏が当時目黒にあつた目蒲電鉄の本社に私を訪ねて来た。そして玉川全円耕地整理の計画を具さに話し、これに協力して呉れということであつた。〔中略〕私は……その事業の捗らないのが気の毒で……当時の府会議長朝倉虎次郎氏を訪ねてこの計画がぜひとも認可されるよう斡旋を頼み時には私自身で芝の府知事官舎に宇佐美〔勝夫——引用者〕知事……を訪ねて豊田君の計画を認可してやつてくれと頼んでやつたこともある」[27]という、組合とディベロッパーとの緊密な協力関係を示唆する記述も存在する。

　だが、ディベロッパーが宅地造成を行うことによって大幅な開発利益を得たのを目の当たりにすると、これを排して開発利益を自らの手元に確保する意図から自主的な土地整理のための組合を結成する契機が生じてきた。玉川全円耕地整理終了後の1955年に開催された座談会で、組合幹部らは次のような回想を述べている。

　　私の記憶では大正七年頃、あの有名な渋沢栄一という人が田園都市を計画して洗足、大岡山、田園調布、奥沢方面に多くの土地を買収しました。そして大正十二年には、目蒲線が多摩川園まで開通し、その上関東大震災の結果武蔵小山方面が急激に発展したのに伴い、吾々の郷土玉川も農村より住宅地に転換しなければならない状態に追いこまれたことがその原因の一つであつたと思われます〔中略〕渋沢栄一氏の理想的住宅地建設のために私共の奥沢二丁目、三丁目も買収される地域に含まれたのです。それがのちにだんだん尾山、等々力など多摩川の清流に沿つた丘陵も出来るだけ買収して広範囲な住宅地を作ろうという計画もあつたようです。かようなことになると、それは会社組織でやる土地開発事業で、それを分譲して利潤をみるというような一面営利的事業も加味してるので、それでは土地の地

主というものが滅びてしまう。それよりも自分達の手でこれを開発し農作に適する所はそれに適した整理をし、次第に年月の経つに連れて交通機関の発達等により住宅化されるのであるから、その場合は住宅地に適する様な規模も入れて、自分達で組合組織を作つて一千余町歩の土地を開拓して行くことが肝要じやないかと言ふのが当時玉川村村長であつた豊田氏初め私達有志の者の意見であつた[28]。

　この回想は、自主的な耕地整理組合の結成をディベロッパーへの対抗措置として位置づけている。耕地整理組合が結成されれば、田園都市会社が従前のごとく買収と造成を通じた開発利益を独占することは不可能となる。五島の回想に見られたような動向が実際に存在したとしても、この段階の地域社会にとって、民間ディベロッパーは原理的には対抗的なものと見なされたのである。農業の不採算化への対応の一つとして宅地開発を受容するとしても、それを全面的にディベロッパーに依拠することは、「土地の地主というものが滅びてしまう」こと、すなわち個々の経営のレベルにおいても地域社会秩序のレベルにおいても、直面する危機をより一層深めるものであると認識されていた[29]。

2-1-3．耕地整理事業の計画

　耕地整理事業は、ここまで述べてきたような農業の不採算化＝地域における個別経営と社会秩序双方の危機を克服するための、地域社会における主体的な取り組みとして企図された。一般に近郊農村においては土地所有規模が小さく、個々の土地所有者が単独で区画整理を実施することは困難であり、そうした限界を突破するために採られたのが組合を結成して個々の土地を集積することによる耕地整理あるいは土地区画整理であった。それは、土地所有者が個別に宅地化を行うことによってではかえって深刻化しかねない個別経営レベルと地域社会秩序レベルの二つの危機を同時に回避し、地域社会に再び安定をもたらすための方策として採られたものであった。

　1920年代以降の都市近郊で多数実施された土地整理事業はこうしたものとし

て理解されねばならないし、玉川全円耕地整理事業もそうした流れに位置づけられるものであった。計画が村会で議論されたのは1923年のことであったが、玉川全円耕地整理事業を企画したのは同年に玉川村長に就任した、大字等々力の豊田正治[30]であったとされる。豊田は就任後初の予算編成に際し基本測量と基本計画の作成のための「土地開発事業費」約3,000円を計上し、承認を得た。続いて村内各大字の有力者から17名の発起人が選出され、事業の計画が作成されたのである[31]。

ところで、玉川村においてはこれ以前にも2度耕地整理が実施されたことがあった。ひとつは1912〜14年に豊田周作（正治の父、戸長経験者）組合長の下で大字等々力と尾山の一部において「水田約二十町歩」を整理した玉川耕地整理事業で、今ひとつは1916〜18年に長崎行重（代々名主の家柄で戸長経験者、のち玉川全円耕地整理組合発起人、瀬田下工区長）を組合長として大字瀬田の「約十町歩」の水田を整理した大典記念玉川耕地整理事業である[32]。表1-9に示したようにいずれも規模はそれほど大きくなく、純粋に農事改良のみを目的とした事業であった。

玉川全円耕地整理事業も、村長を頂点とする村政の指導者層が主導した点は従前の耕地整理と同様であった。最初の計画は村会で協議に付され、組合の事務所も当初は玉川村役場内に設置された。組合は言わば村の一分枝として設立されたのであるが、それは従前と同様、行政村体制下の地域社会秩序に則ったものであった[33]。

だが、同時に玉川全円耕地整理事業は、それ以前の事業と比較して規模においても質においても隔絶するものであった。制度的には耕地整理事業であったものの予定施行面積は963町以上にも及び[34]、農事改良の枠を大きく超えた幅員12間の道路や3〜4万坪にも及ぶ広大な公園の整備、さらに村内を横断する村営鉄道の建設までもが計画されており[35]、それが宅地開発をも視野に入れた、従前の耕地整理とは性格を異にするものであることは明白であった。

こうした内容の耕地整理を村ぐるみで実施することは、当事者の主観に照らしてみれば地域社会の安定を回復する意図から出た当然の試みであったかもし

れない。だが、それが従前の地域社会秩序を支えてきた生産的基盤としての農業を放棄するものである以上、それ自体は個別経営の改善や地域社会総体の安定を聊かも保証するものではなかった。さらに、整理後における土地の用益はやはり個別的に行われるほかはなく、それが従前の地域社会秩序を弛緩させる可能性を孕んでもいた。宅地化を意図した耕地整理は、地域社会が伝統的に依拠してきた生産的基盤と秩序とを自ら掘り崩す行為であり、旧い地域社会秩序がその最期に臨んで発揮した共同性の発露であった。それは村ぐるみの「死の跳躍」だったといってもよい。

したがって、そのような計画が村内に伝播するに従って事業への反対者が出現したのはごく自然なことであった。村では「これを実行すれば農地は激減して百姓は皆な亡びて、祖先伝来の土地をなくしてしまう」[36]との評判が立ったが、こうした反応は耕地整理の意義を正しく理解しない非理性的なものというよりはむしろ直感的に事態の本質を衝いたものであった。

一方、村長をはじめ事業を積極的に推進しようとする者も多数存在した。こうして村内は耕地整理事業をめぐって賛成派と反対派とに二分し、厳しい対立を生み出すに至ったのである。

第2節　耕地整理事業をめぐる対立とその処理

2-2-1．事業をめぐる対立と村域内の地区間格差

玉川全円耕地整理組合の設立申請は1924年11月に行われたが、認可されたのはちょうど1年後の1925年11月であった。それだけの時間を要したのは反対派の住民による組合設立の不認可陳情が東京府に対し活発に行われたからであった。事業をめぐる対立は激しく、組合の設立に向けて双方とも票決権数を増加させるために[37]「二十一、二才のものまでも父親の土地を分筆して組合員になつた」[38]。また、賛成派の人物が「反対者の某さんの庭に裸で暴れこみ命のやりとりをやろうという所までやつた」とか「豊田村長も暴力団が来て殺してし

まえつてんで」当時常に護衛がついていたという状態で、「猛烈なさわぎで皆んな命がけ」であった[39]。組合の創立総会は1926年3月に開催され、ここで辛くも事業着手の道が開けたのであるが[40]、その後も反対者による抵抗は続き、村内の京西小学校（所在地は用賀）では反対派が「別の場所にバラック造りの三、四十坪位の仮校舎を建て、一時は百名にも近い児童を収容して、元教職にあつた人が授業を始めた」[41] こともあったという。

こうした対立の背景について、事業誌『郷土開発』における回想では「その時分東の方はまわりからどんどん開けて来るのに、道路が出来なければ困るという、目の前にひかえた問題があつたので早くやりたい。それに反して西の方は、電車も敷けないので昔の通り農業を営んでいるので、そんな機運にはなれなかつた」[42] とか「その頃東部の方は各工区の工事が進み、住宅地としてどんどん発展してきた。しかし〔西部の——引用者〕瀬田、用賀は明治四十二年に玉電〔玉川電気鉄道——引用者〕が敷けましたが、住宅地として土地を借りる様な人は余りなく、純然たる農村であつたのです。ですから電車が敷けた、それ住宅地として切り換えなければいけないという様な論には全く耳を貸さない」[43] といった述懐が見られる[44]。

ここで示唆された村域内における地区間格差を瞥見すると次のとおりである。図2-1は1932年の東京市への合併以後における町丁別の人口の変化を示したものである。便宜的に村域東部、村域中央部、村域西部に分けて表示した。限られた期間であるが、一見して人口の絶対数・増減の傾向ともに村域内で大きな格差が存在したことがわかる。突出して人口数が多く、しかもその伸びが顕著なのは玉川奥沢町1丁目であるが、ここは村域の最東端に位置し、地区内に目黒蒲田電鉄の奥沢駅が立地していた。同様の傾向が見られる同2丁目も付近には奥沢駅と東京横浜電鉄の自由ヶ丘駅が、同じく3丁目にも目黒蒲田電鉄九品仏駅が立地していた。東玉川町へは池上電気鉄道の支線が1928年に開通していた（ただしこの路線は1935年に廃止された）。なお、玉川田園調布2丁目の人口が停滞的なのは、ここが前述の田園都市会社による開発の対象地区であり、すでに宅地としての整備が完了していたためと推察される。

図2-1　東京市域拡張後の旧玉川村域における町丁別人口推移

(1) 東　部

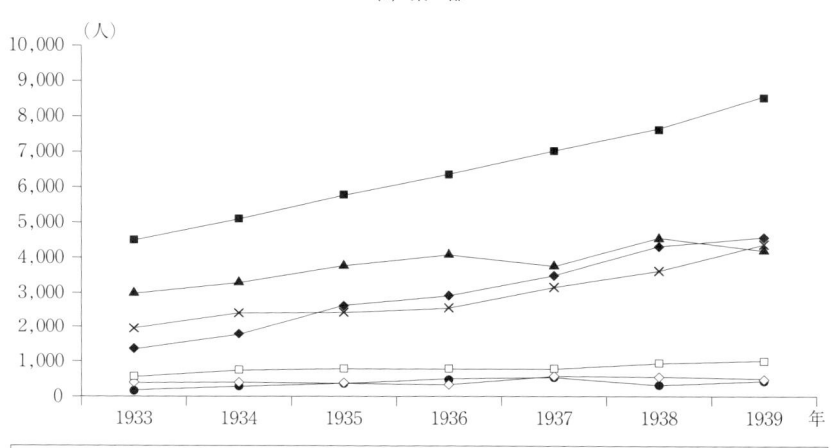

凡例：
- ◆ 東玉川町
- ■ 玉川奥沢町1丁目
- ▲ 玉川奥沢町2丁目
- × 玉川奥沢町3丁目
- ● 玉川田園調布1丁目
- ◇ 玉川田園調布2丁目
- □ 玉川尾山町

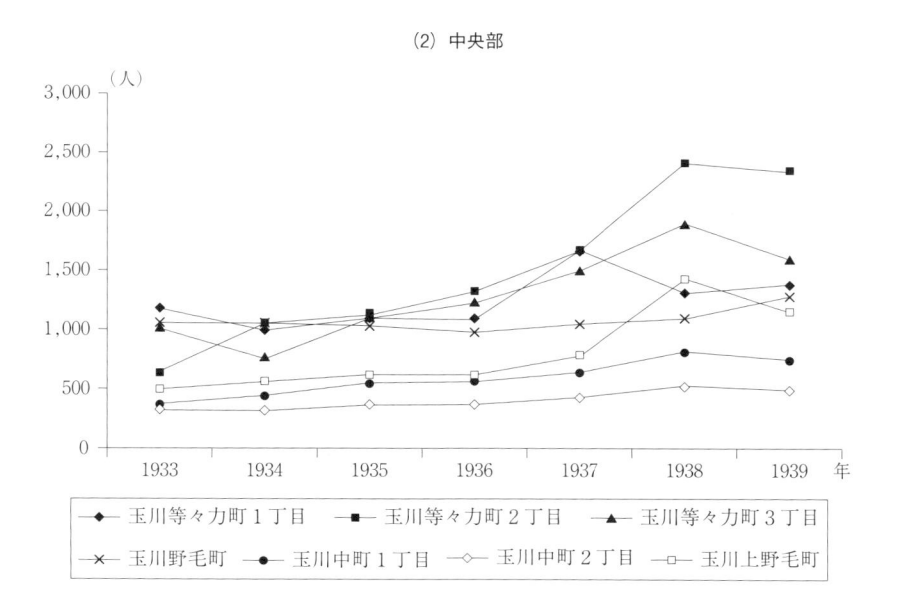

(2) 中央部

凡例：
- ◆ 玉川等々力町1丁目
- ■ 玉川等々力町2丁目
- ▲ 玉川等々力町3丁目
- × 玉川野毛町
- ● 玉川中町1丁目
- ◇ 玉川中町2丁目
- □ 玉川上野毛町

(3) 西　部

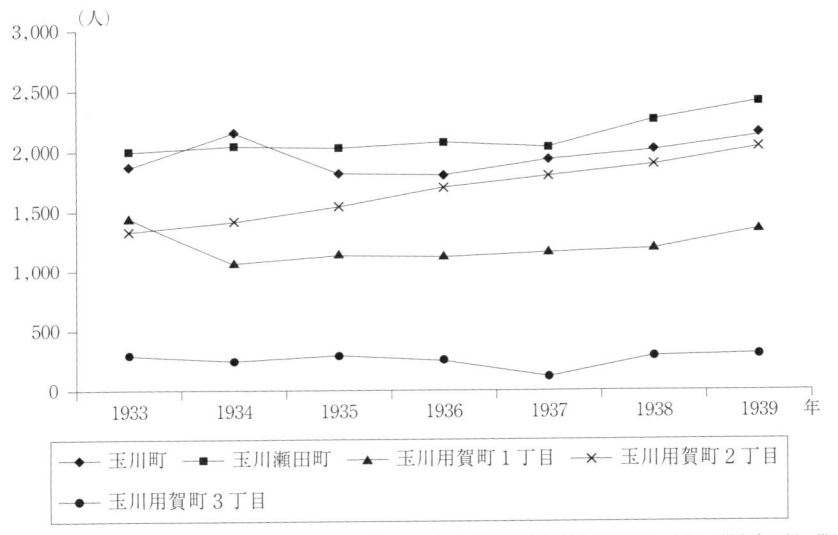

出典：1933年、1934年、1936年は『東京市人口統計』、1935年は『東京市国税調査付帯調査　区編　新市内ノ部　世田谷区』、1937～39年は『東京市統計年表　人口統計編』。

　このほかに、村域中央部では地区内に尾山台と等々力の2駅が立地する玉川等々力町2丁目、等々力駅に近接した同3丁目などで人口増加の傾向が認められる。ただ、これらの地区は今述べた奥沢など村域東部の地区に比べ絶対数ではなお低い水準にとどまっていた。さらに、用賀や瀬田といった村域西部に位置する地区では僅かな部分を除いて人口が停滞傾向にあった。これらの地区には明治末に玉川電気鉄道が開通していたが、この地区の人口増加を直ちに誘発したわけではなかった。同線は低速の軌道線であり、都心部への速達性において劣っていたためそうした影響力に限界があったものと考えられる。

　概括すると、玉川村域における人口の増加は主として村域東部から中央部、しかも目黒蒲田電鉄の駅が立地する地区が主導しており、その他の地区、とりわけ都心部との近接性の低い用賀や瀬田といった地区においては、人口増加という意味での都市化現象は非常に限定的であったと言うことができよう。とり

わけ事業が計画された大正末期の村域西部においては村域東部と比較して宅地化の影響は軽微であり、いまだ蔬菜供給地として有望であると考える者も多かったとして大過ない[45]。一般に市街地化をめざす土地整理は公共用地の増加が大きく農事改良の場合と比較して減歩率が上昇する。したがって、離農の意思を持たない土地所有者にとって市街地化を前提とした減歩率は過剰な負担となる。しかも、耕地整理の結果、農業経営の改善によって負担が補填される可能性は期待し得なかった。減歩を可能な限り抑えようとする傾向は後述するとおり耕地整理に積極的であった地区においてすら見られたほどであったから、そうでない地区の住民がこうした問題になおさら敏感であったのは当然であった。敢えて「死の跳躍」を行う必然性を感じない者にしてみれば、村ぐるみの耕地整理は推進派の賭けに自らが巻き込まれることを意味していた。それゆえ、反対運動においては例えば「鉄道ヲ敷設シ若ハ其用地ヲ設置シテ鉄道敷地ニ充当スルカ如キハ実ニ耕地整理法ノ意義ヲ没却シタル不当不法ノ処置」[46]とか、「計画道路及其ノ附帯構造物（橋梁、暗渠等）ノ規模ハ一般ニ農業上ノ交通運搬ニ必要ナル程度ヲ超ユルノミナラス又整理後著シク宅地面積ヲ増加スルカ如キハ耕地整理ノ目的ニ合致セサルモノニ有之」[47]などといったように、宅地化を前提する事業内容（なかんずく減歩率に関る事柄）と、農事改良を前提とする耕地整理法との不整合に批判の矛先が向けられたのである。

2-2-2．在京地主の批判

いま、都市化の進展度合に関する村域内地区間格差が耕地整理事業をめぐる重要な対立軸となっていたことを指摘したが、勿論それがすべての関係者の利害を包含するものではなかった。従来の研究においても土地整理に際して、例えば地主が積極的であるのに対し小作がそれに抵抗するなど階級が対立軸となっていた事例が指摘されている[48]。本事業においては耕地整理開始前における地主小作間対立は史料上に見いだせなかったものの、土地所有規模や世代の相違などが対立軸となっていたことが伝えられており、詳細は不明ながら対立軸は多様であったことがわかっている[49]。このほかに、「在京玉川村地主会」と

称する複数の村外土地所有者（不在地主）が耕地整理事業に反対した事例があった。いま、これに関して彼らの反対の論理をみておこう[50]。

「在京地主」とは東京市内に在住し玉川村内に土地を所有していた者を指すと考えられ、その総数は180名であった。1927年10月4日、在京地主のうち115名が日本橋区松島町の明愛貯蓄銀行で会合をもち（出席77名、委任状38名）、栗原彦三郎ら20名を発起人として地主会の結成を宣言した。ここには立憲民政党の代議士であった高木正年が出席し、会の冒頭で「（一）組合側が始めより不誠意なる点　（二）二重設計図を作りて官庁及地主を欺きたる点　（三）費用を乱費して未だ工事に着手せざるに早くも数十萬円の借金をなせる点を詳細に説明し　（四）現在の計画を以て現在の組合側の手にて進行せば土地の半を費用に供するも尚ほ不足の結果を来すべき旨を、隣村及先年行なはれし耕地整理の実蹟に就いて説明」している。高木の反対派に与する立場がはっきりとうかがえるが、これは耕地整理を推進していた豊田正治が立憲政友会に属していたことに由来する行動と考えてよいであろう。高木の主張のうち「二重設計図」の存在を裏付ける史料は存在しないが、事業の初期段階から多額の借入をしていた点は事実であり、これについては後段で改めて検討したい。

だが、この日地主会が行った次の決議によれば、在京地主は耕地整理事業の実施そのものに反対したのではなく、豊田村長らによる事業の進行方法に対し異議を唱え、「玉川村紛擾」から「利益を自衛」するために組織的な行動に出たものであったことがうかがえる。

(一)．吾々在京玉川村土地所有者は自衛上必要ありと認め、在京玉川村地主会を設く
(二)．在京玉川村地主会は玉川村紛擾の渦中に投ぜず、単に在京地主の利益を自衛する目的とし、現在の如き無謀(ママ)の設計に依らず最底限度の費用を以て道路下水の完成を期す
(三)．以上の目的を達する実行委員廿名を置き最善の努力を望み委員は発起人の指名に一任す

(四)．費用は各委員の自弁たること
(五)．事務所ハ当分の内赤坂区氷川町二八栗原氏方に置く[51]

では、彼らの言う「無謀の設計」とはどのような事柄を指していたのか。それは大略次の5点に集約される。

1．東京府の耕地整理奨励規定に基づく測量設計事務指導を仰がず、「営利ノ性質ヲ帯ル一個人」すなわち高屋直弘〔後述——引用者〕に請負わせた点
2．発起人会が「一般地主」に対する設計・規約の提示および意見徴集を省略し、「無智ノ土地所有者ヲシテ強制的ニ同意書ヲ提出セシメタル」点
3．耕地整理事業に「耕地整理法ノ適用ヲ受ケ得ザル性質」の鉄道敷設計画を包含した点
4．組合設立の認可以前に事業に関する「閑漫軽忽」かつ「不法」な請負契約を締結した点
5．前項の契約に基づく「不当支出」がなされた点[52]

このうち、前二項は豊田ら村内の有力者による「専横」を、後三項はその制度的な「背法非理」を衝いたものであったと整理される。彼らの批判は、例えば設計予算作製者と工事請負人とが同一人物である上、詳細が未決で1反あたり27円としか定められていないような契約が組合設立認可に先立って交わされていた点に向けられた。耕地整理のとりわけ初期段階においては必ずしも客観化された基準に従って事業が進行したわけではなく、むしろ恣意的な裁量の混じる余地が大きかった。在京地主の土地所有が投資目的の取得によるものか、もともと村内に居住していた者が離村した後も継続的に保有していた結果なのかは知り得ないが、彼らの懸念は、こうしたことの結果として「最低限度の費用」による合理的な耕地整理が実施されず、自らが「大損害」を被ることにあった。彼らは、耕地整理そのものには反対せず、より厳密な経済合理性を追求

する立場から豊田正治らのやり方に反発していたのである。

こうした在京地主の活動は散発的に終わったと見られ、この後継続した形跡は見いだせない。重要なことは、彼らの主張が潜在的には村内の賛成派にも反対派にも影響を与えうるものであったにもかかわらず、結局は意思決定に関して大きな役割を発揮し得なかった点であろう。次項で述べるとおり、対立はあくまで既存の地域社会秩序の枠組みに沿って処理されたのである。

2-2-3. 対立処理の枠組み

以上見たように、耕地整理をめぐる対立はさまざまな形をとって多元的に現象した。この時期、玉川村を含む東京西郊の農村においては、自己の土地を賭して「跳躍」するかどうかの判断は基本的に個々の土地所有者に属していたと言ってよい。それは、地租改正以来半世紀が経過していたという制度的な意味においてではなく、離農やディベロッパーへの土地売却が個別的に行われる事態が発生していたという事実に基づいたものであった。土地利用に関する共同体的規制は制度的にも実態的にもその程度には解消し、利害は諸個人のレベルにまで分解されていた。そうである以上、それらを何らかの形で集約するための基準である対立軸は原理的には如何様にも設定し得るのであるから、対立が多元的に展開したのはある意味で当然であった。だが、そうした利害の多元性はそのままの形で耕地整理事業に持ち込まれたわけではない。「村の事業」と観念された耕地整理における利害の集約と調整は、従前の社会の分節化のあり方に強く影響されたものであった。

そして、それら諸利害関係は世代や居住地の村内外といった区分ではなく、行政村の下部組織である大字＝部落を基本単位として集約され、部落間対立として処理されることとなった。そのことは、例えば前述の在京玉川村地主会がある程度組織的に事に臨みながらも結局はその後単一の利害集団としての存在意義を発揮しえず、結局は各部落内での処理に彼らの利害が委ねられたことにも表れており、裏を返せば組合が大字＝部落を単位として分裂する危機に晒されたことを意味した[53]。

例えば、賛成派の中では次のような動きが見られた。玉川村の最南東に位置し、近隣で田園調布の住宅開発が行われていた諏訪分という地区[54]の地主申合書によれば「本工事ハ玉川村全円耕地整理組合ニ関係ナク本工事施行土地所有者申合セノ上其ノ責任ヲ以テ施行スルモノトス」[55]とあり、反対派の活動によって工事全体の見通しがたたない組合の動向とは無関係に、自己の地区のみに限定して耕地整理を行うことが宣言されていた。ここには全村を範囲とすることに必ずしも固執せず、喫緊の農業問題解消のため自己の部落のみにおける耕地整理の早期実現を希求する態度が見られる。また、「反対者側より政治的に府知事に向つて認可阻止の依頼をうけていた」とされる立憲民政党代議士の高木正年は、一方で村域東部にあって耕地整理事業の速成を望んでいた大字奥沢について「組合より分離して新たに単独の組合組織を以て実行するより方法はない」と述べていた[56]。在京玉川村地主会で気焔を上げていた高木も、部落＝大字を単位とした意思決定に敢えて異を唱えることはしなかったのである。

　ただし、このように大字を単位とする利害調整のあり方は、大字の上位に位置する行政村の長である豊田正治にしてみれば必ずしも望ましいものではなかった。豊田は、組合設立に先立つ東京府への認可陳情書の下書きで次のような意見を述べ、地区毎に独自の組合を設立しようとする動きに不満の意を表明していた。

　　工事計画上ヨリ技術者ノ意見ニ徴スルモ其分割ノ不利ナルハ論ヲ俟タス、亦之ヲ村行政上ヨリ観ルモ分割認可セラル、場合ハ一部破壊的反動主義者ノ一時的煽動ノタメニ質朴ナル無辜ノ民衆ヲシテ反ツテ偏狭的窮境ニ陥レ延テ村治ノ統理円満ヲ破壊スルカ如キ禍根ヲ将来ニ胎スカ如キハ甚タ憂慮ニ堪ヘザル所ナリ殊ニ一年有余ニ亙レル申請期間ニ於テ田園都市会社トノ関係其他部落的情弊ニ支配サレ此際認可ノ遷延スル場合ハ止ムナク現在ノ発起人総代ハ遂ニソノ帰結ニ迷イ総辞職スルノ窮境ニ迫レル状態ナリ[57]

　ここからうかがえるのは、全村を分割することなく一本化した文字どおりの

「全円」事業を理想とする豊田の態度である。耕地整理事業をめぐる対立が部落間対立として現象し、その解決策として耕地整理を部落単位で実施しようとすることは、彼の立場から見れば「村治ノ統理円満ヲ破壊」する行為であり、「禍根ヲ将来ニ胎ス」ことであった。それゆえに彼は部落間対立を解消し、行政村としての再統合をめざす立場からこのような意見を表明したのであった。

　ところで、こうした行政村による統合と大字による分裂の契機それ自体を明治地方自治制に立脚した社会秩序の弛緩とみることは適当ではない。現在の研究水準によれば[58]、行政村と大字との二重構造はそれ自体が明治地方自治制に備わる特徴であって、部落間対立に対抗し行政村による統一の契機を打ち出す豊田村長の態度もまた、明治地方自治制下における行政村秩序の枠内にとどまるものだったとここでは考えたい。

　また、ここで注意しておきたいのは、かかる対立の現象と処理の枠組みが存在したからといって、大字内における諸個人の現実の利害が斉一であったわけでは決してないということである。実際には耕地整理に賛成する大字の中であっても、年齢や土地所有規模等に応じて反対する者は含まれていたであろう。だが、繰り返すように耕地整理をめぐる態度決定＝社会の分節化の単位はこの時点においてはあくまで大字であり、したがってそれ以外の属性は大字の態度決定に重要な影響を及ぼす要素にはなり得ても人々の利害を集約する単位にはなり得なかった。人々の利害はあくまで大字を単位として集約されたのである。

　耕地整理に関する個別利害の集約と行政村体制との照応関係についていま少し見ておくと、次のとおりである。行政村は、その下部に大字を、さらにその下に小字を抱え、若干の飛び地はあったにせよ基本的には空間的に入れ子状の構造を成すシステムであった。それは何らかの特定の局面においてのみ機能するものというよりは、政治・経済の全般にわたるオールマイティな存在であり、構成員の利害調整もその仕組みに沿ってなされていた。個別利害の集約（と抑圧）は、そうした地理的・空間的な領域を単位として行われ、村政も大枠ではそのような原理に従って行われた。一方、一定の領域内で土地の交換・分合を行う耕地整理は、対象地域内の３分の２の土地所有者の同意をもって認可され

る、一定空間内における利害の形式的斉一性を要求する制度であった。地理的・空間的領域を単位として合意を形成する点において、行政村体制と耕地整理は親和的であった。

　部落間のものとして現象した対立には、その処理においてもまたそうした枠組みが適用された。問題が「部落的」に発生するのであるなら、部落単位であれば（本源的にはフィクショナルなものであるにせよ）利害の斉一性を確保することが可能となるはずである。それは当時の村行政のシステムとも親和的であった。

　こうして、耕地整理の事業対象地域を大字の境界に沿った工区に分割し、組合組織もそれに対応したものに分割するという方法が採られることとなったのである[59]。

第3節　玉川全円耕地整理組合の組織と人材

2-3-1. 工区への分割

　玉川全円耕地整理事業は対象地域（ほぼ全村域）を耕地整理法第13条[60]に従い工区に分割して推進されることとなった。そして、工区の範囲は当初、大字の範囲に沿って設定された。ここでは、こうした工区への分割がいかなる内容と意義を持っていたのかという点に注目していく。工区への分割について、第二代組合長を務めた毛利博一は次のように説明している。

　　最初に全円を九区で分ける原案でやつたんですが、のちに十七工区に分けてやるようになつた。その理由は地域的に反対があつて全円一本で実行することは不可能なので、耕地整理を促進したい地区はその工区の協議によつて実施する。又農地として存続させたい地区は道路溝渠などに大きく農地をつぶされることはまだ時期が早く且つ不経済なので、実施を延期する。そして工区の経費はその工区で負担して、各工区の経済を独立させなけれ

ばいけないというので、工区を十七工区に分けた[61]

　工区分割を発案したのは奥沢の有力者であった毛利自身であったとされる。当初作成されたのは引用中にもあるごとく全体を9工区（第一区〜第九区）に分割する案で、組合設立に先立つ1924年8月に開催された発起人会のうちの事務執行委員会において決定されたものであった[62]。これによれば各工区の領域は1889年に玉川村が成立するに際して母体となったかつての自然村、すなわち大字の領域と基本的に一致しており、工区への分割が大字単位による事業の遂行を意味したことを裏付けている。なお、大字の領域は1932年の東京市への合併後に各町丁の領域に引き継がれた（図2-2）。

　だが、この9工区分割案は事業着手直前の1926年、創立総会の段になって修正され、さらなる細分化が決定された[63]。この結果、工区数は17となったが（図2-3）、これは当初の9工区分割案の領域を全面的に変更したのではなく、一部工区の範囲をさらに細分化したものであった。

　分割された工区の所在した大字名を挙げれば、奥沢（東西に2分割）、等々力（北中南に3分割）、瀬田（上中下に3分割）、用賀（東中西に3分割）である。このような変更が加えられた理由は史料中に明示されていないものの、これらの大字は比較的大面積であったことから、そのような広い範囲を単一の工区とすることが減歩や土地価格の配賦における利害の斉一性を担保する上で障害と認識された可能性が高い。大面積であるから分割するという考え方そのものが、そのような技術優位あるいは機能主義的なものであり、すぐれて歴史的な産物であることにも注意しておくべきであろう。そうした理解が正しいとすれば、耕地整理事業の開始前においてすでに大字という単位は利害調整の単位としての有効性を喪失しつつあったことになり、耕地整理事業と社会編成原理との関係を考える上で示唆を与える現象と評価できよう。

　このような経緯で、玉川全円耕地整理は17の工区を単位に実施されることとなった。次に掲げるのは、事業着手に先だって1926年に各工区の代表者間で交わされた確認事項である。

図2-2　東京市域拡張（1932年）以降の旧玉川村域

凡　例
村域東部・中央部・西部の境界
町丁の境界
鉄軌道・駅
主要道路

環状8号線道路
放射4号線道路
玉川電気鉄道
放射3号線道路
東京横浜電鉄
目黒蒲田電鉄
池上電気鉄道

0　500　1,000m

1. 東玉川町　　　　　　概ね諏訪分区に相当。以下同様
2. 玉川奥沢町1丁目　　｝奥沢東区
3. 玉川奥沢町2丁目　　｝奥沢西区
4. 玉川奥沢町3丁目
5. 玉川田園調布1丁目　｝対象地区外
6. 玉川田園調布2丁目
7. 玉川尾山町　　　　　尾山区
8. 玉川等々力町1丁目　等々力南区
9. 玉川等々力町2丁目　等々力中区
10. 玉川等々力町3丁目　等々力北区
11. 玉川野毛町　　　　　下野毛区
12. 玉川上野毛町　　　　上野毛区
13. 玉川中町1丁目　　　｝野良田区
14. 玉川中町2丁目
15. 玉川町　　　　　　　諏訪河原区
16. 玉川瀬田町　　　　　瀬田上・中・下区
17. 玉川用賀町1丁目　　用賀東区
18. 玉川用賀町2丁目　　用賀中区
19. 玉川用賀町3丁目　　用賀西区

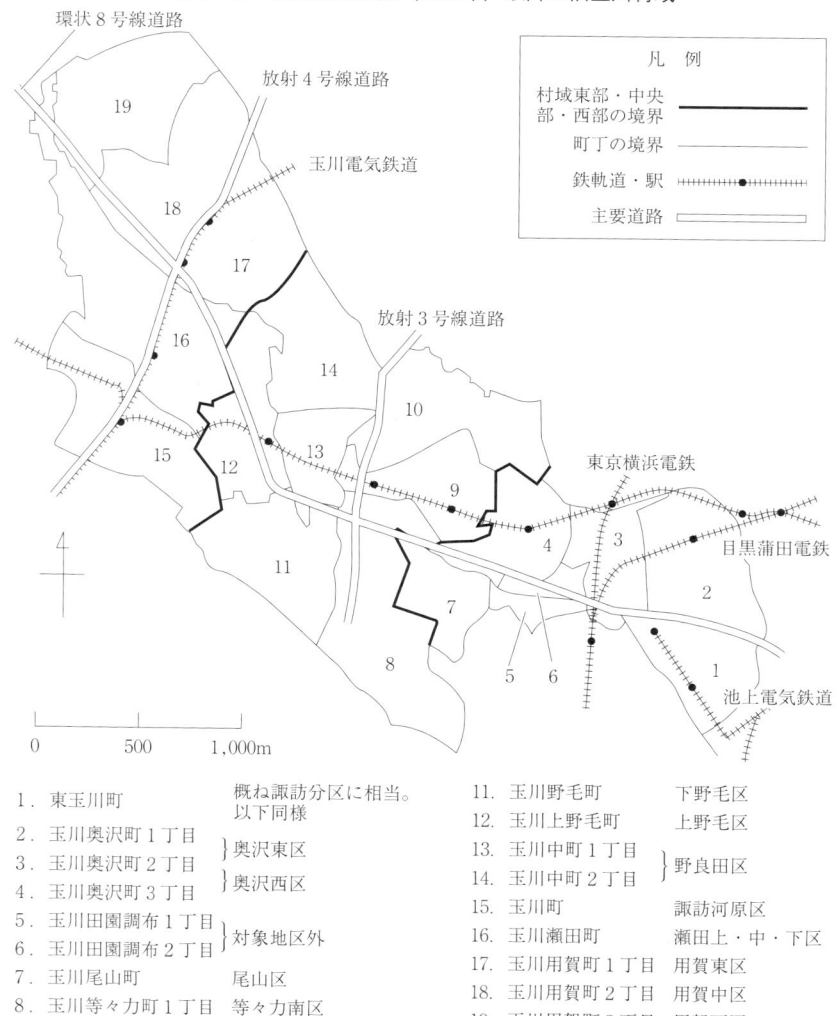

図2－3　玉川（村）全円耕地整理組合概念図

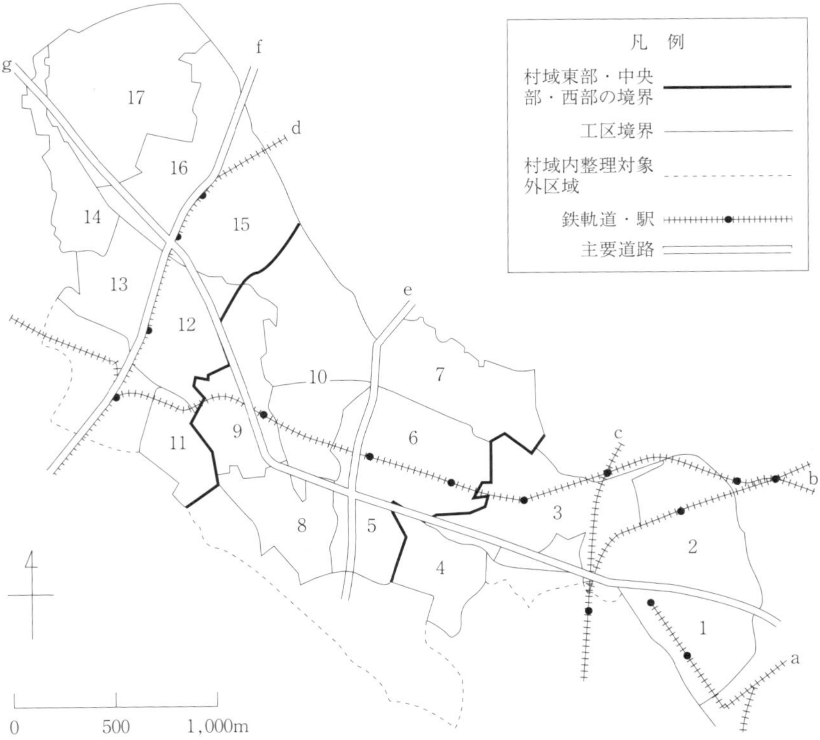
凡　例
村域東部・中央部・西部の境界
工区境界
村域内整理対象外区域
鉄軌道・駅
主要道路
g
f
d
e
c
b
a
17
16
15
14
13
12
11
10
9
8
7
6
5
4
3
2
1
0
500
1,000m

1	諏訪分区	5	等々力南区	11	諏訪河原区	a	池上電気鉄道
2	奥沢東区	6	等々力中区	12	瀬田下区	b	目黒蒲田電鉄
3	奥沢西区	7	等々力北区	13	瀬田中区	c	東京横浜電鉄
4	尾山区	8	下野毛区	14	瀬田上区	d	玉川電気鉄道
		9	上野毛区	15	用賀東区	e	放射3号線道路
		10	野良田区	16	用賀中区	f	放射4号線道路
				17	用賀西区	g	放射8号線道路

一．各区ノ役員ハ其ノ区ノ公選トスルコト
　　二．幹線道路ノ費用ハ各区ノ負担トスルコト
　　三．幹線水路及附帯工作物橋梁等ノ費用ハ関係流域区ノ負担トスルコト
　　四．玉川村全円耕地整理計画ヲ認ムルコト[64]

　基本的には先に掲げた毛利の説明に合致している。玉川村の全円耕地整理はわずかにそれを「認ムルコト」が定められたにすぎなかったのであるから、それぞれの工区は極めて強力な独立性を有したことになる。

　各工区に課されたのは、あくまで当該区域内において円滑に耕地整理を実施することであった。個別の工区がそれぞれ耕地整理を完成させれば最終的に玉川村全体の耕地整理事業が完成する。しかし、それは工区が行う個別の耕地整理の集積にすぎないものであって、豊田村長が主張したような「全円」耕地整理とは異なる性質のものであったというほかはない。この時点で、玉川全円耕地整理事業は行政村的枠組みにおける統合の契機をすでに喪失していたのである。

　いまひとつ付言しておくと、耕地整理の計画そのものは各地とも認めざるを得なかったことをもって、行政村的統一の契機の残存と評価することは適切ではない。ここまで述べた状況を踏まえるとき、この現象はむしろ、行政村体制の中で大字が有していた自律性が究極的には喪失され、代わって耕地整理という単一の事柄に関する機能主義的な秩序に強い制約を受けるようになったことの現れであったと理解されるべきであろう。

2-3-2．工区の割拠性

　ここでは、いま述べた玉川全円耕地整理組合における工区の割拠性を、組合組織のあり方から検証する。組合は、全体の業務を司る組合（ここでは組合本部と表現）と、その下でそれぞれの地区に専属の業務を担当する工区とから構成される二重の組織構造をとっていた。

組合本部は、各工区から3〜9名（工区によって異なる）[65] ずつ選出された組合会議員によって構成される組合会を基本とし、この中から組合長が1名、組合副長が各工区1名ずつ選出された。組合会議員の中からはさらに各工区2名ずつの評議員が選出され、評議員会を構成した。評議員会は正副組合長の諮問機関であり、両者を合わせて組合本部の執行部という位置づけがなされていたが、実際には組合会との役割分担は必ずしも明確でなかった。組合本部は組合会と評議員会を開催して各工区における業務進捗状況の報告および承認、区界変更による組合規約および設計の変更、組合全体の予算・決算承認、役員の選出などを行ったが、その頻度は表2-5に示されるように全部で17回のみと極めて限られたものであり、実質的な意思決定はほとんど行われなかった。

表2-5 玉川全円耕地整理組合評議員会・組合会開催状況

年度	評議員会		組合会	
	回数	日付	回数	日付
1927	1	10.19		
1928	2	4.10		
1929	3	5.18	1	5.19
1930	4	12.10		
1931			2	9.16
1932			3	8.26
1933				
1934			4	4.26
1935			5	11.21
1936				
1937	5	12.22	6	6.27
1938				
1939			7	12.23
1940				
1941				
1942	6	12.16	8	12.16
1943				
1944	7	5.3	9	5.3
1945				
1946				
1947				
1948				
1949			10	5.15

出典：玉川全円耕地整理組合『会議録 創立総会・評議員会・組合会』簿冊（請求番号13S102、以下同様）。

一方、実質的な事業の遂行は基本的に各工区において行われた。工区には区長1名、区副長2名を置くことが定められていた[66] ほか、工区の専属事項に関わる区会が置かれ、工区の総会や組合会の前にはここで検討を行うこととされた。区会を構成する区会議員の選出は工区内の組合員全員が議決権を持つ総会で行われた。任期は4年で定員は原則20名とされたが、実際には工区によって異なり15〜30名程度であった。総会は事業開始時のほかは換地案など重要事項の決定の際に開催されるのみで、事業に関する各種事項を決定する役割は区

表 2-6　玉川全円耕地整理組合

当初総予算		設立費	工事費	補償費	事務費	測量費
1928. 4 .10	第 2 回評議員会	29,009.91	415,181.77	66,658.00	135,355.37	112,567.63
1929. 5 .19	第 1 回組合会	29,009.91	446,308.28	73,363.29	137,125.89	112,707.96
1931. 9 .16	第 2 回組合会	29,009.91	451,997.48	85,504.28	140,724.71	112,874.23
1934. 4 .26	第 4 回組合会	29,009.91	482,363.01	93,587.28	146,661.59	115,715.27
1935.11.21	第 5 回組合会	29,009.91	498,280.64	123,350.30	156,589.86	119,942.39
1937. 6 .27	第 6 回組合会	29,009.91	―	―	―	―
1939.12.23	第 7 回組合会	29,009.91	684,143.43	231,113.87	255,154.43	183,794.35

出典：各回会議録添付予算案書類（前掲『会議録　創立総会・評議員会・組合会』簿冊所収、13S102）。

会に委ねられていた。区会は10日～2週間に一度程度の頻度で開催され、事業計画や予算決算など事業進行に必要な事項を決定したが、そのために各区会議員は庶務・会計・工事、さらに移転補償や組合地売却など目的別に設置されたいずれかの委員に割り当てられ、工区運営の実務を担当した。工区によっては、区会議員の中からさらに執行委員を選出し、実質的な工区運営を彼らに委ねる場合もあった。

次に、こうした組合本部の消極性と工区を単位とする割拠性を示す例証として、いくつかの事例を見ておこう。

例えば、1927年10月に開催された組合本部の第一回評議員会では、最初に組合設立以前の準備業務を担当してきた発起人会より組合に対する書類引継が行われたが、この際、大字野良田・用賀・瀬田の代表者3名が引継に反対を表明した[67]。とくに瀬田・用賀は村の西端に位置し、反対運動が活発な地区であった。この段階において事業に反対する動きが根強く残存していたこと、またこれを背景に組合の正式発足に異議を申し立てる余地が存在したことは、発足する組合の割拠性＝工区の自律性を示している。

1928年4月に開催された組合本部第二回評議員会では起債に関する件が議題となった[68]。案の内容は起債額45万円以内、年利率1分以内で15年以内に償還する、というものであったが、ここで債務に対して工区が負う責任の範囲が問

第2章　耕地整理事業の開始と地域社会秩序　105

総予算変遷（1928〜39年度）

(単位：円)

会議費	利子	維持費	本部費	予備費	水害復旧費	合　計
—	—	—	—	—	—	693,486.00
5,610.39	75,482.00	18,550.00	—	—	—	858,415.07
6,383.46	85,258.99	18,550.00	—	—	—	908,707.78
7,035.70	95,452.32	18,550.00	—	—	—	941,148.63
8,050.00	103,507.66	25,750.00	—	—	—	1,004,644.72
9,448.47	110,213.75	44,191.00	1,720.02	2,252.85	—	1,094,999.19
—	—	—	—	—	—	1,348,346.55
13,957.37	191,737.44	109,229.06	7,230.90	27,411.44	19,900.00	1,752,682.20

題となった。この点に関して奥沢西区の荒井文五郎は「各区ノ借入金ニ関シテハ他ノ区ハ之ニ付キ責任ヲ有セザル事トシ且ツ事業終了シタル区ハ本組合ヨリ除籍サレン事ヲ希望致シマス」[69]という意見を表明した。奥沢西区は当初から事業推進に積極的な姿勢をとっていた地区にあったが、自工区が早期に工事を終了したのち、他工区における停滞のために組合全体の事業費が膨張しその負担が自工区に転嫁されることを危惧していたと考えられる[70]。この提案の後半部分、すなわち工事の終了した工区を組合から除籍する事は「希望意見」として取り上げられるにとどまり、結局は認められなかった。しかし、前半部分についての借入金は当該工区のみが負うべきとの主張は容れられ、資金の借入は各工区が個別に実施することとなった。

　また、毎年度の予算・決算についても、各工区は形式上組合本部の評議員会および組合会の承認を得ることとされていたが、実際には組合本部は工区の決定に事後的な承認を与えたにすぎなかった。組合総予算の変遷は表2-6のとおりであり、当初70万円弱で計画された事業費は1939年の時点で175万円強にまで膨張した。それは各工区における事業費の膨張に由来していた（組合本部独自の費用も皆無ではなかったが、使途は会議や組合役員の実費弁償が中心で、とるに足らない規模であった）。しかし、それに対して組合本部から工区に向け何らかの介入をした形跡は見いだせなかった。このように、借入を含む財務

表2-7 玉川全円耕地整理組合発起人と村行政

大字名	氏名	村長	村会議員	玉川村区長	勧業委員	消防委員	農会評議員	名誉助役	衛生委員	学務委員	土木委員	農会副会長	耕地整理組合長	水利委員	耕地整理組合評議員	農会長
下野毛	原　理蔵			○			○									
尾　山	落合　勝吉		○		○	○	○									
等々力	鈴木　庄平			○												
等々力	小池久右ヱ門		○				○		○	○	○					
奥　沢	原　新五郎		○													
奥　沢	毛利　博一		○	○												
野良田	粕谷　富吉		○	○			○	○			○	○				
等々力	荒井　寿平		○													
上野毛	田中　筑闇		○			○					○	○				
等々力	早川　伊助		○					○			○					
瀬　田	西尾　亥三郎		○						○		○					
瀬　田	長崎　行重		○										○	○		
瀬　田	渡邊　慶道		○												○	
用　賀	金子　為太郎	○	○													○
用　賀	片山　熊太郎		○													
用　賀	飯田　茂證		○		○	○										
諏訪河原	小黒　鎗七		○													

出典：発起人履歴書（『組合副長選任認可申請書』1926年3月19日、16Ⅴ504-003）、および「組合役員氏名一覧」（玉川全円耕地整理組合『郷土開発』1955年、77～83頁）。

一般は実質的に工区の権限に属する事項となり、組合財政は事実上各工区の財政の総和を示すにすぎない、それ自体としてはほとんど意味をなさないものとなった。第二回評議員会ではこのほか、事業が先行して進められていた工区における一部換地および補償に関する件も議題とされたのであるが、両方とも「当該区ニ一任」と決定されたのみであった。

　以上のように組合財政や換地および補償といった事業の実務はそれぞれの工区に一任され、組合本部は各工区からの報告に対し事後的に承認を与えるにすぎなかったのである。

表2-8① 玉川村会議員（1930年現在）と耕地整理組合職歴

氏名	住所	職業	組合職歴
鈴木　庄平	等々力	農業	発起人、等々力南区副長、組合副長
菅田重次郎	等々力	農業	等々力中区副長
鈴木　録作	等々力	農業	等々力北区副長
森田鉄五郎	等々力	商業	等々力中区長
鈴木　定吉	等々力	農業	
菅田吉之助	等々力	農業	等々力中区副長
小川　八郎	瀬田	無業	
長島仙太郎	瀬田	牛乳搾取業	発起人、粗合副長、瀬田中区会議員
山科　定全	瀬田	僧侶	瀬田中区副長
杉田　正輔	瀬田	農業	
毛利　博一	奥沢	農業	発起人、奥沢西区長、組合長
原　熊吉	奥沢	農業	
毛利錠太郎	奥沢	農業	組合副長
石井幸太郎	奥沢	農業	奥沢東区長
荒井文五郎	奥沢	農業	奥沢西区会議員
田中　伊八	上野毛	商業	上野毛区会議員
田中　章介	上野毛	商業	上野毛区会議員
落合　勝吉	尾山	農業	発起人、組合副長
豊田　政吉	上野毛	農業	上野毛区副長
渡辺　喜作	諏訪河原	土木請負	
金田重太郎	用賀	農業	用賀東区会議員
高橋　静一	用賀	農業	用賀中区長
高橋長五郎	用賀	農業	用賀西区長
粕谷友次郎	野良田	商業	野良田区会議員

出典：東京市臨時市域拡張部『市域拡張調査資料　荏原郡玉川村現状調査』（同、1931年）および前掲「組合役員氏名一覧」。

2-3-3．組合運営の担い手

　玉川全円耕地整理事業が村行政の一分枝として構想されたことに照応して、組合で主導的な役割を担ったのは地域社会における政治的・経済的な有力者であった。

　まず、既述のとおり初代組合長となった豊田正治は就任時に現職の村長であった。また、組合発起人の主要な経歴を判明する限りで整理すると（表2-7）、やはり村長や村会議員経験者が13名含まれていたことがわかる。

　村会議員未経験者5名についても、うち2名は大字の長である「区長」（以下、

表2-8② 玉川村における区長（1930年現在）と耕地整理組合職歴

区	氏名	住所	組合職歴
1	金田 兼吉	用賀	用賀西区会議員
2	森田金十郎	用賀	用賀西区会議員
3	福本宇之助	用賀	用賀西区副長
4	広瀬 三蔵	用賀	
5	鎌田儔之助	用賀	用賀中区会議員
6	鈴木 善吉	用賀	
7	高橋 政高	用賀	用賀東区会議員
14	臼井伊三郎	野良田	野良田区会議員
15	加藤 重吉	野良田	野良田区会議員
16	渡辺熊次郎	上野毛	上野毛区会議員
17	豊田 金七	上野毛	上野毛区会議員
18	豊田 桂造	上野毛	上野毛区会議員
19	菅田七之助	等々力	等々力中区副長
21	高橋 庄助	等々力	等々力中区副長
22	鈴木 新吾	等々力	等々力中区会議員
23	豊田 喜作	等々力	
25	山口 清平	等々力	
26	原田 良蔵	尾山	尾山区会議員
27	渡辺 甚吉	奥沢	奥沢西区会議員
28	毛利金三郎	奥沢	奥沢西区会議員
29	甲府方良一	奥沢	奥沢東区会議員
30	原 菊次郎	奥沢	奥沢東区会議員
31	早川銓三郎	上野毛	
32	中山伊三郎	奥沢	奥沢東区会議員
33	鈴木 五郎	奥沢	奥沢東区副長

出典：南雲武門『東京府市町村制便覧』（杉並町報社、1930年）および前掲「組合役員氏名一覧」。

大字区長）経験者であり、大字レベルでは指導層であったとみてよい。彼らの多くは村内における各種委員の経験者でもあり、全体として村政の中心的な担い手であったと判断することができよう。また、1930年時点における村会議員および村の大字・小字区長の一覧を表2-8①/②に挙げると、彼らのほとんどが玉川全円耕地整理組合における各工区の区長または副区長、区会議員を務めていたことが判明する。以上により、村政の主導層・有力者層が耕地整理組合の運営においても中心的な役割を果たしていたことが確認された。

また、上記のような地域社会運営の担い手のほかに、専属の耕地整理技術者であった高屋直弘[71]についても触れておかねばならない。高屋は1907年以来東京府の農業技手を務めていた人物で、この間府内の耕地整理をいくつか手がけていた。1918年に独立して耕地整理請負業を開始し、玉川全円耕地整理組合の事業を引き受けて以後は同組合の専属事務所として全面的に設計や各種のアドバイスを行っていた。耕地整理においては街区や土木構築物の設計には勿論のこと、土地価格の評定や配分などに関しても専門の知識が必要とされるため、こうした業種が成立したものと推察される。ただ、先に述べた在京玉川村地主会の説明によれば耕地整理組合は「東京府ノ補助監督ノ下ニ公平無私確実ナル測量設計事務指導ヲ願ヒ得ル」[72]ことになっていたとあり、にもかかわらずそれを仰がずに個人事業者で

ある高屋へ請負わせた点が批判の対象となっていたのである。このような決定が行われた経緯は不明であるが、結果的には東京府や東京市の都市計画行政に対する組合の自律性を当面の間確保することに繋がった。例えば、後述する都市計画道路の建設に対して工区が一旦はそれを拒絶するなどといった対応は、東京府の「指導」の下では採り得ないものであったろう。

　いまひとつ、本書の関心に照らして重要なのは、そのような高屋の組合における立場がごく一部の例外的な場合を除き、ほぼ一貫して「番外」であった点である。耕地整理組合は対象区域内の土地所有者によって組織されるのであるから、それ以外の者がメンバーシップから外れることは当然である。だが、一方で耕地整理に関わる設計は非常に高度の専門技術と知識を要求するものであり、とくに地価の評定と配賦は組合員の利害に直接関わり、機微にわたる事柄であった。彼は各工区の区会に頻繁に列席し、「番外」の立場から多くの説明や議論を行ったが、こうした事実は高屋に「番外」という形式上の立場とは裏腹の、事実上の裁定者としての極めて重要な役割を課すことに繋がる。それは結果的に地域社会の側の自律的な利害調整機能や意思決定機能を後退させることにも繋がっていった。

2-3-4．耕地整理の実施

　こうして各工区は順次事業に取りかかったのであるが、工区への分割時に定められたように、村域全体が一度に耕地整理に着手するのではなく、一部例外はあるものの概ね村域東部から順に中央部、西部と進められていった。図2-4および付表に示すとおり、村域東部の工区は概ね1928年から翌年にかけて着工し、続いて村域中央部の工区が1929〜1932年に（野良田区のみ1937年）、村域西部は1936〜1940年に（用賀西区のみは1934年）着工した。この結果実施の時期には最大10年以上の差を生じたのであるが、この差異は、多少の例外はあるものの基本的に先ほど確認した人口の傾向と符合していた。つまり、都心部への近接性が高く宅地化の要請が強い東部の地区から順に着工し、次第に西進していったのである。なお、この間、1931年には賛成・反対両派による「手

図 2-4　工区別事業沿革一覧

工　区		1927	1928	1929	1930	1931	1932	1933	1934	1935	1936	1937	1938	1939	1940	1941	1942	1943	1944	1945	1946	1947	1978	1949	1950	1951	1952	1953	1954

東区：諏訪分／奥沢東／奥沢西／尾山
中央部：等々力南／等々力中／等々力北／下野毛／上野毛／野良田
西部：諏訪河原／瀬田下／瀬田中／瀬田上／用賀東／用賀中／用賀西

凡例：●役員選挙～着工　▲着工～完了　■完了～換地処分許可申請　｜許可申請～認可　×認可～登配完了

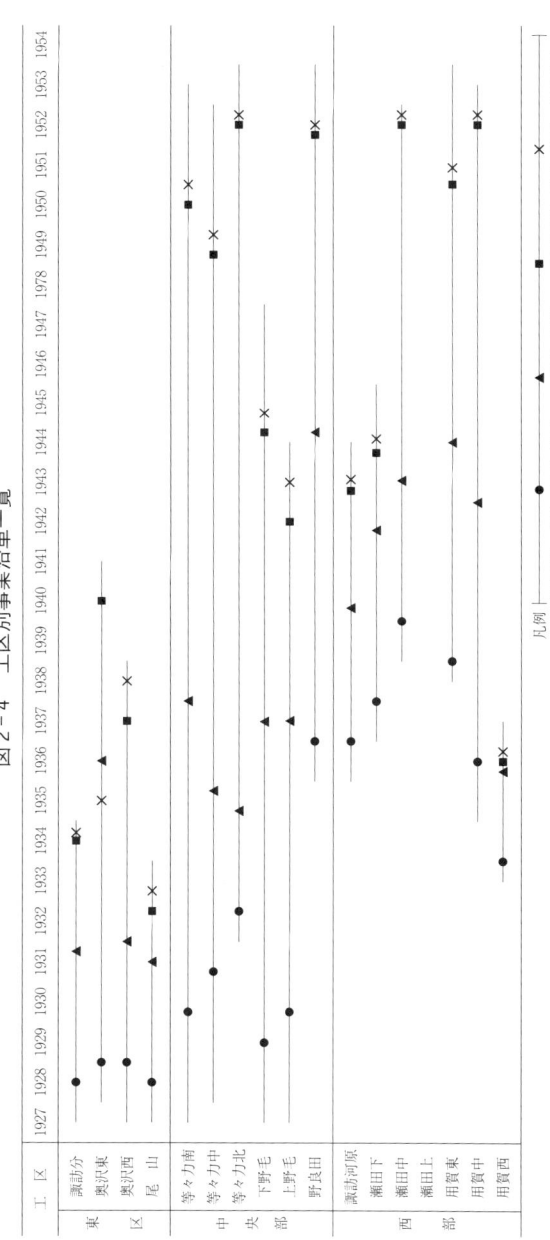

図2-4付表 工区別事業沿革

		役員選挙	着工	完工	換地処分認可申請	換地処分認可	登記完了
東部	諏訪分区	1927.10.25	1928.6.1	1931.10.31	1934.6.14	1934.8.28	1934.12.20
	奥沢東区	1928.4.21	1928.12.18	1936.9.30	1939.10.10	1941.2.15	?
	奥沢西区	1927.12.18	1928.9.6	1932.1.10	1937.6.21	1938.6.14	1938.12.24
	尾山区	1927.11.7	1928.7.8	1931.6.20	1932.12.20	1933.2.9	1933.12.26
中央部	等々力南区	1927.10.29	1930.4.15	1938.1.28	1950.11.21	1951.3.22	1953.8.31
	等々力中区	1928.1.26	1931.10.15	1935.10.5	1949.7.29	1949.10.1	1953.3.23
	等々力北区	1932.2.1	1932.9.6	1935.8.29	1952.7.10	1952.8.2	1953.12.24
	下野毛区	1927.10.27	1929.6.28	1937.12.23	1945.2.5	1945.3.8	1948.6.10
	上野毛区	1927.10.27	1930.4.12	1937.8.14	1942.12.1	1943.10.16	1944.11.15
	野良田区	1936.5.24	1937.5.23	1944.12.28	1952.3.17	1952.3.29	1954.3.21
西部	諏訪河原区	1936.5.1	1937.2.25	1940.5.31	1943.8.30	1943.10.11	1944.8.18
	瀬田下区	1937.2.11	1938.4.27	1942.5.29	1944.7.7	1944.9.1	1946.2.15
	瀬田中区	1939.3.19	1940.3.15	1943.10.27	1942.7.23	1952.8.2	?
	瀬田上区	注)事業未着手のまま1952.7.27付で組合から除籍。					
	用賀東区	1938.3.8	1939.1.12	1944.5.4	1951.4.22	1951.6.28	1953.9.26
	用賀中区	1935.1.28	1936.8.15	1943.3.3	1952.7.25	1952.8.2	1954.7.31
	用賀西区	1933.11.23	1934.5.12	1936.3.30	1936.4.20	1936.7.31	1936.12.28

注:「第十一回組合会議事録」(1952年7月27日、「地区及設計書変更認可申請」添付、16V501-005)による。
出典:前掲『郷土開発』所収「耕地整理沿革年表」1~9頁。

打式」が開催され、事業をめぐる対立も表面上は収束した。完工は村域東部が1931~1935年、中央部が1935~1938年(野良田区のみ1944年)、西部が1940~1944年(用賀西区のみ1936年)であった。そのあとの換地処分認可および登記については、村域東部のみ1930年代末までに完了したものの、中央部および西部では第二次世界大戦と戦後の混乱もあって半数以上の工区が1950年代まで遷延した。なお、村域西部の瀬田上区のみは着工に至らないまま太平洋戦争を迎えたが、区域の一部が1940年に東京府からグリーンベルト「砧緑地」の範囲に指定されたのを契機に事業を中止し、1952年になって正式に組合から離脱した。

小 括

本章では、まず対象地域に即して耕地整理事業の背景を指摘した。その第1

は都市近郊における農業経営の行き詰まりであり、第2は隣接地域における田園都市会社をはじめとするディベロッパーの活動と、宅地需要の高まりであった。こうした中、玉川村村長であった豊田正治を中心に、全村あげての事業として耕地整理が計画されたのである。

　しかし、このような計画に対しては、村内に異論も強かった。目前に宅地化が迫っていた村域東部に対して、いまだ農村的色彩を色濃く残していた村域西部においては、とりわけ反対者が多かった。生活基盤と地域社会秩序に大きな変更を迫る耕地整理は、村内に深刻な分裂をもたらしたのである。また、在京地主からは、より経済合理的な事業のあり方を要求する意見があがったほか、世代や土地所有規模による対立も存在し、その軸は多元的であった。こうした対立の処理、すなわち利害調整と合意の調達は、明治地方自治制がもつ行政村と大字との二重構造を利用して行われた。それは、耕地整理が村の事業として取り組まれたことと照応するもので、当時の地域社会秩序に照らして自然な選択であった。

　こうして、玉川全円耕地整理組合は、行政村の下部組織である大字を基本的な単位とする工区に分割された。各工区は耕地整理に同意するという決定的な制約を負っていたとはいえ、強い自律性をもった。そのことは組合の割拠性を強め、一体として耕地整理事業を推進することを難しくした。さらに、一部の工区が大字をさらに細分した範囲を担ったことを旧来の地域社会秩序の弛緩と理解することも可能ではあったが、一方で工区の役員を各地区の政治的・経済的有力者が担うなど、初期段階の組合は基本的に従前の地域社会秩序を強く反映したものでもあった。

注
1）　玉川村は1932（昭和7）年の東京市域拡張によって解消するが、本書ではそれ以降の旧玉川村の領域を指す場合においても「玉川村域」「村域」の呼称を用いる。
2）　例えば、両大戦間期の3,000分の1地形図を収録した井口悦男編『帝都地形図　第6集』（之潮、2005年）35～38頁「玉川北部」（高嶋修一解説）では、1934年時点で川沿いに広がっていた谷戸田が耕地整理によって潰廃され、1939年時点では

荒地となっている様子がうかがえる。
3） 帝国農会『東京市農業に関する調査（第壱輯）東京市内農家の生活様式』（1935年、以下『調査』）によれば、「概して郊外地帯の耕地転化の過程は（一）水田、林野の畑地への転換、（二）畑地（又は水田、林野）の宅地への転換、の二段階を辿つて行なはれる」（73頁）という。
4） 玉川全円耕地整理組合『耕地整理完成記念誌　郷土開発』（同、1955年、以下『郷土開発』）23頁。
5） ここでは当該調査のうち、玉川村を含む駒沢農会区の調査部分を使用した。そこには玉川村以外の隣接町村の事例も当然含まれるのであるが、いずれも地理的条件は類似しており、そこで示された事情は玉川村にも適用し得ると考えて大過ないであろう。
6） 前掲『調査』86頁。
7） 同上、87～88頁によれば、その様子は次のとおりである（改行省略）。
　　本区域の如き地域地帯では肥料価格下落による打撃が一層大である。震災前まで人糞尿汲取は農家が料金を出して購入する形であり、その汲取範囲は市外地からの往復が農業労働の余暇になし得る距離内に限られて居たが、震災後人家が増加して反対に汲取料を得る様になつてからは、農業労働を相当犠牲にしても運搬経費（運搬用具、牛の購入維持、専業運搬人の雇傭）を費しても遠域の農家の汲取が可能となつた。之に依て本区域内では従来多摩川を境とした蔬菜栽培が多摩川西岸地方にまで急激に拡張して供給過剰となり、蔬菜価格の永続的下降を齎した。近域の農家を問へば「汲取にこちらが金を貰らひ出してから不景気になつた」といふ一見不可解な言葉を聞かされるであらう。
8） 同上、90頁には玉川村に隣接する駒沢村での日雇について次のような記述が見られる。
　　本村は東京市に接近し、都市の華美に幻惑し農村生活を嫌ふものを生じ、年々他業に転じ村外に移住する者少なからず。農業雇傭人を得るに困難を感ずると共に、賃銀は年々騰貴の一方にして女雇傭人に於て最も甚だしとす。之れ社会の進運に伴ひ職業の種類増加と生活状態の複雑に向ふ結果東京市内に居住雇用せらるるを望むと、賃銀の多きことを望む者の増加するに因る。
9） 同上、88～89頁。
10） 同上、78～79頁。
11） 同上、92頁。
12） 同上、91頁。

13) 同上。
14) 同上、92頁。
15) 同上。
16) 同上、79頁。
17) 同上。
18) 同上。
19) 「田園都市株式会社設立趣意書」(1918年1月、東京急行電鉄編『東京横浜電鉄沿革史』12〜13頁、同、1943年)。
20) 前掲『東京横浜電鉄沿革史』掲載の「田園都市建設につき大正四年三月土地有志が飛鳥山渋沢邸を訪問せる時の記念撮影」および「大正七年冬日本橋兜町渋沢子爵事務所にて土地買収委員事業の着手にかからんとするの記念撮影」では、玉川村からも豊田正治をはじめ、やはり村内の有力者であり後年耕地整理組合の役員となる人物が加わっていたことが判明する。この点については篠野志郎・内田青蔵・中野良『郊外住宅地開発・玉川全円耕地整理事業の近代都市計画における役割と評価——近代の都市開発における住宅地供給に関する史的研究』(第一住宅建設協会、1997年)も指摘している。
21) 「買収土地細目表」(前掲『東京横浜電鉄沿革史』12〜13頁)。なお、田園都市会社がこの時点までに買収した土地は全体で48万1,323坪であり、玉川村の買収地はその28.8%を占めたことになる。
22) 「土地買収要綱」(1918年11月29日、前掲『東京横浜電鉄沿革史』10〜11頁)。
23) 福島富士子「田園都市株式会社の田園郊外住宅地——戦前の郊外住宅地開発——」(『渋沢研究』第6号、渋沢史料館、1993年)。
24) 前掲『東京横浜電鉄沿革史』55頁。
25) 前掲『調査』118〜119頁。これは杉並農会区の事例である。
26) 同上、118〜119頁。
27) 五島慶太「先覚者豊田正治翁の追憶」(前掲『郷土開発』64頁)。
28) 前掲『郷土開発』11〜12頁。
29) こうした対抗関係からは、東條由紀彦の言う「近代」における資本と地域社会との間に横たわる他者性が想起される (同『近代・労働・市民社会』ミネルヴァ書房、2005年)。仮に、当時の人々が旧来の社会関係に拘泥せずに自らの家計改善だけを課題としたならば、資本に対する地域社会の「抵抗」も存在しなかったであろう。そして、第4章で述べるようにそうした転換はのちに現実のものとなる。
30) 豊田正治の経歴は次のとおり (「主なる人の略伝」、前掲『郷土開発』57〜58頁)。1882 (明治15) 年生、等々力出身。父周作は等々力村戸長、のち府会議員。正治

は1923（大正12）年1月、玉川村第7代村長に就任、以後3選。1932（昭和7）年の東京市域拡張後は市会議員（1期のみ）。その後地元町会長、玉川小学校保護者会長。業績としては玉川全円耕地整理事業に関連して尾山－碑衾間高圧電線の地下埋設、野良田地区市営塵芥焼却場設置反対陳情、大井町線開通促進、用賀地区陸軍衛生材料廠および帝国競馬協会（のち馬事公苑）誘致、玉川神社社殿の新築および境内整備、等々力不動公園の開設などがある。1948年2月26日死去。

31) 前掲『郷土開発』24頁。
32) 同上、23頁。ただし実施年次は東京市『都市計画道路と土地区画整理』（同、1933年）に基づく。
33) 類似の現象は例えば豊多摩郡井荻町（のち東京市杉並区）の大部分にわたった井荻町土地区画整理事業でも見られた。同組合では内田秀五郎町長が「大正拾参年四月当時の町名誉職諸賢、並に地主諸子と議を練り計画を樹て発起人を定め」（井荻町土地区画整理組合『事業誌』1935年、2頁）、自ら組合長に就任し、1925年から1935年まで土地区画整理事業を実施した。
34) 創立総会時の予定面積であって、前掲表1-9の数値などとは異なる。
35) 前掲『郷土開発』15～16頁、24頁。
36) 同上、24頁。
37) 耕地整理法（明治42年法律第30号）「第五十条　耕地整理組合ヲ設立セムトスルトキハ組合ノ地区タルヘキ区域内ノ土地所有者総数ノ二分ノ一以上ニシテ其ノ区域内ノ土地ノ総地積及総賃貸価格ノ各三分ノ二以上ニ当ル土地所有者ノ同意ヲ得テ設計書及規約ヲ作リ地方長官ノ認可ヲ受クヘシ」に基づく。
38) 前掲『郷土開発』14頁。
39) 同上、14頁。
40) 「創立総会議事録」（1926年3月6日、『会議録　創立総会・評議員会・組合会』簿冊、13S101-081）。なおこの議事録は前掲『郷土開発』や世田谷区編『世田谷近・現代史』（同、1976年）に再録されている。最終的には組合員1,281名中1,093名が出席し、855名が賛成したが、当日も反対者による阻止活動が展開されていた。
41) 前掲『郷土開発』26頁。
42) 同上、16頁。
43) 同上、19頁。
44) このほか、豊田正治が政友会系に連なっていたことが、耕地整理事業を村内における党派的な政治対立の一環として際立たせた側面もあった（前掲『世田谷近・現代史』757頁）。
45) 前掲『世田谷近・現代史』708頁の図によれば、1920年から1925年にかけて村域

東部の大字奥沢、等々力の人口は2,000程度からそれぞれ5,000以上、4,000程度へと増加したが、他の大字は概ね停滞していた。ただし、村域西部であっても大字瀬田などはこの時期までは等々力と同程度の増加をみせていた。

46) 「異議申立書」(1928年2月8日『第四号官庁関係雑書』簿冊、16Ⅴ504-011)。

47) 農林省農務局長発東京府知事宛照会文書(1927年11月5日付、写、東京府内務部長発荏原郡玉川村長宛「玉川村全円耕地整理組合設計書並規約ニ関スル件」添付、16Ⅴ504-009)。反対派の陳情を受け作成されたものと推測される。

48) 沼尻晃伸『工場立地と都市計画――日本都市形成の特質1905-1954』(東京大学出版会、2002年)。なおこのほかに岩見良太郎『土地区画整理の研究』(自治体研究社、1978年)は土地所有規模の差による階級対立を指摘している。

49) 前掲『郷土開発』。

50) 以下の記述は国立公文書館所蔵閉鎖機関関係文書『甲子不動産株式会社　土地、建物関係書類(玉川)』(請求番号：分館-09-028-00・財1013-00125100)「第一回在京玉川村地主会報告書」に依拠。同史料については山口由等氏の御教示による。

51) 前掲「第一回在京玉川村地主会報告書」。

52) 同上。

53) 例えば耕地整理開始に先立って行われた賛否の予備調査は基本的に大字＝部落ごとに実施され、部落単位で動向が把握されていたことも、この点を裏付けるものと言えよう。

54) 諏訪分は正確には村内大字等々力の飛地であるが、実質的には独立した部落となっていた。

55) 諏訪分区「申合書」(1927年11月5日、請求番号02Ｂ101-005、以下同様)。

56) 前掲『郷土開発』25頁。

57) 「玉川村全円耕地整理組合設立認可申請ニ付陳情」(下書、『創立関係書』簿冊、13Ｓ101-038、作成年月日不詳)。

58) 大石嘉一郎・西田美昭編『近代日本の行政村』(日本経済評論社、1991年)。

59) 組合を行政村、工区を大字＝部落に対応させて考えるならば、それは当時の行政村そのものの評価にも関わってくる。かつての理解に基づくならば日露戦後の地方改良運動を経て確立した行政村の一体性がこの時期になって崩れつつあったと理解することになるが、むしろ、行政村による統合の契機と部落による分裂の契機との緊張関係を過渡的な状態と見なさずに、それこそが行政村の特質であると捉え、部落の割拠性ゆえに地方改良が叫ばれたと考えるのが現行の通説であろう(前掲『近代日本の行政村』)。玉川村においても部落間対立は盛んであり、安定した一体性が確保された時期はほとんどなかった(田中博編『玉川沿革誌』

1934年)。ここでは、耕地整理組合の工区連合的性格はそれ自体行政村の部落連合的性格に照応するものだったと考えておきたい。
60) 耕地整理法第13条「規約ヲ以テ整理施行地ヲ数区ニ分チタル場合ニ於テハ其ノ各区ヲ以テ〔中略〕整理施行地ト看做ス」。
61) 前掲『郷土開発』12〜13頁。
62) 「玉川村全円耕地整理組合発起経過報告」(1924年8月26日、前掲『創立関係書』簿冊、13Ｓ101-081)。
63) 前掲「創立総会議事録」。
64) 「(1926年7月21日)委員協議会協調案決議覚書」(『第四号 官庁関係 雑書』簿冊、16Ⅴ504-004)。
65) 当初9工区分割案の時点では各工区5名ずつとされたが、17工区分割に変更されたのちは地積に比例して定員を配分することとなった。
66) 「組合規約施行細則」(前掲「創立総会議事録」添付)。
67) 「第一回評議員会議事録」(1927年10月19日、前掲『会議録 創立総会・評議員会・組合会』簿冊、13Ｓ102-010)。
68) 「第二回評議員会議事録」(1928年4月10日、同上、13Ｓ102-012)。
69) 同上。
70) 荒井はこの評議員会において、各工区の工事を直営に限らず請負に付すことを可能にする案が提出された際にも、「工事ノ請負方法ハ当該区ニ一任セラレン事ヲ望ミマス」として組合本部の介入を退け、可能な限り自工区の自律性を確保しようと努める発言をしている(ちなみに、この主張も「希望意見トシテ考慮」がなされるにとどまったが、結果から言えば荒井の主張が通った形となった)。
71) 高屋の経歴は次のとおり。1886年生、高知県出身。父は元土佐藩士高屋織衛。1907年農商務省「耕地整理講習所」を「卒業」(ただし篠野ほか前掲書によればこのような講習所は存在せず、農商務省が1年単位で開催した耕地整理講習会を指す)ののち、同年より東京府農業技手。以後府内の耕地整理に従事し、玉川耕地整理、鈴ヶ森耕地整理、山中耕地整理、目黒耕地整理、玉川村大典耕地整理を手がけた。1918年合資会社高屋土木事務所を設立して独立、請負で三谷耕地整理、調布村耕地整理、衾西耕地整理などを手がけた。玉川全円耕地整理には豊田正治に請われて計画の当初から関与。1947年死去(前掲『郷土開発』58〜59頁)。
72) 前掲「第一回在京玉川村地主会報告書」。

第3章　耕地整理事業の開始と村域東部の組合運営

第1節　行政村的秩序による運営の行き詰まり

3-1-1．工区分割の進展

　事業に最初に着手したのは村域東部の諏訪分区、奥沢東区、奥沢西区、尾山区であった（図2-4）。いずれも早期実行の機運が高揚し、組合設立認可以前より独自に事業計画を立てていた地区である。工区の範囲は概ね大字に対応していたが、一部の大字を分割することで当初の9工区制から17工区制へと変更されたことはすでに述べた。村域東部においては大字奥沢が奥沢東区と同西区に分割されたほかは既存の大字の領域がほぼそのまま工区の範囲となった（元来離れて立地し独立性の強かった大字等々力の飛地・諏訪分は9工区制の時期より諏訪分区として独立）。これらの工区はいずれも1927年中に役員の選出を済ませ、翌年末までに着工した。だが、その後は必ずしもすべての工区おいてそのまま順調に事業が進行したわけではなかった。

　例えば奥沢東区は従前より村内でも突出して宅地化が進んでおり、多くの住民が早期の着工を望んでいたが、この工区においてすら「本村地区」と呼ばれる一部地区の組合員は事業に反対していた。近世の奥沢は本村と新田村からなっており、両者は1876年に合併して奥沢村が成立した。「本村地区」とはこのうち旧本村にあたる東側の地区に相当する。工区では7名の調停委員を選出して[1] この問題に対処したが不調に終わり、その結果、「工事ハ第一期第二期ニ区別シテ第一期ヨリ工事ヲ施行スルコトヽナシ……換地清算及費用ノ負担等ニ

関シテハ各区別ニ依リテ之レヲ行フ」[2]ことが決定された。第1期工事の対象地区は第一〜第三工区と命名されて順に工事が行われ、1928年度までに「極メテ順調ナル進捗ヲ示シ既ニ所期工事ノ大部ヲ了シ目下換地立案中ナリ」[3]という段階に達していたが、第2期工事の対象とされ第四工区と命名された本村地区は1929年の区会において「周囲ノ事情又区ノ現状ヤムヲ得ザル情体ニアリ今ヤ工事着手ノ時期ト思考セラル、」[4]と指摘されたにもかかわらず、なお手付かずの状態が続き、結局1932年になって調停の末ようやく着工に至った。それも「関係組合員ノ希望」により第四工区専属の補助役員が置かれ、この地区の独立性を認めた上での決着であった[5]。

　本村地区がこれほどまで頑強に耕地整理に反対した理由は明らかでないが、ここでも利害の斉一性を確保し得ない何らかの事情があったと推察される。行政村レベルで解決し得なければ大字へ、大字レベルで解決し得なければさらに小さな近世村の範囲へ、と空間的入れ子構造を遡って分割する志向は、当事者にしてみればより原基的な共同性を呼び戻すことで解決を図ろうとする試みであったと理解されよう。

　もっとも、前章ですでに述べたごとく、この時代の玉川村を含む近郊農村において土地をめぐる利害は基本的に個々の土地所有者に属しており、土地をめぐる共同性は観念はされても実在はしなかったのであるから、利害の完全一致を求めて耕地整理施行地域を分割していく方法では究極的に組合を組合員諸個人にまで解体し尽くしてしまうことになる。大字などの伝統的な社会関係の中から形成された領域によって利害を集約しようと試みることは、地域社会における合意形成を必ずしも容易にするものではなかったし、それをさらに近世村域などに細分したところで事態は大差なかった[6]。

　仮に整理後の土地を農地として利用するならば、大字やその他の伝統的領域に基づいた利害の集約には多少の無理が伴うにせよ、それは構成員の忍従し得る比較的ましな程度の無理にとどまったかもしれない。農地として用益する限り耕地整理の前後における土地利用条件が根本的に変化する訳ではないし、整理後の利回り、つまり生産性上昇の程度にもその方策にも大差はないからであ

る。だが、宅地化を行うならば話は別であろう。従前の優良農地が優良な宅地になるとは限らないし、整理後の土地利回りも立地条件によって大きな差を生じる。

　例えば後掲表3-5（127頁）に示した奥沢東区の組合地一覧によれば、最も坪単価が高いのは13番の40.00円であるが、この価格の原因と考えられる「奥沢駅前大通角地」という条件は仮にこの土地を農地として利用するならばほとんど意味をなさない。同表によれば、坪単価が20円以上の土地は「高台」や「角地」、「富士見」といったように、やはり農地利用上はさしたる意味を持たない条件が訴求されていることがうかがえる。もちろん「緑ヶ丘駅前」にもかかわらず坪15.00円の土地（4番）もあるが、これは例外と見なしてよいであろう。

　このような状況であったから、宅地化を前提にした場合、大字など旧来の土地利用条件を前提にした利害集約の単位は意味をなさなくなる。したがって、より適合的な利害調整のあり方が要請されることになるのであるが、それは後段で述べることとして、ここではさしあたり伝統的な領域に基づく利害の集約、すなわち行政村秩序に基づく仕法による耕地整理事業の遂行が、組合員間の利害調整にとって機能不全を露呈しつつあったこと、しかもそれが行政村レベルではなく大字レベル、あるいはさらに細分化された範囲への分割であったとしてもなお不可能であったことを確認しておく。

　ところで、このような行政村的秩序による耕地整理遂行の試みとその限界は、以上述べた工区への分割のみならず事業の各手順においても現われていた。耕地整理の一般的な手順は次に述べるとおりである。まず区画の変更に障害となる地上物件の移転とそれにともなう補償を行う。次に工費を調達するために一定の地積を共同で捻出して組合地とし、これを外部に売却する。そして区画形状変更工事を行ったのち、最後に換地の交付と清算を行い、登記を済ませて終了となる。以下では事業の手順に即して、本書の議論にとって意味を持つと判断される現象を指摘していく。

3-1-2. 移転補償

　道水路敷や他組合員の換地に予定された土地の地上物件は障害物として除去され、これに対しては補償費が支払われることとされていた。対象は畑作物や果樹等の農作物、住宅や商店等の建築物、その他付属構造物の3種に大別された。

　まず農作物移転であるが、諏訪分区と奥沢東区、奥沢西区についてまとめたのが表3-1である。麦のみは坪あたり6〜7銭と各工区ほぼ同一の水準で補償額が設定されているが、その他は補償額および種目設定のあり方に工区間の隔たりがあったことがわかる。諏訪分区では商品性の高い作物に対しては補償額も高い水準で設定されていたが、奥沢東区では多くの作物について補償額が空地と同等の7銭に設定されていた。これは事実上立ち退き自体に対する補償であり、作物に対する補償がなされていなかったことを意味した。

　このような工区間における差異が生じた理由は、補償額算定の方法にあった。この時期の移転補償において、補償額は基本的に各工区の役員による現場踏査に基づき算定されており[7]、その結果として工区間による補償単価の格差が生じたのである。その一方、各工区で実務の大部分に関わった請負技術者の高屋直弘については、この時期の移転補償に関して関与の跡がほとんど見られない。農作物の移転補償は、ある程度まで従前の地域社会秩序の枠組みに沿って実施されたと言えよう。

　建築物移転については「実地ニ付キ一々見積ヲナ」す場合と[8]、一定の基準を設ける場合とが並存した。諏訪分区では前者の方法が主に採られ、奥沢東区・奥沢西区では後者の方法が採られた。奥沢東区においては「住宅」が坪あたり15円、「空家」は13円、「物置・納屋」は10円を上限としており[9]、奥沢西区においては「家屋ノウチ住宅〔母屋か──引用者〕ハ移転料ノ十割増　物置ハ四割増、小屋ハ弐割増ノ補償料ヲ支払フモノトス但シ空住宅ハ物置並ノコト」と定められていた[10]。いずれの場合も「空家」が「住宅」よりも低額に設定されているのは、これが居住に対する補償の意味を帯びていたことを示して

表 3-1　村域東部の工区における作物移転補償費の例

(単位：円／坪)（特記以外）

	諏訪分	奥沢東	奥沢西
空地	0.03		0.07
麦	0.07	0.06	0.07
ほうれん草	0.30	0.06	0.07
葱	0.20	0.06　ただし弘法葱 0.13	0.07　夏葱 0.07、葱苗 0.10
大根	0.15	0.13	0.07（大根種）
牛蒡	0.15		0.07
小松菜	0.15		0.07
辛菜	0.15		0.07
馬鈴薯	0.07		0.07
草花	0.20		0.30　レモン 0.40、ダリヤ 0.70
小カブ	0.15		
大和芋	1.00		長芋 0.07
苗木		0.30	
芝畑		1.00	
孟宗竹		0.50	1.00～2.00
真竹			0.30～0.50
野菜畑			0.14
いんげん豆			0.07
トマト			0.14
苺			0.07
稲			0.10
キャベツ			0.07
ふき			0.07
小豆			0.07
冬瓜			0.14
新菊			0.07
ぶどう			1.00（1カ所）
キャベツ			0.07
にんじん			0.07
えんどう豆			0.07

出典：諏訪分区「第弐拾回区会議事録」（1928年12月17日、請求番号02B101-067、以下同様）、奥沢東区「第拾壱回区会議事録」（1928年12月8日、04G101-031）、「第三十三回区会議事録」（1932年4月4日、04G101-090）、奥沢西区「第六回区会議事録」（1928年6月15日、04F102-031）。

いる。同様に、奥沢東区において「商店家屋」が坪あたり20円に設定されていたことも[11]、営業休止に対する損失補償の意味合いがあったことを示している

表3-2 諏訪分区における組合地

番号	面積（坪）	坪単価（円）	総額（円）
イ号	80	15.00	1,200.00
ロ号	249	8.00	1,922.00
ハ号	207	11.00	2,277.00
合計	536	10.07	5,399.00

出典：諏訪分区「第三十一回区会議事録」（1930年12月15日、02B101-086）。

と言える。工区によっては「営業補償」または「迷惑料」と明示されている場合もあった。そのほかに付属構造物として、井戸やコンクリートのタタキ、物置小屋、垣根、肥料溜、垣根、立木などがあり、これも一定の基準と個別見積とが併用されて補償額が算定された。

3-1-3．組合地売却

　土地整理における事業資金の調達には、制度上は二とおりの方法が存在した。ひとつは組合員から事業費を直接徴収することである。玉川全円耕地整理事業においてこの方法は原則として採用されず、いまひとつの、一定の面積の土地を組合地として確保しそれを外部に売却することで資金を調達する方法が採られた。売却によって減少した分の地積は組合員に対し減歩として賦課された。したがって、売却される組合地の単価が高ければ全体の減歩率は低下し、逆に低ければそれは上昇することになる。このため、組合地の円滑な売却は工区にとって重要な課題であった。

　諏訪分区においては、この組合地売却が極めて順調に進行した。ちょうど本区内を通過する池上電気鉄道の支線建設計画があり、同社に鉄道用地を売却したためである。1928年1月の諏訪分区々会では「池上電鉄線路用地ヲ組合地トシ会社ニ交付シ其ノ換地清算金ヲ本区ノ費用ニ充当スル事」[12]が決定され、同社に対し2,828坪の組合地を売却した。この坪単価は22円50銭で[13]、工区は計6万3,630円の資金を獲得した。同社用地以外にも表3-2に示すように3カ所計536坪の組合地が設定されていたが、これらの坪単価は8～15円であったことを考えると[14]、池上電気鉄道に対する売却は相当の好条件であったことがわかる。同社向けの組合地については地上物件の移転補償費も同社が自己負担することとされていたから、工区の実際の負担はさらに軽減されたことになる。

第3章　耕地整理事業の開始と村域東部の組合運営　125

表3-3　玉川村内の土地売買価格（1924年）

(単位：円／坪)

地目		最高		最低	
		地名	価格	地名	価格
宅地	売買価格 公簿価格	奥沢赤坂丸630	25 0.122	等々力原	10 0.066
田	売買価格 公簿価格	瀬田中耕地1454	10 0.170	野良田谷際	5 0.103
畑	売買価格 公簿価格	奥沢諏訪山335	35 0.113	野良田南原	8 0.050
山林	売買価格 公簿価格	瀬田下ノ原1108	23 0.013	下野毛谷戸	7 0.009
原野	売買価格 公簿価格	下野毛上河原1105	15 0.013	下野毛谷戸	5 0.009

出典：『東京市統計年表』1926年版、「土地及建物」第16「東京都市計画区域内町村に於ける土地売買価格」。

表3-4　玉川村域における宅地売買評価額と賃貸価格

(単位：円／坪)

年度		最高		最低	
		地名	価格	地名	価格
1924	売買評価額 賃貸価格／月	奥沢諏訪山300	25 0.20	等々力根1985	5 0.03
1925	売買評価額 賃貸価格／月	奥沢中ノ谷300	35 0.20	等々力根200	13 0.04

出典：『東京市統計年表』1926年版、1927年版、「土地及建物」第15「東京都市計画区域内町村に於ける宅地賃貸価格」。

　だが、このような例は稀であり、その他の工区では組合地売却に大きな困難をともなった。例えば奥沢東区は1928年4月21日に第一回総会を開催し、区長、区副長以下区会議員30名を選出したが、この時点ですでに目黒蒲田電鉄大井町線（1929年11月1日開業）の開業準備が進められており、鉄道用地の新規需要は存在しなかった。したがって工区内に分散する小規模の組合地を個別に売却しなければならなかったのである。

　1928年7月時点においては約22万坪の敷地のうち4,174坪を「整理費用ニ要

スル潰地」すなわち組合地として坪単価平均21円で売却することを計画していた[15]。この価格設定を評価するため、少し時期が遡るが表3-3に1924年の玉川村内における土地売買価格を、表3-4に1924・25年度における宅地評価額と賃貸価格をそれぞれ掲げる。これらの価格と対比する限り、設定された組合地の価格は低廉ではないものの法外に高額とは言えなかった。

少し時期がくだった1931年1月時点の組合地は、7カ所計1,368坪、平均単価は22.6円であった[16]。相対的に高額の組合地が残っていたことになるが、同年の9月には評価額の平均3割低下が決定された[17]。この理由は明らかでないものの、昭和恐慌の影響が深刻化したものと推察されよう。この区会では同時に従前の組合員に対する減歩率の引き上げ（11.0％から12.5％へ）も決定された。もっとも、このときには「既ニ仮換地ヲ了シタル区域ニシテ減歩切換困難ナル換地」が存在していたため「可成ク金銭ヲ以テ清算スルコト」[18]とされた。これはすでに換地の割当を済ませた組合員から従前土地評価額の1.5％を現金で徴収することを意味した。

1932年7月にはさらに最大1割の組合地値下げがなされたうえ[19]、宅地としての積極的な売りこみ活動も行われ、下水管の準備工事や組合地の位置・坪数などを書き込んだ地図が配布された[20]。ここで注目すべきは、もはや組合地を村外に売却するのではなく「可成一区画内ノ組合員共同シテ引受クル様之ヲ慫慂スル」[21]方針が取られ、基本的には当該地に近接する住民に対して売却することが想定されていた点である。続いて、1933年1月には「各組合地ヲ全役員ノ各責任処分スル」[22]事が決定された。この時点ではすでに工事の大部分が終了しており、工費に充当した借入金を返済するためにどうしても組合地を売却し現金を得る必要に迫られていたため（後掲表3-9参照）、工区全役員の責任において、つまり売却が不可能であった場合は役員自らが購入者となってでもこれを処分することが決定されたのである。

これらは工区運営（それは当事者にとって地域社会の運営そのものであった）の困難を構成員間の相互扶助によって解決しようとする試みであった。しかも、すでに見たように工区の役員は当該大字の有力者に概ね一致していたの

であるから、これは、地域社会が直面した困難をその地域内の有力者の負担によって解決するという、伝統的な社会秩序に沿った措置が採られようとしたことを意味する[23]。このための実地調査委員が「旧各字」単位で選出されていたことも、このことを傍証していると言えよう。この決定に先立つ1932年には東京市域拡張が行われ、すでに玉川村は東京市世田谷区の一部となり制度的には解消していた。にもかかわらずこのような旧来の行政村体制に基づく解決が図られたことは、当時の人々がそうした方法をなお問題解決に適合的であると考えていた故であり、そうした観念の根強さを物語っているとも評価し得る。

表3-5 奥沢東区における組合地（1933年9月）

番号	面積（坪）	坪単価（円）	総額（円）	備考
1	186	18.00	3,348.00	ガード際高台
2	131	18.00	2,358.00	高台
3	85	9.00	765.00	川端
4	134	15.00	2,010.00	緑丘駅前（ママ）
5	180	17.00	3,060.00	中高角地
6	305	11.00	3,355.00	傾斜地中高
7	128	20.00	2,560.00	高台平地
8	64	19.00	1,216.00	奥沢駅近
9	218	22.00	4,796.00	高台平地角地
10	234	23.00	5,382.00	奥沢駐在所近角
11	200	20.00	4,000.00	奥沢駐在所近角
12	166	18.00	2,988.00	奥沢駅近
13	76	40.00	3,040.00	奥沢駅前大通角
14	155	13.00	2,015.00	
15	231	20.00	4,620.00	見晴らし高台
16	150	17.00	2,550.00	見晴らし高台
17	187	23.00	4,301.00	見晴らし高台
18	265	20.00	5,300.00	見晴らし高台
19	125	17.00	2,125.00	
20	116	15.00	1,740.00	
21	102	12.00	1,224.00	
22	200	20.00	4,000.00	高台富士見
23	158	17.00	2,686.00	高台平地
24	220	14.00	3,080.00	中段
25	234	12.00	2,808.00	中段
26	177	10.00	1,770.00	低地畑
合計	4,427	17.42	77,097.00	

注：備考欄は原史料の記述を摘記。
出典：「玉川村全円耕地整理組合奥沢東区組合地一覧表　昭和八年九月現在」（奥沢東区「第四十七回区会議録」添付、1933年9月5日、04 G101-116）。

とはいえ、それは必ずしも現実の有効性を伴っていたわけではなかった。表3-5に示すように1933年9月時点ではなお26カ所計4,427坪の組合地（平均坪単価17.4円）[24]が残存しており、上述の方法による処分が円滑に実施されなかったことを示している。この価格水準を表3-6に示す世田谷区の土地売買価

表3-6　世田谷区における土地売買価格と賃貸価格（月額）

(単位：円／m²)

			最　高		最　低		平均売買価格
			地　名	価格	地　名	価格	
1932	宅地	売買価格 賃貸価格	田園調布2-710	10.83 0.55	赤堤町1丁目29	5.04 0.33	
	田	売買価格 賃貸価格	玉川奥沢町3丁目837	4.59 0.03	松原町2丁目503-3	1.92 0.03	
	畑	売買価格 賃貸価格	下代田町121	7.20 0.03	野毛町317	2.75 0.03	
1933	宅地	売買価格 賃貸価格	大原町1290-3	9.80 0.48	玉川上野毛町215-1	1.66 0.14	
	田	売買価格 賃貸価格	代田1丁目543	3.63 0.03	玉川用賀町3丁目948	0.60 0.02	
	畑	売買価格 賃貸価格	玉川奥沢町2丁目526-8	6.05 0.02	松原町2丁目524-3	1.06 0.02	
	山林	売買価格 賃貸価格	三宿町395-1	4.53 0.08	玉川等々力町2丁目1557	0.91 0.01	
1934	宅地	売買価格 賃貸価格	大原町1281-1	10.28 0.42	玉川中町1丁目742-4	1.81 0.12	
	田	売買価格 賃貸価格	北沢5丁目637-2	6.96 0.02	代田2丁目951	0.60 0.02	
	畑	売買価格 賃貸価格	玉川奥沢町3丁目946	7.56 0.02	玉川瀬田町901	1.51 0.02	
	山林	売買価格 賃貸価格	代田2丁目876-2	3.33 0.01	玉川等々力町3丁目759-2	1.18 0.00	
	原野	売買価格 賃貸価格	上北沢1丁目409	1.93 0.00	玉川町2546	0.45 0.00	
1935	宅地	売買価格 賃貸価格	太子堂町391-1	9.07 0.53	玉川中町309-3	1.03 0.11	
	田	売買価格 賃貸価格	北沢5丁目644	1.81 0.02	玉川等々力町3丁目948	0.90 0.02	
	畑	売買価格 賃貸価格	玉川奥沢町2丁目688-3	6.65 0.02	玉川瀬田町51	1.12 0.01	
	山林	売買価格 賃貸価格	北沢2丁目41-1	5.98 0.01	玉川瀬田町15	0.91 0.01	
	原野	売買価格 賃貸価格	玉川奥沢町2丁目510	2.42 0.01	深沢町2丁目1505	0.91 0.01	
1936	宅地	売買価格 賃貸価格	三軒茶屋町160-1	13.61 0.49	烏山町839	0.91 0.20	3.86
	田	売買価格 賃貸価格	下代田町103-2	3.63 0.02	烏山1934	0.30 0.02	1.03

1936	畑	売買価格 賃貸価格	玉川奥沢町1丁目394-3	7.56 0.02	八幡山町19-3	0.30 0.02		2.41
1937	宅地	売買価格 賃貸価格	代田町2丁目1058	12.10 0.42	烏山町1848	1.21 0.07		5.24
	田	売買価格 賃貸価格	上馬町1丁目92	7.56 0.02	烏山町1950	0.45 0.01		1.46
	畑	売買価格 賃貸価格	玉川田園調布1丁目3520	10.59 0.02	祖師谷町1丁目772	0.91 0.02		2.64
	山林	売買価格 賃貸価格	玉川田園調布2丁目742-3	7.56 0.01	祖師谷町1丁目748	0.60 0.00		2.40
	原野	売買価格 賃貸価格	東玉川町57	3.93 0.01	大蔵町1980-12	0.91 0.00		2.82
1938	宅地	売買価格 賃貸価格	太子堂町438-4	24.20 1.81	祖師谷1丁目451	0.91 0.05		5.06
	田	売買価格 賃貸価格	池尻町377-6	6.05 0.02	祖師谷2丁目1429	0.42 0.02		2.01
	畑	売買価格 賃貸価格	玉川田園調布2丁目696-8	13.01 0.02	船橋町451	0.60 0.02		5.09
	原野	売買価格 賃貸価格	北沢4丁目408	9.07 0.01	玉川町2531-1	0.91 0.00		3.69
	雑種地	売買価格 賃貸価格	代田2丁目1042-2	4.54 0.08	玉川町2569-1	0.91 0.05		1.68
1939	宅地	売買価格 賃貸価格	三軒茶屋町162-4	27.22 1.27	喜多見町2365	1.82 0.05		6.75
	田	売買価格 賃貸価格	玉川町1767-1	7.56 0.02	烏山町304	0.76 0.02		1.66
	畑	売買価格 賃貸価格	玉川田園調布2丁目725	15.12 0.02	船橋町645	1.51 0.02		6.64

注:「宅地」「田」「畑」は各年度を表示、その他の地目については旧玉川村域掲載の場合のみ表示。空欄は不明を示す。ゴチックは旧玉川村域。

出典:『東京市統計年表』各年度版「土地売買価格」の項。

格と比較すると、値下げを繰り返していたにもかかわらず、当時の世田谷区内においては高水準の設定になっていたことがわかる。前掲表3-4、3-5と比較するとき、地価水準の急落に伴い組合地売却が一層困難になっていた事情も窺えよう。

　1934年2月には再度一割値下げが行われたが[25]、もはや組合地売却のみで事業資金を賄うことは不可能となり、1935年4月には「従前土地各筆ノ評定価額ヲ弐割引下グル事」が決定された[26]。これは従前土地評価額を引き下げること

によって新しく交付される換地との間の価格差を拡大し清算金徴収額の増加を図る措置であるが、実質的には面積および評価額を基準として組合員から事業費を徴収するのであるから、組合費を徴収しないという所期の方針の放棄を意味していた。なお、工区における事業の実質的完了にあたる換地案を承認する総会（換地総会）は1938年1月に開催されたが[27]、この時点でもまだ106坪の未処分組合地が残存していた。

隣接する尾山区でも組合地の売れ行きは芳しくなかった。換地案が確定した後でもなお処分が完了しておらず、1931年7月の区会では「組合地（残リノ分）ヲ評定価格ノ一割ヲ減ズルコト」[28]を決定している。さらに翌月には以下の決定を行った。

> 本区ノ組合地ヲ高屋直弘ノ手ニヨリ処分セシメ評定額以上ニ処分セル時ハ其超過額ハ諸雑費トシテ高屋直弘ニ交付シ……今日処分難ノ組合地ヲ処分セシメ以テ当人モ本区モ共ニ有利ナル方法ニ依ルコトニ決議セリ[29]

ここでは組合地の処分を嘱託技術者の高屋に一任し、評価額以上で売却した場合には超過分を高屋の収入とすることを決めている。高屋は村外の耕地整理に多数関わった経歴を有していたから、その知己を通じて村域外の者に土地を売却しようとしたのであろう。工区が独自に組合地の売り込みを図るよりは、高屋を媒介として潜在的な購買者に接触を図るほうが得策であるとの判断と推測される。評価額以上で売却できた場合でも工区は超過分を得られないが、資金難に陥る可能性は低下する。これは、計画の先決化によって工区運営を円滑にするための試みであった。

だが、現実にはこのような方法によっても残存組合地の発生は免れ得ず、結局は区会議員の原田良蔵が一部の残存地を引き受けることとなった。原田の引き受けにともなう登記費用と不動産取得税については「已ムヲ得ザルモノトシテ」工区が負担することとされたが、このやり取りからはかかる引き受けが必ずしも純粋に経済的に合理的な取引とは見なされなかったこと、つまり原田に

とっても「やむを得ない」一種の負担であったことがうかがえ、上に述べた奥沢東区の場合と共通している[30]。

このように、組合地の売却による事業費調達の試みは最初期に着工した工区において早くも大きな困難に突き当たっていた。そして、それを克服するための試みは旧来の地域社会運営秩序に沿ったものであった。人々のこうした行動に伝統的な地域社会秩序の強固な残存を見いだすことはもちろん可能である。だが、同時にそうした解決が限界を露呈しつつあったこと、そしてそれを別の形で打開しようとする試みが萌芽的に見られたことの意義は、決して小さなものではなかった。

3-1-4．工事

工事を通した土地利用の変化のあらましは後掲表結-1（212～213頁）に示すとおりである。奥沢東区のみは宅地の割合が高かったが、その他の工区は大部分が畑地であった。とはいえ、畑地の増加が近い将来の宅地化を視野に入れたものであったことはすでに述べたとおりである。

また、区画の変更は個々の組合員の所有地に大きな影響を及ぼすものであり、その影響を無視することはできない。従来不定形であった街区は道路整備によって方形状に整理され、道路には街灯整備なども施された。こうした変化は例えば奥沢西区が所管の税務署に報告した申告書によれば次のようなものであった。従前は「道路ハ……幅員ハ二間五分乃至五分アレ共其ノ分布状態系統何レモ不規則ニシテ完全ナル交通機能ナシ」でそのうえに「区画形状共ニ大小不規則」であったのが、整理後には道路の「幅員ヲ七間、六間五厘、五間四分、四間四分、三間四分、三間、二間四分、二間トシ五十間ノ間隔ヲ標準トシテ地形ニ応シ配布（ママ）」するとともに、区画も「将来ニ於ケル農業経営ノ方策的見地ヨリ一筆一反歩ヲ標準トシテ各筆何レモ道路ニ直面セシムルヲ以テ原則」とするようになったのである[31]。奥沢東区においてもほぼ同様の表現を用いて説明がなされている[32]。

道路の幅員に標準を定め等間隔に配置し、各筆を道路に面して配置すること

は、一方で道路面積の増加と民有地の減少という負担をともなう。奥沢西区の場合、国有道路面積は従前の約2.6倍に増加し、一方で民有地は8％以上減少していた（表結-1）。上に引用した史料は、この負担分を整理後における「農業経営上」の利便性向上によって補うことを建前としていた。反あたり小作料は田で15円から16円へ、畑で18円から20円へ上昇することとされていたから、一応、減歩に見合う利回り上昇は見込めることになっていたものの、これ以上の利回り上昇は容易ではなかったはずであるから、組合員が許容し得る減歩率は農地利用を前提とするならばこのあたりが限界だったことになる。だが、宅地利用の場合、道路整備のために民有地が減少しても、それを補うだけの利回り上昇が実現すれば経済的には見合ったものとなるのであるから、彼らが許容し得る減歩率はより一層拡大することになる。第1章でみたように、当時の政策はそのような考え方に沿ったものであった。

　しかし実際には、玉川全円耕地整理事業の初期段階においては、そうした利回り上昇を重視して道路の面積を大きく取るという考え方は必ずしも広汎な同意を得ていなかった。道路整備は減歩の拡大に繋がるため、先発の各工区においてはそれを極力抑制する志向が見られたのである。道路面積の算出は延長に幅員を乗じて行われるため、道路の敷設箇所が決定した後は道路面積の多寡、裏返せば減歩の多寡に直接関わってくるのは幅員であった。各工区ではこれをどの程度に設定するかが組合員にとって非常に大きな関心事であったが、そこでは道路の拡張を可能な限り抑制しようとする態度が明確に看て取れたのである。

　組合が9工区分割案で準備されていた段階で策定された計画案によれば、諏訪分区の前身である第一区（「諏訪分区」の呼称は17工区分割案以降使用）では道路整備について3案を準備していた。その内容は「既定ノ普通整理案」（減歩率10.7％）、「二間道路増設シタル案」（同14.1％）、さらに側溝整備、「舗装」（砂利散布を指す）などの「改良工事施行ノ案」（同18.6％）というものであった[33]。1925年5月、第一区発起人会の委員13名は当初減歩率の低い第一案を選択した[34]。ところが、隣接の奥沢地区（第二区：奥沢東区と奥沢西区を合わせ

第3章　耕地整理事業の開始と村域東部の組合運営　133

た範囲）では第三案に近い方法が選択された[35]ことを受けて、急遽本区も第三案を採ることに変更がなされた[36]。道路幅員を含む設計は工区の専決事項に属するとは言うものの、その役員層は隣接地区の動向にも敏感であったことがうかがえる。だが、一般の組合員は減歩率の上昇に繋がるこの案を必ずしも歓迎しなかったようで、「費用負担困難」「経費負担……甚ダ困難」といった苦情が発起人会へ寄せられる結果となった[37]。

　その第二区の後身である奥沢西区でも類似の例が見いだされる。同区においては、1926年時点で道路整備について次のような方針を採っていた。

　　道路ハ改良工事ヲ施サズ参間幅員トシ砂利ヲ弐回散布スルコト尚弐間道路
　　ハ提示図面ノ通リトシ砂利散布ヲ見合ハスコトニ決定〔中略〕拾九号線ハ
　　幅員弐間ヲ狭メ弐拾号線及六号線ハ幅員各壱間ヅヽヲ狭メルコトニ決
　　定[38]

　史料中の「改良工事」というのは側溝整備を指すものであるが、その省略は幅員および工事費の圧縮を狙ったものであろう。また、ここでは設計図上の道路幅員を縮小する決定がなされているが、それは今みた第一区＝諏訪分区の態度を踏まえれば減歩率を抑制する意図からであると類推される。

　こうした態度を各工区が採った理由であるが、表結-1からわかるように一つには諏訪分区も奥沢西区も畑地の割合が大きく、農業収益の減少に直結するような広幅の道路整備、すなわち高い減歩率に対する反発が一部組合員の間に存在した可能性は否定できない。もっとも、これらの地区は前述したように組合設立をめぐる対立の際に単独で組合を設立しようとしたほど耕地整理に対し積極的な姿勢を示していたのであるから、整理後の宅地化を念頭に置きつつも、それほど高い利回り上昇は期待し得ないという見通しを抱いて判断を下していたとも考えられる。

　しかし、次項に示す諏訪分区における事例（136～137頁）を考えあわせるならば、上に述べた事態には経済合理的な利回り計算に基づいた判断のほかに、

減歩率を大きく取ることに対する感情的な抵抗が多少なりとも混入していたと思われる。

　それは、このような道路が同時代的に見ても低規格と見なされるほどのもので、間もなく仕様が変更されたという事実からもうかがえる。奥沢西区では1928年7月に一部道路（「幹線九号」）を4間4分幅（おそらく側溝付）に改めることが決定された[39]。ほぼ同時期に計画を作成した尾山区では「幹線」道路については実効幅員5間、その他については同3間とされ、そのほかに4分の側溝が設置された[40]。村域中央部の工区になるが、下野毛区[41]および等々力南区[42]でもほぼ同様の規格が採用された（ただし等々力南区は側溝幅員2分）。当初見られたような、多少の無理を伴っても幅員を狭く抑えようとする態度は、当時の地域社会には土地の資産価値を面積の大小に直結させる考え方が根強く残存しており、道路の整備による地価上昇が資産価値に及ぼす影響について人々が充分な認識を持ち得なかったことの発現であったと言えよう。

　ところで、この道路整備には後日談がある。1929年7月、奥沢西区では上記の幹線九号線を6間5厘に、幹線第一号道路（府道106号線）の幅員を7間に拡幅するという東京府の「修正命令」を受け入れることを決定した[43]。この幹線第一号線については、尾山区でも奥沢西区に先立つ1929年3月に幅員を上記の5間4分から「監督官庁ノ指定通リ」6間5厘に拡張することを決定した[44]。いずれも、東京府の「命令」ないし「指定」という外生的な圧力による決定であったが、その意味については後段で他工区を事例に論じたい。

3-1-5. 換地処分

　区画形状変更後の土地は換地と呼ばれ、変更前の土地の地積と地価に応じて再配分されるが、この一連の措置を換地処分と呼ぶ。換地案は総会での承認を経て決定とされ、その後清算および登記が行われた。換地処分については補章で述べるようにさまざまな考え方が存在したが、主流となっていたのは整理前の従前土地評価額と換地評価額とを比較する方法であり、本事業においてもこの方式が採られた。詳細は次のとおりである。

まず、従前土地については、整理前に各筆面積の実測と坪単価の評定が行われ、各筆ごとに両者を乗じた評価額が決定される。これは簿価がほとんど実態を反映し得ないためであり、原資となる土地の資産価値が改めて算定されたのである。次に換地であるが、これは整理後の換地に「土地ノ地勢、位置、交通区画等」[45]を勘案して坪単価が配賦され、それに面積を乗じたものが各筆の評価額となった。そして、これらを合計した額は、耕地整理により土地の利便性が高まったものとみなされるため、従前土地のそれを上回るのが通例であった[46]。

次に、従前土地および換地の総評価額を比較して平均地価上昇率を算出する。換地全筆の評価額合計から整理費用および補助金相当額（概ね工事費の５％）を差し引き、これを従前土地総評価額で除したのが、各工区における平均地価上昇率となる[47]。

換地清算にあたっては、各筆の従前土地評価額にこの平均地価上昇率を乗じ、換地の評価額との比較を行う。両者が同額であればそれ以上の手続きは不要であるが、実際には立地条件に影響されて坪単価の変動幅にも差異が生ずるのが一般的であり、その場合は現金による清算を実施することになる。換地評価額が従前土地評価額よりも高ければ組合（工区）は組合員から清算金を徴収し、逆であれば組合員に対し清算金を交付することになる。

ただし、この原則に従うのみでは清算における組合の徴収総額と交付総額とは同額となり、組合は事業費を調達することができないことになるから、整理費を調達するためには先に述べたごとく組合地を売却しなければならない。これに加え、無償で道路等の公共用地として上地する分とを併せると、工区全体の平均減歩率が算出される。この平均減歩率は原則として各筆に均等に適用される[48]。

以上に基づいて換地清算の方法をまとめると次のようになる。

　　清算徴収金
　　＝（換地面積）×（坪単価）

－(従前土地面積)×(工区内平均減歩率に基づく前後比)×(坪単価)×(工区内平均地価上昇率)

　清算金は組合員の負担を軽減するため数次に分割して徴収され、徴収が完了した後に正式な換地交付が行われた。

　さて、先に道路工事の方法をめぐる議論によって当時における土地の価値に関する観念（資産価値を面積の大小に直結させる考え方が根強く残存していたこと）を示唆したが、ここでもこうした問題を考えてみたい。次に掲げる史料は、1931年に換地清算を行うにあたって諏訪分区で交わされた議論である。

　　本区ノ確定測量モ大体終了シ従テ其ノ結果換地割当面積ニ異動ヲ来セリ
　　依テ其ノ異動面積ニ対スル精算方法ハ如何ニ為スベキカヲ議題ニ供シ満場
　　　　　　　　　　　（ママ）
　　ニ諮ル　審議ノ結果其ノ増減部分ニ対シテハ整理後ノ評価ノ三割引ヲ以テ
　　精算スル事ニ決議ス[49]〔圏点引用者〕

　換地清算の眼目は、条件の異なるさまざまな土地各筆に対し価格換算による互換性を付与し、土地を文字どおり交換可能なものとすることにある。ところが、上に掲げた増減分を評価額の３割引で清算するという方法では、この原則は崩れることになる。従前土地に対する換地面積の増減分の評価が３割引になるというのであれば、面積が増加した場合にはその部分に対する組合員の支払負担が軽減され、逆に減少した場合には受け取るべき清算金が減少するのであるから負担が増加することとなる。こうした方法を前提とする限り、組合員が減歩率を抑制しようとするのは当然であろう。それは、前段で指摘したような減歩率を極力抑制しようとする態度と整合するものであった。

　この案は最終的には実行されなかったし、その後着工した工区でも類似の案が提出されることはなかった。だが、ほんの僅かであれこうした議論がなされたこと自体、土地の価値を価格で判断することによってその固有性を減却するという態度（それは、減歩率を大きくしても土地の単価上昇が実現されれば資産価値の増大に繋がるとの認識と対になっている）が、事業の初期においては

地域社会に完全には浸透していなかったということを示す例証になっていると言えよう。裏を返せば、ここでは土地の大幅な異動が想定されておらず、したがってこの段階で大規模な道路整備をともなう大幅な区画の変更を行うのは人々にとって必ずしも望ましい選択ではなかったのである。

第2節　村域東部における工区の「経営」

　前章および本章前節において、玉川全円耕地整理事業が行政村体制の秩序に則って言わば「村抱え」の事業として着手されたこと、また、そうした状況下で行われた初期に着工した工区における実施過程の検討を通じ、その価値実現のあり方が土地の面積の大小を資産価値に直結させるという考え方にいまだ大きな影響を受けていたことを指摘した。それは都市計画法が想定する（そして第二次世界大戦後の土地区画整理事業にも継承された）、公共用地の整備や保留地（＝組合地）の売却によって減歩を行いつつも地価上昇によって開発利益を獲得する、という価値実現のあり方とは異なるものであった。そこでは、土地は価値実現のための直接的な手段であって、その面積の大小は生み出される価値の大小に直結するとみなされた[50]。これは、農地利用を前提にした、土地の自然力に依拠する直接的な用益に根ざした価値原理の延長上にあったものと考えられる。

　だが、そうした枠組みによる耕地整理は初期段階から早くも困難に直面しつつあった。事業の各手順において、農業経営に立脚した行政村的社会秩序およびそれを前提とした価値実現のあり方、つまり従前の社会編成原理とそれを前提とした価値原理とは、すでに行き詰まりを露呈しつつあった。

　そうしたことは、耕地整理の各手順において散発的に表出するにとどまっていただけではない。行政村－大字という一定の閉鎖的な枠組みの中で内生的に安定の回復を図ろうとする伝統的秩序の機能不全は、組合運営の財務面すなわち「経営」の過程においても現れ、事業進行にとっての制約要因となった。要するに資金繰りの悪化が耕地整理の遂行を妨げたのであるが、その困難は従

前の社会編成原理とそれを前提とした価値原理とに起因していたのである。

以下では、各工区の財務データによって事業初期＝村域東部における工区経営のあり方を検討し、こうした事情を明らかにしていく。前章においては、事業着手時からその直後にかけての組合全体の財務状況について述べたが、現実の組合経営がその組織形態に応じて工区ごとに行われたことを踏まえるならば、組合経営の実態は工区別に検討されねばならない。

3-2-1．大規模需要者への用地売却による資金調達

まず、村域東部で最も早く事業に着手した諏訪分区から見ていく。表3-7は同区の年度別決算データに基づき項目を整理した上で、収入および支出をフローベースで表示したものである。「収入」欄を見ると主たる費目は「換地徴収金」であり、1927年度と翌年度にそれぞれ5万円、2万380円を得ていることがわかる。これは、換地処分の際に、組合員から徴収する清算金のことである（こうした清算を、次に述べる「特別処分」にともなう形式上の清算と区別するため「実際の清算」と呼ぶ）。

だが、ここで工区財務を知る上で一つの問題が生じる。工区が事業資金を得るために行った組合地売却の場合にも、組合地の買受人は形式上従前土地所有高ゼロの組合員として扱われ、代金の授受はあくまで清算の形をとったのである（これは「特別処分」と呼ばれる）。そのため、史料上でも実際の清算と特別処分とによる金銭収受が一部例外を除き一括して「換地徴収金」の費目に含まれており、その識別が不可能となっている。つまり、それに基づき作成した同表のみからは同工区がどのように特別処分を通じて資金を調達したのかは知り得ないのである。こうした限界については、記述史料の併用によって補完を試みる。

諏訪分区における「換地徴収金」の大部分は、すでに述べたように当時この工区内を通過する鉄道を計画していた池上電気鉄道に対し、その用地を組合地として売却することで得たものであった。重複になるがその面積は2,828坪、坪単価は22円50銭とされており[51]、売却価格は6万3,630円であった。1927年

第3章　耕地整理事業の開始と村域東部の組合運営　139

表3-7　諏訪分区収支決算

(単位：円)

年　度	1927	1928	1929	1930
収入	50,473.70	21,642.74	1,689.19	3,353.41
換地徴収金	50,000.00	20,380.00	0.00	0.00
利子・雑収	473.70	1,262.74	562.69	2,281.41
補助金	0.00	0.00	1,126.50	1,072.00
支出	16,229.80	29,479.03	7,435.09	3,636.66
工事・測量費	8,383.00	18,656.27	3,825.30	558.76
補償費	2,644.80	3,328.11	2,220.04	419.63
事務・会議費等	1,767.00	29.40	359.75	1,020.00
利子	1,893.91	0.00	0.00	0.00
その他	1,541.09	7,465.25	1,030.00	1,638.27
当期差引収支	34,243.90	▲7,836.29	▲5,745.90	▲283.25
借入	0.00	0.00	0.00	0.00
償還	0.00	0.00	0.00	0.00
借入残高	0.00	0.00	0.00	0.00
次期繰越金	34,243.90	26,407.61	20,661.71	20,378.46

出典：諏訪分区各年度決算報告書。

度の「換地徴収金」欄における収入5万円はその「予納金」である。「予納金」となっているのは、組合地の売却があくまで「換地清算」である以上、工事終了ののちに換地処分を行う際でなければ売買登記が不可能であり、この時点では正式な売却とは見なせなかったためである。翌年度の「換地徴収金」は約2万円であるが、売却価格に変更がなかったのであればそのうち1万3,630円は同電鉄からの払い込みと考えられる。このような鉄道用地の売却は工区財政を潤沢なものにし、1930年度までのすべての支出（5万6,780円58銭）を充分まかない得ていた。同年度で事業がほとんど終了したためか翌年度以降は決算資料が残されていないが、残余は翌年度以降の事業費（工事はほぼ終了しているのでおそらく事務費が主体）に充てられたと考えられる。なお、表に示された1930年度までの「換地徴収金」には実際の清算にともなう収入は含まれていないと判断される。この時点まで実際の清算によって生じた交付金支出（表では筆者の整理により「その他」に一括しているため表示されない）が一切計上さ

れていないことから、実際の清算手続きが未着手であったと考えられるためである。また、同じく表には示されないが1931年度予算案では清算交付金2万円が同額の清算徴収金とともに計上されており、実際の清算金のやり取りはこれ以降になったものと考えられる。したがって表に示した1930年度までの換地徴収金7万380円は、それを含まない、特別処分を通じた組合地の売却代金であると考えてよい。

　以上の検討を踏まえると、組合地の売却収入にくらべ補助金収入が極めて小さいことに気づかされる。耕地整理に対する国からの補助は、府県を通じて管下の組合に支給されることとなっていた。諏訪分区では1930年度に東京府から1,072円を受給していたがその前年度に玉川村からも1,126円50銭を受給していた。村からの補助は必ず行われるというものではなかったが、繰り返し述べているように当時この事業は「村」の事業と意識されていたこともあってこのような補助が行われたと推測される。補助金額の水準であるが、1929年度予算案におけるこの工区の工事費は2万2,329円と予定されていたから[52]、東京府からの補助金は工事費のおよそ5％程度を目安に設定されていたことになり、玉川村からの補助もこれに倣ったものであることがうかがえる（なお1931年度予算案では補助金収入が計上されておらず、1930年度までに全額受給したと考えられる）。ただ、一般に各工区の工事費は計画以上に膨張した上、事務費や利子などそれ以外の支出も大きかったため、工区財政に占める補助金の割合はごく小さなものであった。ほかに補助金額が判明した工区については表4-13に掲げるが、いずれも測量費を除いた工事費の（それも判明する期間分のみの）7～9％程度を占めるにすぎず、事業費全体に対する割合はさらに小さなものであった。工区によっては補助金を「雑収入」のなかにまとめて計上しており金額が特定できない場合もあったが、このこと自体が各工区にとって補助金の持った意義の相対的な小ささを物語っているとも言えよう。すでに述べたように当時、都市近郊で宅地開発をするにもかかわらず耕地整理事業として実施された事例が多かった理由の一つに、土地区画整理では支給されない補助金が耕地整理ならば支給されたという事情があったが[53]、本事業に関する限り実際の

工区経営に占める重要性はそれほど大きなものとは言えなかったのであり、今後他の事例も含めてその意義を再検討する必要があろう。

次に、支出を見ていく。1930年度までの工事費総額は2万7,410円33銭（測量費を含まず）であったが、これは当初の予定額を3割ほど上回っていた。翌年度予算案における工事費は1,479円16銭にすぎないので、この時点までに工事の大部分が終了していたと考えられる。ほかには立毛や建物などに対する補償費、測量費、事務・会議費などが主な使途であった。借入がゼロであったにもかかわらず1927年度に利子の支払いが行われているが、これは事業開始以前に組合の発起人が立て替えた分に対する利払いであろう。ただ、そうした過年度分の借入が繰り越されないまま1927年度から工区の会計がスタートしているので詳細は判然としない。工区会計の精度はこの程度のものであった。

諏訪分区の決算史料はこの後途絶えるが、おそらく書類そのものが作成されなかったものと思われる。事業誌によればこの工区の事業修了は1934年で、最終的な費用は8万6,142円91銭となっており[54]、表に示した1930年度までの支出計5万6,780円58銭を上回っているが、実は事業誌の数値は各工区で最後に作成された総予算案（事業費の膨張に応じてたびたび改訂され、それも多くは実態から乖離したものであった）を示したものにすぎず、ほとんど意味をなさない。したがって、決算データが途絶えた後の実際の収支は判明しないのであるが、おそらくは実際の換地清算とそのほか若干の事務費等の支出が行われたものと思われる。

いずれにせよ、本工区は池上電気鉄道に対し組合地を売却することによって潤沢な資金を獲得し、短期間で円滑に事業を遂行したのである。

これと類似の例は村域西部の用賀西区にも見られた。同区の決算データは一切残されていないが、帝国競馬協会に「坪6円で5万坪売り、30万円を2カ年で渡してもらう約束」[55]をして、それによって得た資金で1933年から1936年にかけて耕地整理を完成させたことが伝えられている。この工区が位置した地区は都心への近接性が低く人口も希薄であり、したがって宅地開発への意欲も相対的には低かった。そのため周辺の工区は1930年代の後半に入ってから着工し

表3-8 奥沢東区総予算案
(単位:円)

費目	金額
設立費	2,117.10
工事費	43,263.00
補償費	10,039.80
事務費	10,910.00
測量費	8,383.72
会議費	925.67
利子	12,000.00*1
合計	87,639.29

注:*1は借入金6万円として年利1割で2カ年分。
出典:「奥沢東区第六回区会議事録」(1928年7月20日、04G101-017)。

たが、その中で同工区のみはこのような事情によって異例の早さで事業を遂行したのであった。

だが、諏訪分区や用賀西区の事例はむしろ例外的なものであり、あくまで偶発的な外生的要因によって実現した組合経営の「安定」であった。そのような条件を欠いたとき、各工区は借入による資金調達を行わざるを得なかったのである。

3-2-2. 借入による資金調達

同時期に隣接した地区で事業に着手した奥沢東区・奥沢西区においては上に述べたような有利な売却条件が存在しなかった。むろん、これらの工区も組合地を売却する計画を有してはいたのであるが、それは鉄道用地のようなまとまったものではなく、工区内に分散した宅地であった。売込先も基本的には個人であって、完工前から多額の予納金を徴収し得るような資力を有する相手とは限らなかった。したがってその売却金を得るには工事終了後の換地処分を待たねばならず、その間に必要な資金は別の手段によって調達せねばならなかったのである。制度上は組合員から反別割で組合費を徴収することも可能であったが、実際にはその方法は採られず、外部からの借入が行われるのが他の工区も含めた通例であった。こうした方針の背景には、前章第一節で述べたように、組合員の多くが手作地主であったうえに近郊農業そのものが不利化しており、地主的資本蓄積が必ずしも厚くなかったという事情が考えられよう。

まず奥沢東区の事例を検討する。この工区における当初の総予算案は表3-8に示すとおりである。

先の諏訪分区と異なるのは借入を当初から予定していた点であり、決算報告をまとめた表3-9によれば最初の1928年度に計画どおり6万円の借入を行っていた。借入先は不明であるが、その後借り替えの形跡が見られないことから、工区にとってそれほど不利な条件ではなかったと考えられ、当時耕地整理金融

第3章　耕地整理事業の開始と村域東部の組合運営　143

表3-9　奥沢東区収支決算

(単位：円)

年　度	1928	1929	1930	1931〜1940
収入	381.19	2,974.07	4,978.84	136,598.23
換地徴収金	0.00	0.00	0.00	125,581.75
利子	361.19	142.47	180.19	2,397.55
その他	20.00	2,831.60	4,798.65	8,618.93
支出	41,951.68	20,338.30	28,835.45	67,952.38
工事・測量費	19,510.80	7,272.74	6,088.44	13,016.74
補償費	9,487.96	2,457.06	460.04	7,376.71
事務・会議費等	1,731.20	5,938.10	5,633.41	11,829.49
利子	1,560.31	4,200.00	14,273.95	23,705.17
その他	9,661.41	470.40	2,379.61	12,024.27
当期差引収支	▲41,570.49	▲17,364.23	▲23,856.61	68,645.85
借入	60,000.00	2,000.00	34,000.00	84,250.00
償還	0.00	0.00	12,000.00	123,950.54
借入残高	60,000.00	62,000.00	84,000.00	44,299.46
次期繰越金	18,429.51	3,065.28	1,208.67	30,153.98

出典：奥沢東区各年度決算報告書。

の役を担っていた各府県農工銀行（この場合は東京府農工銀行）あるいは日本勧業銀行からの借入であると判断するのが妥当であろう[56]。1928年度当時の勧業銀行による耕地整理貸付の利率は年賦貸付で上期7.3％、下期7.1％[57]、大蔵省預金部資金による低利貸付の利率は5.9％以内となっていた[58]。これは同工区における当年度と翌年度の利払額に概ね整合する。

だが、同区における支出状況を見ると、1928〜29年度で最初の借入金6万円をほぼ使い果たしていることもわかる。そのため1929〜30年度にかけて追加的な借入を行っているのであるが、それが原因となって1930年度の利払いが大幅に増加している。これらから、東京府農工銀行あるいは日本勧業銀行からの借入だけでは事業資金を賄うことができず、それゆえに高利で追加的な借入を行わざるを得なかったことが推察される。1930年度には1万2,000円を償還しているが、これは不要不急の高利な資金を現金のまま手元においておくことを忌避した結果であろう。

その後1931～40年度の間に同区は換地徴収金（12.5万円強）を得て、それを順次償還に充てていった。だが、その一方で同時に借入も続けており、清算金徴収が事業資金を充分にまかなえるほどには順調でなかったことをうかがわせる。これはすでに述べた同区における組合地売却の不振を反映したものであった。前節の繰り返しになるが、1929年度の予算によれば同区は5,000坪の組合地を10万5,000円で売却する計画であったものの（坪あたり平均21円）、1931年以降数次にわたる値下げを行い、1933年の坪単価は平均17.4円まで下落していた（126～127頁）。この間、工区役員がこれら組合地を引き受けていたが、それにもかかわらず結局組合地売却のみで借入金の償還を行うことは不可能となり、工区は従前土地評価額を一律2割切り下げて組合員からの清算金徴収額を増額する措置に踏み切らざるを得なかったのである。1940年度決算時点における借入金合計約18万円に対する償還費合計は約13.6万円であり、なお約4.3万円の未返済金があった。この時期の同区は換地の認可申請手続きに入っており、組合員から組合費の追加徴収を行うほか収入の途はなかったと思われるが、これをどのようにして返済したのかは史料が存在しないため不明である。いずれにせよ、地域社会は、組合経費の増加という現実の資金繰りについて自ら解決を図ることの困難に直面していたと評価すべきであろう。

3-2-3．イレギュラーな借入

奥沢西区も最初に借入を行い、組合地の売却によって返済していく方針を採った（表3-10）。ただ、同工区の場合、最初の1927年度に借り入れた1万3,000円の借入先が「青木氏」なる個人であった点が異なっていた。この分は翌年度にそっくり返済して借替えを行っているが、利払いの額から推測して年利2割以上の高利なもので、低利の融資を受けるまでの間に個人からつなぎとして借り入れたものと考えられる。

こうした東京府農工銀行・日本勧業銀行以外からの借入をここでは「イレギュラーな借入」と呼ぶこととするが、結果的に見ればそれは一時的なものにとどまらなかった。史料が残されている1928年度から1935年度までの借入金総額

第 3 章　耕地整理事業の開始と村域東部の組合運営　145

表 3-10　奥沢西区収支決算

(単位：円)

年　度	1927	1928	1929	1930	1931〜1933	1934
収入	0.00	3,100.83	12,007.04	11,790.13	110,867.06	8,626.59
換地徴収金	0.00	0.00	6,270.00	5,585.00	94,016.87	6,425.77
利子	0.00	550.83	202.17	229.53	138.22	646.30
その他	0.00	2,550.00	5,534.87	5,975.60	16,711.97	1,554.52
支出	5,550.59	34,239.97	52,836.52	21,718.65	28,205.01	5,302.21
工事・測量費	0.00	18,968.37	30,965.84	3,198.75	5,076.94	0.00
補償費	5,473.81	3,775.69	688.86	820.88	986.11	0.00
事務・会議費等	76.78	1,311.20	7,080.51	2,480.52	5,835.24	801.20
利子	0.00	3,441.17	6,715.23	13,019.37	11,038.08	1,645.98
その他	0.00	6,743.54	7,386.08	2,199.13	5,191.64	2,855.03
当期差引収支	▲5,550.59	▲31,139.14	▲40,829.48	▲9,928.52	82,662.05	3,324.38
借入	13,000.00	65,000.00	24,000.00	46,000.00	13,000.00	0.00
償還	0.00	13,000.00	4,000.00	31,000.00	61,576.95	4,104.06
借入残高	13,000.00	65,000.00	85,000.00	100,000.00	51,423.05	47,318.99
次期繰越金	7,449.41	28,310.27	7,480.79	12,552.27	46,637.37	45,857.69

注：1931〜33年度は筆者による計算値。
出典：奥沢西区各年度決算報告書。

は14万8,000円であったが[59]、そのうち東京府農工銀行あるいは日本勧業銀行からの借入と思われる（史料中「低利債」と表示されている）分は1930年度分の4万6,000円にすぎず[60]、その他は「個人」から3万2,000円、「目蒲会社」から7万円をそれぞれ借り入れていた[61]。「目蒲会社」というのは玉川村域を横断する鉄道を建設して営業を行っていた目黒蒲田電鉄を指すが、本工区にとってはここが最大の借入先であったことになる。決算書によれば「低利債」に先立って1928年度に6万5,000円、翌年度に2万4,000円[62]の借入をそれぞれ行っており、これらが目黒蒲田電鉄と「個人」に該当することになる。なお残り1万3,000円分の借入については実施年度が不明であるが、決算データを欠く1931〜33年度の間と考えられる。

　このように各方面から借入を行った一因は、計画段階における予算額が実際に比べ過小であったことに求められる。区会の議事録によれば、工事を2万2,921円62銭以下で請負に出すと決定したのは事業が始まった翌年の1928年8

月であったが、これに基づく応札の平均価額は3万2,956円44銭で、最低額も2万9,641円26銭と工区の想定を大幅に超えるものであった[63]。再度入札を行っても最低額は2万6,500円にとどまり[64]、以後工区はこの額をつけた人物と交渉の末、中間の2万4,710円81銭で請け負わせることにひとまず決定した[65]。ただし、そこには区内を通過する呑川の改修工事費用などが含まれておらず、この請負についても業者との間に同様の折衝が繰り返され（約5,000円で交渉に臨むことが決定されたが結果は不明）[66]、さらに1929年には水田埋立費用5,700円が新たに計上された[67]。このように計画段階で無理に工事費を抑えたことが、結果として経費の膨張を招いたのである[68]。

　ともあれ、工区はこうして調達した資金を測量、補償、工事などに投入し、次いで組合地売却を含む換地清算金徴収によって借入金を返済していった。ただ、ここでも資金繰りは苦しかった。この時期の不景気による組合地売却の不振もその原因の一つであるが、同時に工事費や地価の評価に対し不満を持つ組合員が清算金支払を引き延ばしていたため、実際の清算による現金収受が滞っていたという事情もあった。こうした状況下で工区は1931年11月と翌年4月の二度にわたり目黒蒲田電鉄に対して借入金返済期限の延期を願い出た[69]。このとき工区は同社に対し「目下低利資金借入手続中」[70]であるからそれまで返済期限を延ばして欲しいと申し出ていたが、その一方で組合員に対しては清算金納入の督促を行っていた。だが、この「低利資金借入」が実現した形跡は見いだせず、同工区の資金繰りの厳しさが察せられよう。また、イレギュラーな借入が膨張した結果、利子負担は大きなものとなり、工事費（測量費を除く）の実に7割以上にのぼる結果となった。この工区は外部からの借入という形で資金を調達したのであるが、それは結果的に利子負担という形で組合経営を圧迫する結果となった。経営に関する計画性の欠如、あるいは計画そのものにおける計算可能性の欠如が、こうした事態を招いていたのである。

　ところで、こうした厳しい財政状況の中で目黒蒲田電鉄は工区に対し比較的協力的な態度を示していた。上に述べた借入の内訳に関する推測が正しいとしてそれぞれの利率を大雑把に推測すると、「個人」の場合は年利25％以上、そ

れに対し同社の場合は同10％強程度であったと考えられる。東京府農工銀行・日本勧業銀行の利率を上回るとはいえ、同社の貸出条件は工区にとって個人からの借入よりも遥かに有利であった。こうした便宜を図った理由は、沿線の宅地化を推進する耕地整理事業が同社の鉄道事業を利するものであったためと考えられ、同社はこの点で組合と利害を一にする立場にあった。ただ、前章で述べたようにこの段階における両者の関係は基本的には対抗的なものであったと考えられ、これは限定的な局面における協力関係にすぎなかったとみるべきであろう。この段階において、資本は地域社会にとって本源的な他者であり、事業を円滑に進めるための梃子として利用されることはあっても、地域社会がその運動法則を共有して市場に対して開かれた抽象的な存在に自ら転化することはなかったのである。玉川全円耕地整理組合が採った田園都市会社＝目黒蒲田電鉄に対する対抗的な態度にせよ、一見それと矛盾するかに見える五島慶太との協力関係や低利での融資にせよ、抽象性を高めれば地域社会と資本との他者性の表出という共通項に括ることの可能な現象であったと言えよう。ただし、さらに後の時期になると耕地整理組合＝地域社会にとっての資本の意味は、前者の側の変容によって変化することになる。

小　括

　本章では、村域東部の４工区を対象として具体的な事業の推進経過を分析した。これらは、早期に着工の機運が熟し、組合設立以前から独自の事業計画が立案されていた地区であり、1927年に役員等の選出を済ませ28年には事業を開始した。だが、ここで生じていた農業の不採算化は、狭い意味での経済の範囲にとどまらない地域社会における秩序全般の危機であった。したがって、そうした状況下で村を挙げての耕地整理に乗り出すことは、そうした秩序の再編を迫るものであった。

　とはいえ同時にこの段階においてめざされていたのはあくまで旧来の社会秩序の回復であり、土地利用のあり方に即して言えば面積と収益を直結させる、

農地利用の延長上にある考え方が依然として人々の行動に大きな影響を与えていた。こうした同時代人の認識と対応は後世から見れば一種のズレを含むものであり、それゆえ玉川全円耕地整理事業はさまざまな困難に直面しなければならなかった。無論、危機に際して旧来の規範や慣習に即した対応を取るのは人間にとって極めて自然なことであり、そうした制約から完全に自由ではあることは難しい。ここでの狙いはそうしたズレを指摘すること自体ではなく、その表出に社会編成原理の転換の兆候を読み取ろうとすることにある。

　例えば、工区制を採用して事業地区を大字単位に分割することは、豊田正治村長にとって「村治ノ統理円満」を害する望ましくない事態ではあったものの、あくまで行政村体制の秩序の枠内での処理であった。だが、それをさらに細分化して17工区制をとったことは、大字レベルでの利害調整が不可能であったことを示しており、客観的にはすでにして行政村体制の行き詰まりを意味する事態であった。このように既存の秩序が行き詰まり、社会統合機能が綻び始める事態は、原理的には社会を諸個人のレベルにまで分解しつくすものであり、一旦開始された工区の細分化には歯止めがかからない。奥沢東区において本村地区の抵抗により工区の再分割が行われたのはその一例であったし、実現はみなかったが1929年に提出された20工区への再分割案[71]も同様の性質のものであったと理解すべきであろう。

　移転補償に関しては、本章で検討した事例はいずれかといえば旧秩序の残存をより強く表出したものであったと言える。補償額の算定に際しては、請負技術者であった高屋直弘の介入度合が小さいまま各工区役員の現場踏査に基づいて基準が設定されていったのであるが、その結果として、とくに農作物補償単価の工区間における差異が発生していた。その差は小さくなかったが、にもかかわらずそれが問題視されることはなかったのであり、ここでは工区の自律性がある程度保たれたことになる。ただし、遅れて事業に着手した工区においてはいずれかと言えば高屋の設定した画一的・統一的な基準（それは地域社会が伝統的に育んできた経験ではなく、彼の持つ技術の「専門」性によって正当化される）に従った補償がなされるようになっていく。

組合地売却については、売れ残った組合地の工区内への売り込みや役員による引き受けそれ自体は伝統的な秩序意識の表出であったと理解しえよう。だが、そうした措置にもかかわらず一般組合員からの事業資金徴収に踏み切らざるを得なかったことは、そうした旧秩序に沿った耕地整理の遂行が行き詰っていたことを示していた。また、高屋を介した組合地の売却が試みられようとしたことは、萌芽的にではあるが既存の秩序と異なる新たな地域社会運営の方法に向けた模索であったと解することができる。前節の最後に簡単に触れたが、後発の工区においては安定的な組合地売却のために、偶発的に出現する相手に対し土地を場当たり的に売却するのではなく、一定程度の組合地売却を計画の中に予め組み込んでおくという行動を採るようになる。

　工事の過程からは、行政村体制に照応するものとしての土地の価値についての社会的な通念に関する示唆を得ることが可能であった。すなわち、道路を通過させることによって地価を上昇させるのではなく、道路の面積を極力抑制し使用可能な土地の面積を最大化することで耕地整理から得る利益を最大化しようとする志向が看取された。換地処分においても、そのことは同様である。実現しなかったとはいえ異動分の土地を3割引で清算しようとしたことは、地積の減少をともなう異動を不利なものとする措置であり、大幅な地積の増減を前提としていなかった可能性を示唆するものであった。こうした態度は東京府の道路政策によって修正を余儀なくされつつあったが、この時点においては地積の大小よりも整理後の地価上昇を重視するという考え方は未だ内面化された規範として地域社会に受容されるには至らなかった。現実問題として、当時にあっては個々の組合員にとってみれば土地面積の極大化と貸地・貸家による利益の極大化とは同時に実現することの可能な、相反しない事柄であったと考えられ、このような態度はむしろ自然なものであったと言える。だが、都市計画法の法理レベルにおいて前提とされていたのは勿論そうした観念ではなく、土地整理を通じた利益獲得にとって重要なのは面積の大小ではなく地価の高低にほかならない。こうした観念は、次章で述べるとおり耕地整理の進展に従って地域社会に浸透していくことになる。

そして、こうした社会編成原理および価値原理に基づく仕法の限界は、各工区の実態的な資金繰り、すなわち「経営」に収斂した。最初に借入を行い、事後的な組合地売却によりそれを償還する方法は、諏訪分区のごとく偶発的に有利な売却先が出現する場合を除けば、総じて不調に終わった。奥沢東区および奥沢西区では、組合地の売却が思うに任せず、事業期間の遷延によって利払い膨張を招いていたのである。この原因を大恐慌期の経済事情という一般的要因に帰すことは、それ自体としては誤りではない。だがそれはもとより外在的な事情であって、根本的な原因は伝統的な社会編成原理および価値原理が耕地整理という事業の遂行にとって不適合を示していたことにあったと見るべきであろう。

　組合地を事後的に売却する行動は、売却のつど可能な限り有利な取引を実現して減歩を抑制し目先の利益を最大化しようとする志向に基づくと考えられるが、それは地積の大小を資産価値に直結させる考え方を前提としたものであった。だが、こうした方法によると一方で支出を極力抑制しておこうという場当たり的な姿勢が生じ、事業の内容を先決することはますます困難となって、組合経営の計画性は損なわれる。次章で述べる他地域との対比で言えば、ここには、ある程度減歩率を大きく取ってでも事前に組合地の売却予定を取りつけ、長期的な資金計画を確定して組合経営の安定を図り、負担の補完は整理後の土地運用に委ねるという姿勢は見いだせなかった。そして、そうした行動がもたらした組合地売却の不振は、工区役員による引き受けをもってしても補填し得ず、相次ぐ売却単価の引下げによって結果的に組合員は減歩率増大や事実上の組合費徴収という負担の増加を余儀なくされたのである。奥沢西区の一部組合員が示した清算金支払に対する不同意は、そうした事態に対する不満の発現＝秩序の動揺であったと言える。

　もちろん、諏訪分区や用賀西区で見たごとく、まとまった売却先が存在するならば工区は事前的な組合地売却に応じていた。ただし、それは繰り返し述べたように専ら偶発的・外生的に生じたのであって、地域社会が自らの意図でそうした状況を創出したのではなかった。さらに、その際の売却単価は一般的水

準を大幅に超えるものであったのだから、これら工区の行動は、減歩率拡大という投資をしてでも組合経営と整理後の土地運用を有利に運ぼうという「経済合理的」な判断とは異質のものであったと解すべきであろう。

一般的に言って、この時期の地域社会が自力で事前にまとまった売却先を見いだすことは必ずしも容易ではなかった。尾山区が高屋直弘に組合地の一括売却を行おうとしたことは、当時の地域社会が持ちえた選択肢の少なさを表わしている。工区が先決的・計画的な経営を実現するには、そうした売却相手を見いだすとともに、上に述べた「経済合理的」な価値観を受容する必要があったのである。

このように、それぞれの工区の事業の経過を仔細に観察すると、着工の機運が高まっていたにもかかわらず利害関係者の合意形成は必ずしも順調に実現したわけでなく、また、移転補償、組合地売却、工事、換地処分という事業の各段階において、伝統的秩序によっては解決の困難な問題が発生していたことが明らかになった。また、工区経営も困難に直面していた。とりわけ注目されるのは、事業費を調達するのに必要な組合地の売却に際して円滑を欠き、その結果、借入金に対する金利負担が嵩み、事業計画が見直されていく過程であった。そこでは、組合地の売却先を村内に求め、あるいは必要な資金を村内有力者から借り入れたりするなど、旧来の地域社会秩序に依拠した調整の試みがなされたが、同時にその限界が露呈し、新たな枠組みによる調整が模索されたことも明らかになった。

以上の検討から村域東部の工区の状況を概括すると、伝統的秩序の枠内で問題を解決し合意を形成する試みが根強くなされつつも、同時にそのほころびがあらわになっていった過程と評価することができよう。行政村体制およびそれと照応関係にあった価値実現のあり方は、耕地整理の遂行にあたり限界を示していたのである。

注
1) 奥沢東区「第七回区会議事録」(1928年8月9日、請求番号04G101-021、以下同様)。

2）　奥沢東区「第八回区会議事録」（1928年8月25日、04G101-023）。
3）　奥沢東区「昭和三年度事業報告書」（「第二十三回区会議事録」1929年10月1日、04G101-059）。
4）　奥沢東区「第二十四回区会議事録」（1929年11月26日、04G101-061）。
5）　奥沢東区「第三十二回区会議事録」（1932年3月13日、04G101-087）。
6）　明治地方自治制下の大字が実在の共同体であるとするならば議論はもう少し単純であり、その場合には大字内における利害は斉一なのであるからこのような無理は存在しないことになる。だが、本書は行政村体制下の大字をそのようなものとは見なさず、その内部に一定の社会的緊張を認める立場を採る。
7）　この理由は必ずしも明らかでないが、前章でみたように玉川村付近一帯の地域においては以前から作物移転が行われていたという事情が示唆を与えよう。農業の不採算化が進む過程で、小作料の無料化または極端な低廉化と引き換えに地主による任意の農地引き上げが行われるようになっていたが、この際には栽培物の除却補償をすることが条件とされていた。地主－小作間の関係と耕地整理組合－物件所有者の関係を同一視することはできないにせよ、そうした従前の経験が援用された可能性がないとは言えない。
8）　諏訪分区「第十三回区会議事録」（1928年6月9日、02B101-044）。
9）　奥沢東区「第拾壱回区会議事録」（1928年12月8日、04G101-031）。
10）　奥沢西区「第六回区会議事録」（1928年6月15日、04F102-031）。
11）　注9に同じ。
12）　諏訪分区「第三回区会」（議事録、1928年1月9日、02B101-023）。
13）　諏訪分区「第四回総会議事録」（1928年10月27日、02B101-058）。
14）　諏訪分区「第三十一回区会議事録」（1930年12月15日、02B101-086）。
15）　奥沢東区「第六回区会議事録」（1928年7月20日、04G101-017）。
16）　奥沢東区「第卅一回区会議事録」（1931年1月21日、04G101-074）。
17）　奥沢東区「第三十回区会議事録」（1931年9月7日、04G101-083）。
18）　同上。
19）　奥沢東区「第三十五回区会議事録」（1932年7月4日、04G101-093）。
20）　実際に配布された地図には「見晴ラシ高台」や「奥沢駅近」など、農地利用には不利もしくは無関係であっても宅地としての利便性には有利な条件が記載されている。
21）　注17）に同じ。
22）　奥沢東区「第四拾壱回区会議事録」（1933年1月12日、04G101-105）。
23）　地主制における「温情的」な小作料減免を想起すればよい。それは地域社会に

おける一時的な経済的困窮を富者の負担により解決する制度であったと見ることが可能であろう。

24) 奥沢東区「玉川全円耕地整理組合奥沢東区組合地一覧表　昭和八年九月現在」（1933年9月5日「第四十七回区会議事録」添付、04G101-116）。
25) 奥沢東区「第五拾壱回区会議事録」（1934年2月8日、04G101-121）。
26) 奥沢東区「第五拾四回区会議事録」（1935年4月25日、04G101-129）。
27) 奥沢東区「第四回総会議事録」（1938年1月20日、04G101-139）。
28) 尾山区「第三十回区会議事録」（1931年7月29日、10P101-073）。
29) 尾山区「第三十一回区会議事録」（1931年8月31日、10P101-075）。
30) 尾山区「第参拾六回区会議事録」（1938年9月6日、10P101-087）。
31) 奥沢西区「耕地整理ニ関スル申告」（1938年7月30日「耕地整理賃貸価額配賦申請」添付、12R510-005）。
32) 奥沢東区「耕地整理ニ関スル申告」（作成年月不明、ただし1941年以降と推定可能、「耕地整理賃貸価額配賦申請」添付、12R510-006）。
33) 「第一区設計案比較表」（1925年5月、『創立関係書』簿冊、13S101-010）。
34) 「第一区発起人会」（1925年5月22日、13S101-006）。なお、後掲表結-1の数値よりも減歩率が高い理由は明らかでないが、組合地売却分を減歩として算入している可能性がある。
35) 「第二区第一回地主協議会会議録」（1925年5月24日、13S101-014）。
36) 第一区「発起人会議事録」（1925年5月26日、13S101-008）。
37) 「陳情書」（1925年7月26日）ほか1通（年月日不明）（前掲『創立関係書』簿冊、13S101-029）。
38) 奥沢西区「第一回奥沢西区会議事録」（1926年3月24日、04F102-005）。
39) 奥沢西区「第七回区会議事録」（1928年7月14日、04F102-033）。
40) 尾山区「第一回区会」議事録（1927年11月26日、10P101-004）。
41) 「下野毛区道路水路延長幅員一覧表」（同区「第三回総会議議事録」添付、1929年4月8日、03D101-024）。
42) 等々力南区「第一回区会」議事録（1927年12月5日、06J102-005）。
43) 奥沢西区「第弐拾六回区会議事録」（1928年7月23日、04F102-080）。
44) 尾山区「第十九回区会議事録」（1929年3月26日、10P101-049）。
45) 各工区における「換地説明書」の表現による。
46) したがって、ここには恣意性がはたらく余地がある。
47) 厳密には換地総額から（事業費マイナス補助金及雑収入）を差し引いて算出する。
48) ただし、減歩率は従前土地所有高にあわせて調整されることもあった。

49) 諏訪分区「第三十三回区会議事録」(1931年10月12日、02B101-093)。
50) もちろん、商品作物生産の発達によって農地面積の大小のみが産出される価値の量を決定するわけではなくなっていたであろうし、ここまでに指摘したように農事改良を通じた土地の生産力増大＝利回り上昇は十分に実現可能なものであった。しかし、その上昇の幅（裏返せば許容しえる減歩の幅）は宅地利用の場合と異なり一定の範囲内にとどめおかれたのであれば、地積の大小は生産される価値の大小にかなりの程度影響を与える重大な要因であったと考えてよい。
51) 前掲諏訪分区「第四回総会議事録」(1928年10月27日）および同区「第四回区会」（議事録、同年1月29日、02B101-027)。
52) 「設計変更案」(「第一回組合会議事録」添付、1929年5月19日、13S102-017)。
53) 石田頼房「日本における土地区画整理制度史概説一八七〇～一九八〇」(『総合都市研究』第28号、東京都立大学都市研究センター、1986年)。
54) 玉川全円耕地整理組合『耕地整理完成記念誌　郷土開発』(同、1955年）巻末付表。
55) 同上、20頁。なお同区の換地台帳でも面積、金額が確認できる。
56) 耕地整理に対する長期低利で無抵当の貸付は、1900年の耕地整理法施行にあわせ農工銀行法が改正されたことにより開始された。1903年には「資金需要の増大」と「農工銀行の資金難」を解決するため日本勧業銀行法が改正され、同行からの貸付も開始された。なお、東京府農工銀行は1936年10月に日本勧業銀行に合併された。日本勧業銀行調査部『日本勧業銀行史　特殊銀行時代』(同、1953年、224～231頁、以下『日本勧業銀行史』)による。
57) 前掲『日本勧業銀行史』520頁。
58) 同上、556頁。
59) 奥沢西区「決算書」(1928年6月25日～1935年8月31日、「第四十六回区会議事録」添付、04F101-010)。
60) 奥沢西区「昭和五年度決算書」(「第三十七回区会議事録」添付、04F101-103)。
61) 注59) に同じ。
62) 奥沢西区「昭和三年度決算書」(「第二十九回区会議事録」添付、04F102-086) および同区「昭和四年度決算書」(「第三十三回区会議事録」添付、04F102-096)。
63) 奥沢西区「第拾回区会議事録」(1928年8月15日、04F102-046)、同「第拾回区会継続会議事録」(同日、04F102-047)。
64) 同上。
65) 奥沢西区「第拾弐回区会議事録」(1928年8月22日、04F102-051)。
66) 奥沢西区「第拾七回区会議継続会議事録」(1928年10月29日、04F102-058)、同区「第拾八回区会議事録」(同年11月8日、04F102-060)。

67) 奥沢西区「第二十三回区会議事録」(1929年3月27日、04F102-069)。
68) もっとも、耕地整理事業そのものに対する反対も強かった当時にあっては、工区内の組合員を納得させるために経費を抑えた計画を作成せざるを得なかった可能性も否定し得ない。
69) 奥沢西区長発目黒蒲田電鉄宛借入金償還延期願（奥西耕発第44号、1931年11月2日）および同（奥西耕発第55号、1932年4月1日）。ともに同区『雑書綴』簿冊（04F601-082、087）。
70) 同上、借入金償還延期願（奥西耕発第55号）。
71) 「第一回組合会議事録」(1929年5月19日、13S102-017)。

第4章　耕地整理事業の展開と村域中央部・西部における組合運営の変化

第1節　村域中央部・西部における事業展開

4-1-1．工区分割と組合の性格変化

　東部の工区に引き続いて、村域の中央部に位置する工区も順次事業に着手していった。この地区は大字で言うと等々力、野良田、上野毛、下野毛が該当し、面積の広い等々力が北・中・南の三工区に分割されたほかは大字の範囲がそのまま工区の範囲となった（図2-3）。また、村域西部ではそれに続く1930年代半ばから1940年代前半にかけて事業が行われた。大字で言えば諏訪河原、用賀、瀬田が該当し、工区としては用賀と瀬田がそれぞれ三分割され計7工区が設定された[1]。まずは、前章と同様に耕地整理の各手順のあり方を検討し、看取された特徴的な現象についてその意義を考察していくこととする。

　前章第1節において奥沢東区で見られたような工区の再分割は村域中部でも見られた。等々力北区では、田圃埋立用の土を調達するため区域内に5,000坪にも及ぶ巨大な池を掘削することとなった。その計画のあらましは次のとおりである。

　　本区事業進捗ニ付田部ノ利用増進ヲ計ル為全ヶ所ニ池ヲ掘鑿シ其掘上土ヲ以テ他ノ田部ノ埋立ヲ行ヒ全時ニ土地開発ニ質セントス
　　　〔中略〕
　一、本区ヲ第一第二工区ノ二区ニ分チ各区別ニ工事ヲ行フモノトス　第一

工区ハ字山下字谷鷺草ノ水田全部及田ニ隣接セル九品仏側ノ畑トス
　　第二工区ハ其他ノ地域トス
　二、各工区ノ費用ハ其区毎ノ負担トス
　三、換地ハ工区別ニ之ヲ行フ
　四、第一工区ノ設計ハ別紙図面ノ通リトシ工区内ニ池約五千坪ヲ掘鑿シ其
　　掘上土ヲ以テ田面ノ埋立ヲナシ之ヲ畑若クハ宅地トナス様引均ヲナスコ
　　ト
　五、第一工区ノ工事費並ニ今後ノ事務測量費其他ノ費用ノ徴収ハ之ヲ行ハ
　　ズ組合地七千坪ヲ割残シ之ヲ前記費用ノ代償ニ充ツルモノトス
　六、第一工区工事ニ関シテハ委員ヲ選挙シ工事施行ニ関スル一切ノ件並ニ
　　之ニ伴フ組合地ノ位置選定及其処置ヲ委任シ其他実行方法ニ関シ調査研
　　究ヲナサシムルモノトス
　委員ノ数ハ拾名トシ左ノ通リ決定ス〔中略〕右ノ外正副区長ハ之ニ参加ス
　ルモノトス[2]

　田を埋め立てるのは、すでに述べたように耕地整理後に農業を継続する場合でも畑地への転換を済ませておけば将来の宅地化が比較的容易であったためである。掘削によって土地の利用条件が変化することから、池の掘削に関係する工区を第1工区、関係しない地区を第2工区として分割することが決められた。さらに「各工区ノ費用ハ其区毎ノ負担」と定められていたから、これは実質的な工区分割を意味していた。事業計画が具体化していたのは第1工区で、区会の中に第1工区専従の委員会が設置されて正副区長および10名の委員が任にあたることとされた。これはいわば、第1工区専従の区会である。
　ただし、この案はその後工区内でかなりの紛糾を惹起した。同案が審議された区会では「減歩過重ヲ理トシ反対意見開陳」（区会議員、菅田重次郎）や「原案賛成意見開陳」（同、小池一郎・本橋仙太郎）など「原案ニ対シ賛否両論」があり、必ずしも見解の統一を見ていたわけではないことがうかがえる[3]。同年7月からは第1工区工事委員会が開催されたが、その場でも正副区長が突然

工事を「保留」したいと述べ、会議に混乱が生じた。他の委員は「本工事ノ促進ハ区会ヲ通過シ更ニ総会議ノ決議ニヨツテ決定シテ居ルモ事項デアリマシテ我々委員ハ其実行ニ就テ最善ノ方法ヲ講ジ度ヒト云フノデ調査研究シテ居ルモノデアリマスカラ保留トカ中止トカハ最早今日議論スル余地ハ無イ」（鈴木鐐蔵）として工事保留申出の理由を問いただし、委員会に臨席していた高屋直弘も「慎重ノ調査ノ要アリト云ハレ、ハ池掘鑿ソノモノニ関シテナリヤ又請負人候補者ノ適否ニ関シテナリヤ或ハ又請負契約ニ関シテナリヤ」と質したが、彼らからの返答はなかった[4]。詳細は不明なものの、この申し出を受け行われた調査の結果として、「池ヲ掘レバ水位モ下ルカラ完全ナ畑ニナルガ排水ガ完全デナイトイケナイカラ下流ノ水位ガ大切デアルト云フノデ下流ノ自由ヶ丘迄踏査セラレタ結果不安デハ無」[5]という報告がなされたことから、掘鑿にともなう土地利用条件の大幅な変化をめぐって工区内に不協和が存在したものと推察される。

　この工区分割は、耕地整理にともなう田圃埋立と池掘削という特定の課題に対し目的合理的に境界を設定した点で、前章で述べた奥沢東区における本村地区と新田村地区との場合のように伝統的な空間領域を範囲とする分割とは性質を異にしていた。すでに述べたように大字や近世村などの領域に分割して利害を集約する試みは、宅地化による土地利用条件の大幅な変化に対し必ずしも適合的ではなく、結果的に止め処のない分裂を生み出しつつあった。土地所有者の利害は原理的には諸個人のレベルにまで解体されていたのである。ここで試みられていたのは、耕地整理の実施を前提にして、新たな利害集約のあり方を形成することであり、そうして設定されたのは、従前と異なる土地利用に即した目的合理的な領域であった。

　このように、当初は伝統的な領域に沿って設定された工区の範囲が耕地整理にとって合目的なものに改変されるという現象は、工区内の再分割のみならず工区間の境界変更という形でも見られた。1930年12月、組合本部の評議員会において組合長豊田正治は次のような発言を行った。

等々力中区ト等々力北区ノ境界ハ新設道路ノ中心ヲ以テ界トシテ居リマシタガ今回大都市計画ニヨル副環状線ガコノ区界ニ接近シテ設ケラレル様議定サレマシタノデ現在ノ計画道路ヲ自然廃止シナケレバナラヌコトニナリマスノデ区界ヲ此ノ命令線ノ中心ニ変更セントスルモノデアリマス　此ノ線ハ衾西部耕地整理組合ノ四間道路カラ目黒街道ヲ横切テ駒沢ニ通スル線デアリマシテ奥沢西区トノ境デハ現在ノ区界ヨリ約十五間バカリ北方ニ移リ目黒街道デハ現在区界ニ合シテ居ルノデアリマス
　次ニ等々力中区ト等々力南区トノ西端ノ境界ハ逆川ヲ以テ区界トシテ居リマシタガ今回目黒蒲田電鉄会社ニ於テ逆川ノ南側ニ府道ヨリ野良田ヘ通ズル二間道路及橋梁ヲ造リタイトノ出願ガアリマシタノデ換地ノ都合上此ノ出願道路ニ区界ヲ変更スルモノデアリマス　此ノ異動面積ハ僅ニ四、五十坪デアリマス[6]

　ここでは2件の境界異動が取り上げられている。そして、一方は都市計画道路の建設、もう一方は目黒蒲田電鉄による道路建設によるものである。「換地ノ都合」すなわち実務上の利便性を考えれば工区の境界は区画内を通過するよりも道路に沿うほうが望ましいのであり、したがって道路の異動に合わせて工区の境界も異動すべきであるという趣旨である。だが、「僅ニ四、五十坪」とはいえ、伝統的な空間領域に沿って設定されたはずの工区の範囲が、「換地ノ都合」によって目的合理的に改変されることの意味は小さくない。1件目の等々力中区と等々力北区の境界については史料中にも述べられているように元々「新設道路」に沿ったものであり、すでにして小字などの伝統的な空間境界に必ずしも沿ったものではなかったと考えられるが、ここでもそれを都市計画道路の建設によって変更するという、目的合理的な態度に注目しておきたい。
　加えて、それらが工区や組合自身から内発的に生じた事情によってではなく都市計画や鉄道会社の希望という外生的な要因を契機としていたことにも注目すべきであろう。耕地整理を実施する単位である工区は、伝統的な地域社会秩序から次第に遊離して耕地整理にとり目的合理的なものに改変されつつあった

第4章　耕地整理事業の展開と村域中央部・西部における組合運営の変化　161

のであるが、その「目的」たる事業の内容が上位の政治権力や民間資本の動向に影響を受けつつあったことは、重要な意味を持った。耕地整理は当初、行政村玉川村の主体的な意思によって開始され、当初から動揺を孕んではいたにせよあくまで「村の事業」として遂行されていたのであるが、ここではそうした意思決定に関する自立性が失われつつあったからである。工区の範囲を耕地整理の遂行という目的に合致するよう再編成したことは、同時に耕地整理の実施主体としての玉川村およびそれを構成する大字の自立性、主体性を希薄化させる出来事であった。

　工区界の変更はその後も実施された。1934年4月の組合会では、東京市域拡張により行政村・玉川村が消滅したことを受けた規約の変更を行ったが、それにあわせて目黒区自由ヶ丘の畑4反あまりを設計変更により等々力北区に編入した。これは「道路系統ヲ良好ナラシムル為メ」7)と説明された。また、村域西部の工区になるが1935年11月の組合会においては北多摩郡砧村の畑および宅地計1.5反あまりが用賀西区に編入された。ここでは、僅かな面積とはいえ、旧玉川村域ばかりか、世田谷区と目黒区、東京市と北多摩郡という当時の行政区画をも超えた範囲で耕地整理施行区域への編入が「道路系統」の都合から実施されているのである。

　1942年12月の評議員会においてなされた設計変更は多岐にわたるうえ、耕地整理対象地区の除籍という大規模な変更をともなうものであった。これを説明した高屋直弘は次のように述べている。

　　案ノ内容ト致シマシテハ……過般東京府ニ於テ大緑地造成用地トシテ買収セラレマシタ用賀西区及瀬田上区ノ各一部ヲ除斥シ尚野良田区ニ於テハ住(ママ)宅営団ノ要望ニ依ル道路ノ増設　下野毛区ニ於ケル東京市要望ニ依ル道路ノ一部廃止其他瀬田中区、瀬田下区用賀東区諏訪河原区等ニ於テ一部ノ道路廃止又ハ位置変更ヲ行ハントスルモノデアリマス8)

　ここで述べられている「大緑地」とは、1940年に東京府が皇紀2600年記念事

業の一環として整備を決定した、面積81.0haの砧緑地を指す。これは内務省を中心として前年に決定された東京緑地計画の一環であり、東京の外延部に防空を名目としてグリーンベルトをめぐらせようとするものであった[9]。用賀西区と瀬田上区の一部がこの用地に含まれたことから、買収された範囲が耕地整理施行地区から除外されたのである。また、後段では野良田区および下野毛区において、それぞれ住宅営団および東京市の「要望」によって道路計画の変更が行われたことが示されている。

このよう耕地整理事業が都市計画などの外生的要因による影響を強く受けるようになったのは、東京市域拡張による玉川村の消失ゆえではない。先に述べたように耕地整理実施遂行のための主体性の希薄化という現象自体は市域拡張以前から発生していたのであり、むしろそうした地域社会秩序の変容の帰結として市域拡張＝玉川村の消失は理解されるべきであろう。

前章での検討を通して見たように、先発工区は事業遂行上のほぼすべての面で問題を抱えていたが、それらは要するに伝統的社会秩序が耕地整理の遂行を実現するための手段として機能不全に陥っていたことを意味した。こうした状態を脱却し耕地整理を遂行していくためには、耕地整理組合が伝統的な地域社会秩序と訣別し、自らの性格を改変していくほかはなかった。耕地整理組合は村の一分枝としての性格を変じはじめ、旧来の玉川村はその存在意義を後退させていったのである。こうして、玉川村が解消したのちも耕地整理組合は存在し続けることになった。本項で述べた施行領域の目的合理的な再編成は、こうした過程の一環と位置づけることが可能なものであったと考えられる。

以下では、村域中央部および村域西部における各工区の事業遂行過程を検討することで、このような組合の性質の変化の兆候を析出していく。

4-1-2. 村域中央部・西部における移転補償

村域中央部の移転補償から述べる。農作物に関しては村域東部の各工区と同じく、坪あたり7銭を基準としつつも品目の区分や補償額の設定は工区の裁量に任される傾向が引き続き見られた。例として等々力中区の補償単価一覧を掲

第4章 耕地整理事業の展開と村域中央部・西部における組合運営の変化

表4-1 等々力中区補償単価一覧

種別		単位	単価（円）	種別	単位	単価（円）
馬鈴薯		面坪	0.07	いんげん	〃	0.10
空地		〃	〃	八つ頭（イモ）	〃	〃
大麦		〃	〃	三つ葉	〃	0.07
小麦		〃	〃	陸稲	〃	〃
葱		〃	〃	とうもろこし	〃	0.10
葱苗		〃	0.20	里芋	〃	〃
孟宗竹	筍山	〃	1.50	タタキ	〃	5.00
〃	荒山	〃	0.50	菜種	〃	0.07
肥料溜	コンクリート	〃	5.00	荒田	〃	〃
	埋桶	1個	3.00	茗荷	〃	〃
ほうれん草		面坪	0.07	ふき	〃	〃
大根		〃	〃	生垣 上	間口	0.70
漬菜		〃	〃	中		0.50
小松菜		〃	〃	下		0.30
菜		〃	〃	竹垣 上		0.70
山東菜		〃	〃	中		0.50
えんどう豆		〃	〃	下		0.30
真竹		〃	0.50	キャベツ	面坪	0.20
牛蒡		〃	0.16	春菊	〃	0.07
苺		〃	0.10	畑作（上記以外）	坪	〃
人参		〃	0.20	梅苗木		0.28
空豆		〃	0.07	椎苗木 上		0.50
草花		〃	0.30	中		0.35
茶生垣	大	間口	1.00	下		0.20
	中	〃	0.70	ヒイラギ	本	人夫2.5人（1人1.8）
	小	〃	0.40	置溜	1個	0.50
茄子		面坪	0.20	稲荷	1カ所	5.00
唐茄子		〃	0.15	井戸　飲料水用	1個	30.00
大麦・唐茄子		〃	〃			30尺以上1尺増ごとに1円増
麦まじり瓜		〃	0.10	畑用	1個	5.00
水田		〃	0.07			

出典：等々力中区「第七回区会議事録」（1931年5月22日、請求番号05H101-032、以下同様）、「第拾壱回区会議事録」（同12月8日、05H101-041）、「補償委員会議事録」（1932年2月4日、05H101-049）。

げておく（表4-1）。ただし、少なくない種目が空地と同額の7銭とされており、立毛に対する補償の意味あいが希薄化していく傾向も見いだせる。この傾向は等々力北区でより強まっており、ここでは葱の15銭を除く「農作物全部」の補償費が7銭とされ、種目設定も大幅に簡略化されていた（表4-2）。

そして、村域西部の工区においては、そうした補償に関する事業内容の客観化・先決化がより一層推し進められた。事例として表4-3に瀬田中区の補償

表4-2 等々力北区補償単価一覧

種　別	単　位	単価（円）
葱	坪	0.15
農作物全部	坪	0.07
茶生垣　上	間口	1.00
〃　　　中		0.70
〃　　　下		0.40
生垣　上	間口	0.70
〃　　中		0.50
〃　　下		0.30
竹垣　上	間口	0.70
〃　　中		0.50
〃　　下		0.30
孟宗竹　手入レ	坪	1.30
〃　　　荒山	坪	0.50
稲荷様	1カ所	5.00
植木	現地調査の上決定	
コンクリート肥料溜	面坪	5.00
埋桶肥料溜	1個	3.00
真竹	面坪	0.50
人夫	1人	1.80
井戸　飲料水用		30.00
畑用		15.00
洗場　コンクリート	面坪	5.00
以外	現地調査の上決定	
使用セザル古井戸	補償せず	
住宅　トタン葺	坪	12.00
〃　　瓦葺	坪	14.00
〃　　草葺	坪	14.00
〃	二階家の坪数は平屋に延加算	
物置	坪	8.00
下屋	坪	5.00～7.00
豚小屋	坪	7.00
芝畑	坪	0.15
立木材採	専門家見積に坪あたり7銭加算	

出典：等々力北区「補償委員会議事録」（1933年9月18日、07Ⅰ101-072）。

単価一覧表を掲げる。農地に関しては作物品種による区別がなく「畑」として一括表示されている一方で、構造物に対する補償が細分化されているという特徴が見いだせよう。

次に、農作物移転補償の実例を示す。まずは村域西部の諏訪河原区における桃の移転問題を取り上げる。同区の障害物除却補償料は、1936年11月の区会において決定されたが、桃の移転補償料は、1反につき1等90円（坪30銭、以下同様）、2等80円（27銭）、3等70円（23銭）とされた[10]。同区における作物補償料の中では比較的高い水準であったと言える。だが、この額は区内の関係者からの同意を得ることができず、同年12月に開催された区会では次のような修正案が提示された[11]。

　　補償料　1等　150円　2等　140円　3等　120円
　　　　　　4等　110円　5等　 80円　6等　 50円

表4-3　瀬田中区補償単価一覧

種別	単位	単価（円）
畑	坪	0.18
空地	〃	0.18
荒地	〃	0.05
孟宗竹　上	〃	1.50
〃　　　中	〃	1.20
〃　　　下	〃	1.00
真竹　上	〃	0.65
〃　　中	〃	0.55
〃　　下	〃	0.45
稲荷・庚申塚		4.00～6.00
植木苗	坪	0.40
生垣　上	間	1.00
〃　　中	〃	0.70
〃　　下	〃	0.40
竹垣　上	〃	0.70
〃　　中	〃	0.50
〃　　下	〃	0.20
板塀　上	〃	1.50
〃　　中	〃	1.00
〃　　下	〃	0.70
鉄線垣　上	〃	0.15
〃　　　中	〃	0.10
〃　　　下	〃	0.07
茶垣　上	〃	0.90
〃　　中	〃	0.70
〃　　下	〃	0.50
草花	坪	0.40
コンクリート構造物	一切	0.80
家屋（住宅）　トタン葺	坪	専門家の定めた価額の3割増（基礎工事を含まず）
〃　　　　　　瓦葺	〃	〃
家屋（商店）	〃	〃
家屋（取毀）	〃	〃
物置小屋	〃	13.00以下
肥料小屋	〃	10.00以下
牛馬豚小屋	〃	10.00以下
便所小屋	〃	7.00以下
井戸		23.00 20尺まで。20尺以上1尺ごとに3円増
肥料小屋　大	1個	4.50
肥料小屋　小	〃	3.50
移転迷惑料	1日	2.00（15日まで）
営業補償	〃	5.00以下
植木人夫	1人	2.60
立木伐採人夫	〃	2.60
曳家人夫	〃	2.70

出典：瀬田中区「第八回区会議事録」(1939年11月8日、08K101-011)。

　　　　追加金　　特等　　20円　　1〜4等　10円　　4〜6等　5円

ここでは「本数ヲ基準トシテ反当ヲ定ム」こととされ、反あたりの果樹の本数を基準に等級が定められたことがわかる。さらに、事態の早期解決を狙ってか同年内に移転を完了した者に対しては「年末多忙ナル時期ナルコト」を理由として追加金を支払うことも決定された。

　これによれば反あたりの補償料は最大170円（坪57銭）となり、当初と比較すれば大幅な増額が提示されたことになる。工区がこうした譲歩的な態度を採ったのは、もちろん障害物除却が完了しなければ着工が不可能となり、それが事業全体の遅延に繋がるからであったと考えられる。同区の場合、当初予定では1937年末までに換地総会を開催し、1939年4月頃までには残務も終える計画となっていたが、事業が遅延した場合は諸経費の増大は不可避となり、計画にも大幅な狂いが生じるのであるから、多少の譲歩をしても早期着工を図るほうが得策であるとの判断には充分な理由があったろう。

　それと同時に、ここでは工区の、栽培者に対する温情的な態度を読み取ることも可能である。実際、工区は粘り強く栽培者（小作、自作の両方が含まれた）との交渉に臨んだ。約1年後の1937年10月に開催された補償委員会では、「栽植者側列席意見ノ開陳アリ協議ノ結果小委員会ヲ設ケテ継続折衝スルコトニ意見一致」[12]との記述が見られるが、これを受けた同年12月の区会では、最高で反あたり200円の補償費支払いが決定された。ここでは「円満解決ニ至ラザル場合ハ……最高壱百七拾円トスルモノトス」[13]との付帯事項もつけられており、事態の解決をめぐって工区と栽植者との間における駆け引きが示唆されるものの、基本的に工区は大幅な譲歩を行ったと判断してよい。これ以降、同区でこの問題が扱われた形跡は見いだせないため工区側の提示した条件で決着したものと考えられるが、一連の異議申し立ては栽植者の側にとっては相当の成果をもたらしたと言えよう。これは、栽植者側の抵抗という地域社会秩序の動揺の中で、いずれかといえば伝統的な秩序意識に則って解決が図られた事例として理解することが可能である。

　次にそうした伝統的な秩序意識の動揺がより一層明確に現れた現象として、

第4章　耕地整理事業の展開と村域中央部・西部における組合運営の変化　167

表4-4　上野毛区・田健治郎あて移転補償通知書

種　　目	数量	単価（円）	金額（円）
生垣	2間	0.70	1.40
楓	5本	0.70	3.50
桜	8本8人	2.00	16.00
檜	3本	0.15	0.45
桜	2本2人	2.00	4.00
山茶花	1本	0.10	0.10
生垣	20間	0.50	10.00
ケンネンジ〔建仁寺垣――引用者〕	13間5人	2.00	10.00
椿	6本3人	2.00	6.00
楓	6本	0.70	4.20
柿	2本0.5人	2.00	1.00
アスナロ	1本1人	2.00	2.00
デマリ	1本1人	2.00	2.00
柚・楓・樫	1人	2.00	2.00
梅外楓・樫小物	2.5人	2.00	5.00
生垣	13間	0.50	6.50
樫2本・栗1本・コノテ・芝・ガクフ・ツツジ	3人	2.00	6.00
松	1本3.5人	2.00	7.00
計			87.15

出典：上野毛区「第二十九回区会議事録」（1933年4月10日、03E101-082）。

　上野毛区における事例をみる。同区において最初に移転補償が議題とされたのは1930年1月の区会であり、他の工区同様に種目別の単価が定められた[14]。補償単価一覧表は省略するが、「麦」および「空地」が坪あたり7銭で、品目によって多少の差が設けられていた点は他工区と同様であった。建築物や付属物については個別見積がなされた。見積は特別に選出された補償委員が複数で行い、その結果が各組合員に通知されたのである。例として、同工区域内に居住していた枢密顧問官・田健治郎宛の移転補償通知書を表4-4に掲げる。通知書には樹木の種別が詳細に記されており、加えて同一種の樹木でも単価が異なっていることから、敷地内の実態に即して仔細に見積がなされたことがうかがえる。不服申立がなされた場合は再調査が行われるのが通例であったし、同区の場合は「付加料」や「迷惑賃」の名目で単価に対し1～2割の増額も行われていた上に「弐様ニ見タルモノハ総テ高値ノ単価ニヨル」とされていたから[15]、

工区の態度は組合員に対し概ね同情的なものであったと判断される。

だが、一方でこうした客観性の欠如はしばしば、事態の紛糾の原因となった。組合員から区長あてに寄せられた「非常識ナル廉価補償費ニテハ倒底承認致シ難キ処」[16]（ママ）などの苦情はそうした問題の発生を示すものであったが、1930年9月の区会で交わされた次のやりとりもまた、補償問題を含めた耕地整理に関する当時の人々の意識を考える上で示唆的である。

> 本区補償物件除却ニ関シ組合員中ヨリ区長ヲ相手取リ告訴シタル為過日世田ヶ谷警察署ニ赴キ事実ノ訊問ヲ受ケタリ　之ニ対シ大ナル責任ヲ感ズルヲ以テ区長ノ職ヲ辞シ区副長ニ於テ当分代理セラレ度キ希望ヲ有スルモノナリ〔田中重忠——引用者〕
>
> 告訴ノ原因ニ付テハ総テ区会議員連帯シテ其責任ヲ負フベキモノニシテ区長ハ区会其他ノ決議事項ヲ執行スルモノナルガ故ニ区ヲ代表スルト雖モ決シテ区長個人ノ不当処置ニ非ズ　而カモ告訴事件ノ原因トスル所ハ総テ合法的ニシテ不当ナラザルハ明カナルヲ以テ区長辞任ノ要無キモノト認ム
> 而シテ既定方針ニ基キ事業ヲ進捗セシムル事ヲ望ムモノナリ[17]〔田中章介——引用者〕

田中重忠区長が辞職を申し出たのは、組合員から告訴をされてしまったことに対する「大ナル責任感」からであった。つまり、移転補償に関する利害の衝突が組合員による告訴という形で顕在化したこと自体が問題なのであり、それは区長としての責任を全うしていないことを意味するというのである。ここには、裁判を通じて工区の正当性をあくまで主張しようという発想は見られず、工区内における秩序の混乱そのものを問題視する姿勢が看取される。ところが、説得にあたった区会議員の田中章介は、責任は区会議員が「連帯」して負うべきものであると主張する。秩序紊乱の責任が問われるとすればそれは工区が組織として負うべきものであり、区長個人の責任に帰せられるものではないというのである。またそこで問題なのは告訴自体ではなく工区事業の合法性如何で

あり、その点に落度はない。旧来の地域社会における閉鎖的な関係の枠を逸脱し、外在的な規制によって事態の収拾を図ること自体は問題にされていないのである。

　これまで見てきたように、移転補償に際して工区が組合員に対し採ってきた態度は、しばしば大幅な譲歩をもともなう、基本的には温情的なものであった。そこには事業の遷延を防止するという合理的判断がともなった可能性もあるが、上野毛区の田中重忠区長の態度に見られたように伝統的な秩序意識がある程度作用していたことも窺える。だが同時に、告訴という手段に組合員が訴えたことや、区長を慰留した区会議員の説得の論理にはそうした意識が後退しつつあったことが表われており、大勢としては旧来とは異なる利害調整や合意形成のあり方が模索されつつあったことを意味していた。

4-1-3．村域中央部における工事および組合地売却の円滑化への試み

　村域中央部の工区においては、先行した村域東部の各工区が直面した問題を解決すべくさまざまな模索を行った。各工区の行動は、伝統的な地域社会秩序に基づくものと、それを逸脱するものとが混在し、事態は複雑な経過を辿ったが、大勢的な傾向としては後者を志向する方向にあったと言ってよい。

　まず組合地売却であるが、ここでも村域東部の工区と同様に順調な売却は困難であった。しかし、各工区は工事の確実な進行を最優先の課題として次に見られるごとくさまざまな工夫を行ったのである。

　池掘削との関係で工区を分割した等々力北区では、当初7,000坪の組合地を設定したのであるが、その売却方法については次のように3案が検討された。

　第一案
　　工事費ヲ立替施行シ壱年半後組合ニテ支払フコト
　　工事竣成引渡後ハ日歩二銭五厘ヲ支払フコト
　　此分ハ池掘鑿ノミナラズ住宅地トシテ適当ナル凡テノ工事ノ立替ヲ為スモ可ナリ条件ハ前同断ナリ

第二案
　　組合地七千坪ヲ中間者ニ委任シ区ハ直接ニ関係セズ其監督受取検査ヲ為スノミトスルコト

第三案
　　組合地ヲ売渡ノ予約ヲナスコト
　　組合地ハ工事完成ノ上引渡スコト
　　組合地ノ登記ハ組合ニ於テ為スコト
　　組合地売渡代金支払方法
　　　一、契約ト同時ニ事務補償費ニ相当スル金額ヲ前納スルコト
　　　二、工事ハ組合規定通リ買受人ニ於テ施行スルコト
　　　三、工事竣功ニ至ラザル間ニ中止又ハ契約ノ解除ヲ請求シタル場合ハ既払額ハ組合ノ所得トスルコト[18]

　第一案は、施工業者に工事費を立て替えさせるもので、施工業者から借入を行うのと同義である。これは辰巳直治という仲介者からの「申込」によるもので、実際の工事は間組が行うこととされていた。辰巳と間組のいずれが工事費を立て替える計画であったのかは判然としないが、いずれにせよこの案によれば工区は完工後速やかに組合地を処分し工事費を償還しなければ一日２銭５厘の利息が発生することとなっていた。村域東部の各工区は、そうした事後的な組合地売却の不振と利払い負担の膨張に悩まされていた。この案は、審議の結果、「現在何処ニ於テモ土地処分難ニ陥レル際トテ処分容易ナルヤ否ヤ疑ナキヲ得ズ　且ツ組合トシテ今日起債ニヨリテ工事ヲ起スガ如キハ到底不可能ナリトノ理由ニヨリテ否決」[19] された。第二案は、組合地の処分を適当な仲介者に依頼するものである。工区の手間は省かれる上により広範な販路を見いだせる可能性もあるが、このこと自体は工事の確実な推進とは連動していない。結局、「中間者ヲ必要トセザル」[20] と判断され、この案も否決された。第三案は、組合地を予約売却し代金を前納させ、その売上金で工事費を支弁しようというものである。ここではその売却相手が施工業者となっており、資金難で工事が中

断したり事業が遷延したりする危惧は解消される。工区にとってみれば「何等ノ危険無キ」[21]計画であり、この案が採用された。最終的に採られた方法はこの案とも若干相違していたが、組合地売却と工事を連動させる点に変化はなかった。以下にその具体的な方法を見る。

第1工区の組合地は当初計画より1,000坪減の6,000坪とされ、それを一括して3万4,500円（坪5.75円）で谷口菊太郎という人

表4-5　等々力北区第一工区工費内訳

（単位：円）

内　訳	金　額
池掘鑿および埋立費	33,832.60
道水路費	445.90
土管費	192.00
竹柵費	3,599.52
暗渠費	677.40
橋梁費	1,429.61
総工事費	40,177.03

出典：「等々力北区第一工区設計書」（同区「委員会議事録」添付、1932年8月7日、07Ⅰ101-028）。

物に売却することとなった。その方法は、契約時に工区に3,500円を、以後は毎月末に工事出来高分の8割ずつを収受することとし、完成時に残額を受け取るというものであった。当初予定と異なり組合地購入者は施工業者とならなかったが、購入者である谷口の連帯保証人には工事請負業者であった花之枝喜代松なる人物がついた。この処置によって完工の確実化という点で同等の効果を得たのである[22]。また存置した1,000坪の組合地は契約どおりに工事が完了したら請負人の花之枝に無償で譲渡することとして、工事進行の誘因とした[23]。第1工区の工費内訳（表4-5）によれば池掘削および田圃埋立に3万3,832円60銭を要する計画であり、組合地売上金の大部分がこれに充てられたことになる。池については、当初は工区が釣堀や貸ボート等の営業を行う構想もあったが[24]、これは実現せず最終的に組合地として9,000円で売却された[25]。これはのちに九品仏池と呼ばれた。

第2工区でも第1工区と類似の方法を採った。すなわち、面積18万4,000坪あまりのうち組合地7,629坪、従前組合員向けの過剰換地1,500坪を設定し、工事請負業者である増田組に対して前者のうちから現物で直接交付することとしたのである[26]。このような現物による支払が選択されたため、工区と増田組との間では減歩率の設定をめぐる若干の交渉が発生した。増田組が「代償トシテ引渡サル可キ土地ハ現設計ニ基キ減歩壱割六分五厘ニ依リテ生ジタル土地ト

ス」ることを主張したのに対し、工区は「減歩率ハ壱割四分程度トスルコト」を主張したのである[27]。結局、これは中間の減歩率1割5分で決着した[28]。

このように、等々力北区においては第一、第二両工区とも以上のような方法によって工事の進行を確実化し、東部の工区でみられたような事後的な組合地売却とそれにともなって発生する負担増加のリスクとを回避したのである。

だが、こうした試みの一方で、工区によってはなお事業の順調な遂行にとっての制約要因を十分に解消していたとは言えない状況が生じていた。その例証として、1933年2月等々力中区の区会においてなされた、高屋直弘による次の発言を示しておこう。組合との間に締結された事務測量費請負額の変更を希望する申出である。

　　事務測量ニ干スル契約ハ大正十三年ニシテ全地区ヲ三ヶ年間終了ノ予定ノモトニ締結セラレタルモノナルモ実施以来種々組合ノ都合上延期ニ延期ヲ重ネ既ニ十年ニ垂々トシテ而モ着手面積未ダ其半ニ達セス　而シテ其間設計ノ変更、工事遺形杭再三ヲ繰返スノ止ムナキ状態ニ陥リ尚此遷延中契約当時ト施行方法等モ変更セサル可カラサル時勢ニ移リタルヲ以テ契約当時ハ純耕地トシ将来ノ住宅地見込ノ方針ニテ測量工事モ亦簡易ナルモノナリシモ今日ニテハ都市発展ノ影響ヲ受ケ直ニ住宅地トシテノ施設ノ必要ヲ生シタルヲ以テ道路工事下水計画等非常ノ手数ヲ要スル事トナリ　従テ事務其他雑務モ不堪複雑ヲ来シ当初ノ契約ニ比シ著シク内容ノ変化ヲ来シタルヲ以テ此契約以外ニ属ス可キ変化ニ対シ応分ノ増額ヲ希望スルモノナリ[29]

当初は3カ年で完了するはずであった事業が遅れを重ねるなか、耕地整理をめぐる状況も変化をきたしつつあった。とくに、最初は「見込」にすぎなかった宅地化が、この時点ではすでに喫緊の課題となっており、そのために業務が「複雑」化しているというのが高屋の弁であった。

こうした事業の遷延は、東部の工区で見たのと同様、事業計画の先決化・客

観化が細部まで充分には達成されていなかったことに起因する地区内における合意形成や組合地売却の遅れ、それにともなう資金供給の不足などに由来していたと考えられよう。また、次項で述べる都市計画道路のような、事業計画に重大な影響を及ぼす要因が偶発的・事後的に発生したことも、事業の遷延の原因となっていた。

4-1-4．都市計画道路の建設と工区の自立性の喪失

次に村域中央部における道路整備のあり方を見ておく。前章においては、初期に着工した村域東部の工区で組合員が減歩率の上昇を忌避した結果、狭隘な道路幅員が選択されていたことを示した。その後それらは東京府による道路計画の影響でさらなる拡幅を迫られたが、各工区ではこの都市計画道路を東京府による「命令」と受け止め、設計の変更を実施した。

村域中央部においても、同様に東京府の計画した道路への対応を迫られる事態が発生した。とくに、幅員25mの都市計画道路放射3号線計画は大きな影響を及ぼした。例えば等々力中区では次のような受け入れ条件を定めた。

- 一、本区内ニ通ズル東京都市計画放射線第三号路線敷地ニ充当スル潰地ヲ東京府査定ニヨル補償額ヲ以テ国ニ上地スルコト
- 一、右上地ニ関シテハ玉川全円耕地整理組合組合長名義ヲ以テ東京府ニ対シ承諾書提出方ヲ出願シ之ガ提出ヲ求ムルコト
- 一、右承諾書ニ関シ向後萬一組合ニ対シ損害ヲ生ジタル場合ハ本区ニ於テ即時損害ヲ賠償シ決シテ組合ニ対シ迷惑ヲ及ボザルコトヲ右組合ニ確約スルモノトス[30]

道路建設の用地には一定程度の補償がなされるが、基本的には関係者の上地によって調達される。土地整理と同時に道路が整備される場合にはその負担は組合員全体に賦課される。賦課の単位はあくまで工区であって、組合長を介した東京府との関係は形式的なものにすぎず、実際には各工区と東京府当局とが

折衝を行ったうえに、この道路建設にともない「損害」を生じた場合の責任も、工区に帰せられることとなっていた。

　工区の役割はこのように大きなものであったが、それだけに自らの意思によってこの道路計画を拒絶しようとした工区も存在した。等々力南区がそれである。同工区にも都市計画道路の放射3号線（幅員25m）が通過することとなっていたのであるが、本工区は今までに述べた工区と異なり、「組合地ハ処分済ニテ換地ニ困難ニシテ清算ノ見込タタサル事」[31]を理由に反対の意を示した。しかしながら、1937年1月の区会においてこの決定は覆され、設計を大幅に変更し同工区の減歩率を1割引上げた上で換地割当をやり直すことが決められたのである。この理由については「東京府ノ意向及従来ノ実例其他利害関係」[32]としか説明されておらず、決定的な局面においていかなる応酬がなされたのかは不明であるが、史料の表現を素直に受けとめるならば東京府からの強い圧力がかかったことが想像される。それとともに「従来ノ実例其他」と記されていることから推察される、他工区との関連も考慮すべきであろう。この道路は複数の工区を横断する形で敷設されるものであったが、この工区内を通過する一部区間のみ幅員が狭くなってしまっては道路としての機能は大幅に低下してしまう。周辺の工区がこの計画を受容する中で等々力南区だけが孤塁を守ることは困難な状況であったと想像しても大過はないであろう。いずれにせよ、同工区にとって都市計画道路を受容することは避けられない状態となった。用地取得については予め決められた基準が存在したが、結局はこれが適用されて幅員25m中16.3mまでが無償で接収されることとなったのである。

　このように等々力南区が当初強硬な反対の態度を示したにもかかわらず最終的に都市計画道路を受容したことは、玉川全円耕地整理組合の性格を評価する上で大きな転換点となった。この決定を境にして、組合は都市計画道路に反対し得る自立性を喪失したと考えられるからである。着工済の工区は計画の変更を余儀なくされるようになり、未着工の工区においても都市計画道路の建設と一体となった耕地整理の計画を立て、遠からず着工することが避けられない状況となった。それまでは、形式上耕地整理に同意したことになっていたとはい

え、着工時期の決定権は各工区に帰属しており、実際の事業に対する裁量権はなお各工区の下に置かれていた。しかし、1932年以降郊外における都市計画道路の建設が現実化していくにつれ、それと連動して耕地整理の着工は各工区にとってもはや先延ばしの不可能な課題となっていったのである[33]。しかも、都市計画道路の仕様と敷設位置は予め定められていたから、実施する耕地整理の内容も自ずとそれに影響されることとなった。こうした事態を組合発足当初の状況と対比するならば、当初は個々の工区＝大字が耕地整理事業の実施自体に反対を唱える余地があり、道路幅員等の内容も自らの意思で決定し得たのに対し、この段階においては工区が独自の意思を発揮する余地は極めて小さくなっていたことが理解されるであろう。

　伝統的な社会秩序の下においては、大字＝工区は一定の自律性＝自立性をもった単位であり、（綻びが随所に生じていたとはいえ）実際そのように振舞ってきた。だが、都市計画道路の建設を契機にしてそうした自律性＝自立性は大幅に後退した。無論、地域社会が自らの意思で統御し得ない事態そのものは、それまでにも自然災害や景気変動、専制的政治権力からの介入等々さまざまに発生していたであろう。しかし、こと耕地整理に関しては、玉川村が自らの意思で自らの活動の一環として開始し、主体的な意思決定の下に置き得た事柄だったはずである。にもかかわらず、今やその余地は極度に狭められていた。

　逆説的ではあるが、そうした玉川村の主体性の希薄化は、耕地整理の遂行という局面だけを見るならばかえってそれを促進させる作用をともなっていた。伝統的秩序が耕地整理の遂行を円滑になし得なかったのとは裏腹に、都市計画は道路建設と一体の耕地整理を強力に推進したからである。しかも、そのことによって耕地整理組合の存在自体が否定されたわけではなかった。組合員の土地提供という負担によって、整理後に充分な利益をもたらすはずの耕地整理を遂行するという組合（工区）の役割それ自体は従来どおりのものであり続けた。ただ、それを推し進める力が、伝統的な秩序意識から、都市計画道路建設を正当化する論理に転換したのである。

　そのような都市計画道路の持った論理は、伝統的な秩序意識、とりわけ土地

の資産価値を地積に直結させる考え方と相容れないものであった。本項で見たような等々力南区の抵抗は、そうした異質の価値原理を地域社会が受容するに際しての摩擦が表面化したものであったと考えられる。

4-1-5. 村域西部における事業の客観化

本項では村域西部における事業の進行について述べる。ここまで度々言及してきた用賀西区は村域の最西北に位置し人口希薄な地区であったにもかかわらず、帝国競馬協会に組合地を売却して資金を得ることができたため、1934年から1936年にかけて工事を終了させた。だが、これはあくまで例外であり、他の工区は1930年代の終盤になって事業に着手した。

一般に村域西部は人口希薄で宅地需要も限定的であったが、にもかかわらずこの地区の工区においては、村域の東部や中央部において見られたような問題がほとんど発生しなかった。先行した工区での経験を踏まえ、事業の円滑な進行を妨げるさまざまな問題を予め回避するための仕組みを定型化して、事業の先決化を進めたためである。しかもその過程は単なる事業遂行上の工夫以上の、社会の段階的変化の表出としての意義を備えていた。以下、特徴的な現象を指摘していく。

用賀東区の第1回総会において、高屋直弘は次のように説明している。

>　耕地整理事業ヲ実施致シマスニ当リ各組合員ヨリ組合費ヲ徴収致シマスル方法ト一時借入金ヲナシ後ニ徐々ニ費用徴収ヲ行ヒ之ヲ償還スルカ或ハ費用ノ徴収ヲ行ハス組合地即チ残存地ヲ作リ之ヲ売却シテ其償還ニ充テル方法トアリマスガ目下ノ時勢デハ両者共ニ甚ダ困難デアリマシテ既ニ組合内ノ工区ニ於テモ相当苦キ経験ヲ嘗メテ居リマス　ソコデ隣接ノ用賀中区、用賀西区、瀬田下区、野良田区ハ共ニ右ノ方法ニ依ラス予メ組合地ヲ設定シ之ヲ予約売却ヲナシ其ノ予納金ヲ以テ費用ニ充当スル方法ヲ採リ好成績ヲ収メテ居ルノデアリマス本区ニ於キマシテモ矢張リ其ノ実蹟ニ鑑ミ組合地ヲ設定致シマシタノデアリマス[34]

第4章　耕地整理事業の展開と村域中央部・西部における組合運営の変化　177

表4-6　用賀東区の設計

内訳		面積（坪）	備考
敷地面積	公簿面積	150,600	50町2反歩
	実測面積	157,170	
	旧道水路敷	11,114	
整理後の内訳	換地割当予定地	127,310	実測面積1割9分減
	割残地予定地	13,500	組合地
	過剰換地予定地	2,560	宅地建物関係上減歩困難の分
	道水路敷その他潰地	13,800	ほかに旧道水路敷11,000坪

出典：用賀東区「設計概要」（同区「第一回総会議議事録」添付、1938年9月10日、09N101-080）。

　ここで高屋が説明しているのは組合地の売却計画を工事設計とを同時に行うという方法であり、事業の先決性を高め、資金繰りの悪化による事業の停滞を未然に防止するための措置であった。村域東部において当初採られた方法は、組合地を設定はしても当面の事業資金は借入によって調達し、組合地売却の益金はのちにそれを償還するのに充てるというものであった。しかし、それでは組合地売却が予定どおりに進行しなかった場合に資金繰りに多大な苦労を要することになり、また事業の進捗にも支障をきたす。こうした事態を予め回避するために、村域中央部の一部工区では工事請負業者へ組合地を売却し工事費と相殺する方法を採っていた。ここでは、そうした方策を各工区が対症的に考案するのではなく、定型化して高屋が持ち込んでいる点が特徴と言えよう。

　引き続き用賀東区の様子を見ていく。同区の設計は表4-6に示すが、これを高屋は次のように説明している。

　　組合地ハ実測面積ノ壱割九分カラ道水路敷ヲ取去リマシタ残リデアリマス
　　本区ハ従前ノ土地ヲ基準トシテ換地ヲ取リ其切残ヲ組合地ト致シマシタ関
　　係上一括シテ取ル事ガ出来ズ弐拾九ヶ所ニ散在シテ居ルノデアリマス　其
　　ノ坪数ハ約壱万参千五百坪デアリマス　其外宅地建物ノ関係上過剰換地即
　　チ実測面積ノ八割壱分以上ノ換地ヲ交付スルノ已ムヲ得サル分ガ約弐千五
　　百坪デアリマス　右土地ヲ売却シテ費用ニ充当スルモノデアリマス[35]

さらに、同工区では次のような契約を高屋と締結した[36]。
①29カ所1万3,500坪の組合地を18万円（坪単価13.3円）で高屋直弘に売却する。
②工区の全事業を高屋に対し15万円で一括して請負に付す。
③工事にともなう埋立徴収金（田の埋立：坪80銭）および東京府からの補助金は高屋に交付する。

この方式によれば、工区の手元には差引3万円が残るが、これは会議費や事務費などに充当するつもりであったと考えられる。組合地を高屋に対し一定額で一括して販売し、一方で事業のすべてをやはり予め決められた額で高屋に請け負わせることは、事業の先決性を高め、その遂行を確実なものとする上で大きな利点となる。一方で、高屋にとっては入手した組合地を高値で売却し、利益を極大化するための誘因が働くことになる。表3-6と比較すれば、坪単価13.3円という価格は1938年の世田谷区における宅地の平均売買価格（5.06円／m^2）を若干下回っており、日中戦争期で郊外の土地需要が高まっていたことを考え合わせれば高屋が利益を上げられる可能性は充分にあったと言えよう。だが、理由は明らかでないものの後日同案は撤回されてしまい、工事請負業者に対し工事費を組合地現物で支払うという村域中央部で採られたような方式に変更された[37]。ただ、放棄されたとはいえ一部の工区において事業の全過程を嘱託技術者の高屋に請け負わせようとしたことの意義は小さくない。

本事業では組合地と呼ばれていた替費地あるいは保留地を特定の業者に一括して売却し、同時に事業そのものもその業者に一括して請け負わせる方式は、第二次世界大戦後に目黒蒲田電鉄および東京横浜電鉄の後身である東京急行電鉄が多摩田園都市の開発にあたり「一括代行方式」または「東急方式」として創案したものとされているが[38]、いま見た事例はその先駆をなすものと位置づけることができる。「東急方式」は開発業者である東京急行電鉄あるいはその系列会社が主導して土地所有者に土地区画整理組合結成を促す方式であり、地域社会の側から主体的に耕地整理組合を結成した本書の事例とは異なるもので

第4章　耕地整理事業の展開と村域中央部・西部における組合運営の変化　179

あるし、用賀東区の場合における高屋直弘は東急のような開発業者ではないため整理後の土地運用に関する条件も大きく異なるものではあった。

だが、事業推進の具体的方法において戦後の開発事業に極めて類似した方法が1930年代後半にすでに創案されていたことの意味は小さくない。なぜならば、それは地域社会と開発業者との利害を結合し、一致させる方法だったからである。最初に地域社会が組合を結成した動機が開発業者への対抗であったことを踏まえれば、こうした試みがそうした関係の転換を示す萌芽的な現象であったことが理解できよう。

また、そうした用賀東区の試みは地域社会内部における秩序の転換を示すものとしても重要な意味を持った。すでに述べたとおり組合における高屋の資格はほぼ一貫して「番外」であった。しかしながら、高屋は従前から各工区のほとんどの区会・総会に出席し各種の説明を行うとともに設計や進行に関する実務の大部分を扱い、これらに関して実質的な意思決定の主体となっていた。制度的には意思決定に参与し得ない立場であるにもかかわらず、実際の業務遂行においては高屋が枢要な位置を占めるようになっていたのである。このことは、耕地整理の遂行に要求される実質的な能力が、旧来の地域の有力者が持つ「名望」や不測の事態に際しての経済力から、専門的技術や知識に移行しつつあったことを示していた。全業務を高屋に請け負わせる案はこうした動きをさらに推し進めたものであり、それが事業の先決化・客観化と並行して進められるのであるから、これが実現すれば工区役員の必要性は極限まで低下するはずであった。また、それは前項で述べたような耕地整理事業に地域社会の意思が介在し得る範囲が縮小していたこととも相即するものであった。

もっとも、原理的にはこのように重大な転換の契機を孕む現象が見られたとはいえ、現実にはそれによって旧来の社会秩序が一掃されたわけではない。1938年、用賀東区内に府立第十一高等女学校が建設されることとなったのにともない6,000坪の用地が必要となった際には、もはや設計の大幅変更が不可能であったためか、不足分については区長飯田武治より3,580坪、副区長鈴木常五郎より857坪、区会議員鈴木芳夫より928坪の土地がそれぞれ工区に対し「貸

出」されるという形での解決が図られた[39]。事業計画の先決化が推し進められたとはいえ、工区にとって不測の事態が生じた際には工区の役員＝地域の有力者による負担がなお解決手段とされたのである。ただ、このことを以って旧秩序の強固な残存のみを強調するのであれば、それは一面的な理解と言わざるを得ない。現実社会における秩序転換は、このように新旧の秩序に基づく事象が複雑に交錯しながら、しかし確実に進行したと見るべきであろう。

　他工区の事例も見ておこう。瀬田下区では、組合地24カ所1万1,350坪のうち4,750坪を平均坪単価7円50銭で売却し、その他6,600坪を坪8円（ただし塵芥未除却の場合は7円50銭、いずれが採られたのかは不明）で東京横浜電鉄へ売却することとした[40]。このうち、同社への売却分5万2,800円の支払方法は次のようなものであった。

　①最初の売買契約締結時に東京横浜電鉄は2万5,000円を工区に支払う。
　②残りの代金は、12回に分割して2,500円ずつ支払う（最後のみ端数の300円も加算）[41]。

このような方法で、工事の進捗に応じた資金調達を可能としたのである。この契約に際しては工区の役員であった渡辺慶道、角井惣八の2名が保証人となったが、その際には「区ガ其責ニ任ジ本人ニ迷惑ヲ及ボサヾルモノ」[42]とされた。両名とも土地所有規模の大きな有力者であったが、不測の事態における責任の回避がわざわざ宣言されているのは、彼らの負う責任があくまで形式的なものにすぎないという了解が地域社会で成立していることの証左であった。

　用賀中区では、2万3,385坪の組合地を設定した。当初は他工区で工事請負の実績を有していた人物に売却する予定であったが、これはその人物の「契約不履行」によって破棄され、その後日曹コンツェルンの経営者であった中野友礼に11万3,646円（坪単価約4.9円）で売却することとなった[43]。この売却が中野に持ちかけられたいきさつは明らかでないが、ここでは中野から工区への金銭授受の方法について見ておく。この組合地の売却に当たっては、当事者同士が直接代金を授受するのではなく、同区内を通過する玉川電気鉄道（1938年に東京横浜電鉄に合併され同社玉川線となる）を介して、中野が同社に代金を寄

託し、その一方で同社が用賀中区に対し中野からの払込額に見合った貸付を行うという形が採られた。これは「売渡組合ハ向フ満参個年以内ニ売渡土地ヲ整理シテ買受人ヘ其引渡ヲ完了シタル後ニ非サレハ代金ヲ受取ルコトヲ得ス」[44]という理由から採られたものと説明されている。その内容は次のとおりである。

①中野は最初に保証金３万円を玉川電気鉄道に「預金」する。

②玉川電気鉄道と用賀中区は総額10万5,000円の金銭消費貸借契約を締結し、工区は毎月の所要金額明細書を会社に提出することで借入を行う。毎月の限度額は表４-７のとおり。

表４-７　用賀中区による借入の限度額

（単位：円）

借入年月	借入額
1935年10月	30,000
12月	28,000
1936年１月	10,000
２月	10,000
３月	10,000
４月	10,000
５月	1,000
６月	1,000
７月	1,000
８月	1,000
９月	1,000
10月	1,000
11月	1,000

注：表示期間における借入限度額の合計は７万8,000円。不足分の詳細は不明。
出典：用賀中区「第四回区会議事録」（1935年５月21日、09M101-024）。

これだけでは総額が７万8,000円までしか達しないうえ、中野が玉川電気鉄道に対しどのように支払を行うこととされたのかが判明しないが、事業の進捗に合わせて必要な資金が調達可能な仕組みが作られていたことは理解できよう。

ところで、このような資金調達の先決化が事業内容の先決化と唇歯輔車の関係にあることは言うまでもない。村域中央部の工区においては事業の進捗に応じて資金供給がなされる仕組みをつくる試みがなされていたものの、等々力中区において高屋直弘が請負金の増額を要求したことに現われたように、事業内容の先決化・客観化という点では未だ徹底したものとは言えなかった。また、都市計画道路のように設計の大規模改変を必要とする条件が事後的に、しかも上位の政治権力による強制力をともなって出現するような場合もあり、事業内容の先決化・客観化の制約要因となっていた。

こうした制約要因を払拭して事業内容の先決化・客観化をより一層推し進めるには、耕地整理事業計画の中に都市計画道路を予め組み込んでおくほかはな

い。村域西部の工区においては、事業開始時点より整理前後の地積、道水路の仕様および構造、予算と費目などが記載された詳細な「設計概要」が作成されたが、そこには都市計画道路が予め織り込まれ、それを主軸としてその他の道路が配置されたのである。「設計概要」は諏訪河原区、瀬田中区、瀬田下区、用賀東区、用賀中区で作成されたことが確認されるが、そこには「道路ハ……都市計画道路ヲ基幹トシテ各道路ヲ配置ス」[45]とか「放射四号（巾員二十五米東京府ニテ施行中）及環状八号（巾員二十二米ノ内組合ニテ巾員七間ニ施行ス而シテ該道路ノ建物ハ東京府ニ於テ施行ノ際移転スルコトトシ本区ニ於テハ建物ニ関係ナキ部分ノミヲ工事施行ス）二線ノ都市計画線ヲ基幹トシ巾員六間五厘（細網道）四間四分及三間三分二間二分ノ道路ヲ配布ス」[46]といった記述が見いだされる。

　ただ、上位の政治権力によって設定された都市計画道路をこのように地域社会の側が主体的に自らの耕地整理事業に取り込んでいくことが、結果的に耕地整理を都市計画道路に半ば従属させることに繋がったのである以上、それは耕地整理組合が当初備えていた自立性・主体性を一定程度放棄したことを意味するのにほかならなかった。地域社会が主体的に取り組んだ事業を円滑に進捗させるべく事業の先決化・客観化を図り、その制約要因となっていた要素を予め計画に組み込むことが、結果的には自らの計画そのものをその制約要因だったものに従属させることになるという逆説がここには表われている。とはいえ、繰り返し述べるように、そうした現象は、耕地整理の遂行という局面だけを見るならばかえってそれを促進させる作用をともなっていた。

4-1-6．都市計画道路と土地の価値原理

　前2項に述べたような一連の過程を経て、村行政の一分枝として伝統的社会秩序の中から内発的に企図された玉川全円耕地整理はその性格を変じ、行政村体制から遊離して都市計画事業の一環としての性格を帯びるに至った。そこに上位の行政主体による強権的・専制的性格の発露とそれへの地域社会のやむ無き従属という意味あいが皆無であったとは言えない。しかし同時に、そこには

このような単純な図式に還元し尽くされない、むしろ地域社会における同意の組織化を実現して、その主体的な動因を引き出し、地域社会が積極的に都市計画道路建設に取り組むための論理も組み込まれていた。その論理は、村域中央部においては大きな摩擦を引き起こしたものの、村域西部の各工区においてはそうした痕跡は基本的には見いだせなかった。そのこと自体、地域社会が都市計画道路の論理に「同意」を与えたことの証左であったとも言えよう。本項においては、そうした都市計画道路建設が地域社会に「受容」されていく過程を見る。

　第1章で確認したように、都市計画事業の持つ論理は、土地所有者によるあらゆる負担を地価上昇への期待という利得に読み替える、言い換えれば実在の負担を仮構された利益に読み替える論理であった。こうした論理は眼前に旺盛な宅地需要が存在する場合には容れられやすかったが、玉川村域のように必ずしも実際の宅地需要がともなわず、耕地整理事業の初期においていくつかの工区で道路幅員を可能な限り抑制しようとする動きが生じていたような場合においては、しばしば地域社会との間に大きな摩擦をともなった。

　東京市域拡張後の旧玉川村域内における都市計画道路は、1934年に内務省告示として発せられた第三期事業計画中の放射3号線延長（目黒区から玉川等々力町1丁目まで）と、1937年に告示された第四期計画における放射4号線および環状8号線整備（玉川用賀町2丁目から玉川瀬田町）であった。これらの道路はいずれも幅員25mと定められており、それまで工区単位で計画していた道路とは隔絶した規模のものであった。

　最初に建設が決定された放射3号線に関しては、先に述べたように村域中央部の等々力南区において一旦はこの計画を拒絶する決定がなされたものの、結局は設計を大幅に変更し同工区の減歩率を引上げた上で再度換地割当を行うことが決められた。ところが、1937年に告示された第四期計画の道路の場合にはこれと対照的に関係工区においてこうした反対運動が発生した痕跡は見られなかった。諏訪河原区、瀬田中区、瀬田下区、用賀東区の村域西部各工区では、むしろ都市計画道路が直接的な契機となって耕地整理事業の実施へと踏み切り、

それらを「基準」にして街区整備の設計がなされていったのである。こうした現象は村域東部にも波及し、各工区で都市計画道路が新たに加えられ設計が変更された。

こうした地域社会における態度の変化をもたらしたものは何であったのだろうか。繰り返すが、東京府当局が経済外的な強制力をともないながら地域社会に都市計画道路を受容させていったという説明は、現実の問題としてはある程度まで妥当である。これらの計画は各工区において基本的には「命令」と受けとめられていたし、他工区との関係も無視し得ないものであったろう。

東京府の事例ではない上に時期も10年以上遡るが、内務省都市計画地方委員会の技師であった石川栄耀は名古屋の土地整理に着手した「大正十一年末頃」、「これと云ふ地主を大勢呼んで」次のように語ったという。

> こんな風な道路をやる気はないか。君達がそれを区画整理でやる気があれば、道路網の中へ入れる様に推薦する。尤もそれが必ずしも〔都市計画道路――引用者〕網になるとはきまらん。拾捨権は内務省にあるが推薦はする。網になればドウ云ふ好い事があるかと云ふに、先づ君達は土地を寄附し、粗仕上げをすれば本仕上げは市がやつてくれる。その上受益負担はかゝらぬし必ずその道路は市が責任を以つて市の中心と結んでくれる　君達はやらなければ隣りの村の連中にやらせる丈の事だ[47]

都市計画道路の受容とそれにともなう土地整理の実施が、あくまで土地所有者達の利益となるとの立場をとりつつも、実態に即せばその論理には無理があることを半ば承知しており、それゆえ居丈高な脅迫を交えざるを得なかった土地整理初期の内務官僚の立場がこの生々しい描写にははっきりと現われている[48]。こうした当局の態度は、土地所有者に土地整理を決断させるのに充分な効果を持ったであろう。

このように、実態としては経済外的規制力による都市計画の「強制」がなされ、それが都市計画道路を地域社会に受容させる重要な契機の一つになったと

第 4 章　耕地整理事業の展開と村域中央部・西部における組合運営の変化　185

考えることに大きな過誤はないが、とはいえそれはこれを受け入れた地域社会の側の論理を内在的に説明するものではない。都市計画道路とそれにともなう耕地整理の実現を原理的に可能にした条件は、ここまでに述べたような土地の価値に関する考え方＝都市計画道路があくまで土地所有者達の利益になるという考え方が最終的には地域社会で「同意」を得たことに求められると言えよう。

　例えば、都市計画道路告示より少し前の1935年に用賀中区でなされた次のやり取りは、そうした変化が地域社会において生じつつあったことを示していた。

　　飯田島吉君ヨリ第二十五号線道路ノ世田谷道以東ハ〔中略〕特ニ十一米トスル必要ヲ認メズ故ニ節約ノ意味ヲ以テ幅員ヲ三間ト致シ度キ旨ノ意見開陳アリ
　　右ニ対シ鎌田伊三郎君ヨリ本道路ハ西部発展ノ中心道路ニシテ且ツ都市計画ノ細道路網トナレルヲ以テ是非原案通リノ幅員ヲ以テ施工セラレ度キ旨述ブル所アリ[49]

　ここで議論されているのは都市計画道路の幹線ではないが、「節約」のために道路幅員を抑制すべきという主張と、それへの反論として後段で述べられている「西部発展ノ中心」として幅員11mの道路が必要であるという考え方との対照は、村域東部の工区で見られたような極力幅員を抑えようとする態度と都市計画法の法理との対照に相似している。「西部発展」という漠然とした表現の内容は必ずしも明確でないが、文脈上、そこには地価上昇（しかし、それはすでに述べたように未実現の期待にすぎない）も「発展」の重要な一要素、あるいは他の要素の上位に位置づけられていたと考えられる。

　地価変動に対する敏感な反応は他の工区にも見られた。一つは、野良田区のおかれていた玉川中町での塵芥処理場設置計画に対する反対陳情である。1939年頃に「関係各町会部落総代玉川耕地整理組合玉川校児童保護者会其他各学校団体代表並ニ住民一同」（ママ）により作成された反対陳情書には、耕地整理事業に関連して次のようなくだりがある。

塵芥焼却場指定ノ挙ニ出デラレシ候事ハ本組合本来ノ目的タル住宅地経営ノ根本方策ヲ蹂躙スルモノニシテ曩ニハ官自ラ住宅地帯ヲ指定シ又風致地域ヲ指定シテ之ヲ励行シ之ガ取締ヲ厳ニシテ住民ヲシテ之ニ據ラシメラレシニモ拘ラズ今ヤ忽ニシテ官自ラ之ヲ破壊シ去ラムトハ政令二途ニ出テ何ソ朝令暮改ノ甚シキヤ〔中略〕而モ其勢ノ趣ク所組合換地整理後ノ土地評価ハ著シク低下暴落シ可ク其莫大ナル損害ハ工区ノ負担トナリ小地主ノ如キハ実ニ生活ノ脅威ニサヘ襲ハレ終ニ事業中止ノ已ムナキニ至ルハ明瞭ナル事実[50]

　東京市が設置を計画していた塵芥処理場が、周辺における地価の下落をもたらし耕地整理事業に支障をきたすというのである。
　また、同じ1939年に瀬田下区においては「養豚場ノ設置ハ土地発展ニ害アルヲ以テ極力新設ヲ止メルコト、ス」[51]という申し合わせがなされた。ここでの「土地発展」の「害」という表現には地価下落が含意されていたと考えられる。この申し合わせ自体が、現実には養豚場の設置が盛んに行われていたこと、すなわちこの時期における瀬田地区が未だ近郊農村としての性格を残していたことを示唆していると言えるが、そのようなおそらくは差し迫った宅地需要が存在しなかったであろう地区においても地価の動向が重視されるようになっていたのである。
　こうした未実現の利益としての地価上昇に対する敏感な態度が地域社会に醸成されたことは、都市計画道路を受容するための重要な下地となった。繰り返すように東京府当局の「強権的」な態度によって道路計画を受け入れざるを得ない状況が支配的になっていたのも事実であったが、同時に地域社会の側においてもそれに「同意」を与えるような社会的通念が形成されていったのである。
　ただ、ここで注意しておかねばならないのは、それがあくまで通念であって、そのことは個々の土地所有者の主観的な意識の変化や、数の上での多数派形成と必ずしもイコールではなかった点である。ここで示したのは、ある考え方が、

どのような形をとってであれ（半強制的にであれ）地域社会で現実の「力」を獲得したことの兆候にすぎず、むしろ実態としては「地価上昇」が抗いがたい建前としてそこに住む多くの人々を巻き込んでいったと考えたほうが良いかもしれないのである。

第2節　村域中央部・西部における工区経営

前節まで村域中央部および西部の各工区における組合運営の変容を検討してきた。その結果、都市計画道路の受容も含めて計画の先決化・客観化による事業遂行の確実化が試みられたことが明らかになったが、そうした変化は現実の工区経営にどのような影響を与えたのであろうか。以下、村域中央部、村域西部の順に検討する。

4-2-1．村域中央部工区における不安定性の残存

前章において村域東部の工区で見たような工区経営の不安定性は村域中央部にも共通していた。ここではそれを等々力南区の事例によって確認する（表4-8）。

ここでは記録が残る最初の年度である1929年度以降、事業が一段落する1934年度までに総額12万8,000円強の借入を行ったことが判明している（都市計画道路の敷設にともなう追加工事で事業が遷延するのは、この後の期間である）。本工区は低利資金を東京府農工銀行からの借入によって調達したが、各年度の決算報告によればそれ以外に少なくとも8,000円を「個人」から、1万3,000円を目黒蒲田電鉄からそれぞれ借り入れていた。また、そのほかに工区役員が個人名義で農工銀行から借入を行い、それをそのまま工区に貸し付けた事例が少なくとも5万円分存在していた。これらを合計すると7万1,000円であり、借入の少なくとも半分以上がこうしたイレギュラーな手段により調達されたことになる。また、1929年度に行った5万1,000円の借入はその後借り換えられた形跡があることから、イレギュラーな借入であったと推測され、そうであるな

表 4 - 8　等々力

年　度	1929	1930	1928・31	1932	1933
収入	21.40	2,703.63	1,516.72	9,230.67	14,337.54
換地徴収金	0.00	0.00	0.00	8,880.30	13,834.79
利子	21.40	210.16	28.79	20.07	24.98
その他	0.00	2,493.47	1,487.93	330.30	477.77
支出	37,368.57	34,814.68	7,664.10	10,682.62	11,802.55
工事・測量費	16,955.23	15,087.21	1,140.56	1,788.67	2,174.57
補償費	7,264.94	9,289.54	1.98	820.88	18.05
事務・会議費等	5,807.77	4,079.67	891.06	1,541.45	2,067.31
利子	5,771.63	3,756.15	5,368.78	6,019.98	6,611.35
その他	1,569.00	2,602.11	261.72	0.00	931.27
当期差引収支	37,347.17	▲32,111.05	▲6,147.38	▲1,451.95	2,534.99
借入	51,000.00	34,000.00	2,721.42	12,370.00	13,000.00
償還	0.00	12,000.00	0.00	9,042.99	16,025.03
借入残高	51,000.00	73,000.00	75,721.42	79,048.43	76,023.40
次期繰越金	13,652.83	3,541.78	115.82	1,990.88	1,500.84

注：1928・31年度は筆者による計算値。
出典：等々力南区各年度決算報告書。

らば農工銀行の耕地整理貸付がここでも組合の資金需要に充分には応じられなかったことになる。この結果同工区の利子負担は膨張し、この期間（1929～34年度）における利払いは合計3万2,000円を超えた。これは同期間の工事費3万1,070円41銭を上回るものであった。

　他の村域中部各工区でも事情は同様で、上野毛区においても東京府農工銀行・日本勧業銀行による耕地整理貸付よりは目黒蒲田電鉄や役員個人からの借入が主要な資金源となっており、1929～39年の借入金合計6万8,600円のうち少なくとも目黒蒲田電鉄から1万円、役員から2万1,000円強を借り入れていた。最終的な利子負担額は2万153円95銭で、工事費1万2,633円1銭の1.6倍に達していた（表4-9）。

　下野毛区については詳細は不明なものの、これまで述べた工区同様に最初に借入によって資金を調達する方法をとっており、少なくとも目黒蒲田電鉄より1万9,000円、東京府農工銀行より6,139円86銭、「個人」より1,000円を借り入

南区収支決算

(単位：円)

1934	1935	1936	1937・38	1939	1940〜1947	1948
31,094.08	57,609.14	22,179.58	10,733.64	1,819.57	49,800.01	49,013.13
30,389.00	57,380.12	21,907.47	9,120.70	1,728.82	49,348.15	48,000.00
66.11	37.80	103.15	356.54	90.75	388.86	1,013.13
638.97	191.22	168.96	1,256.40	0.00	63.00	0.00
12,160.54	11,203.06	20,120.02	9,508.14	633.61	14,601.22	58,280.00
1,074.20	445.00	0.00	0.00	0.00	0.00	0.00
763.25	11.89	122.60	30.00	0.00	0.00	0.00
2,297.36	2,190.62	2,235.25	1,777.68	185.50	13,244.92	57,600.00
4,800.92	2,415.01	695.38	1,139.21	448.11	1,356.30	0.00
3,224.81	6,140.54	17,066.79	6,561.25	0.00	0.00	680.00
18,933.54	46,406.08	2,059.56	1,225.50	1,185.96	35,198.79	▲9,266.87
15,000.00	0.00	0.00	0.00	0.00	3,340.00	4,000.00
34,476.07	39,955.49	2,041.56	4,118.00	2,498.80	11,272.90	4,000.00
56,547.33	16,591.84	14,550.28	10,432.28	7,933.48	0.58	0.58
958.31	7,408.90	7,426.90	4,534.40	3,221.56	30,487.45	21,220.58

れていた。結果として等々力南区や上野毛区ほどではないにせよ少なからぬ利払いを余儀なくされているが、利払いのうち3,801円74銭は目黒蒲田電鉄、3,916円は東京府農工銀行、1,622円36銭は「個人」に対するものであり、鉄道会社の役割が小さくないことが分かる。(表4-10)。

日本勧業銀行の耕地整理貸付について言えば、昭和初期に「他の金融機関」の高利債からの借換によって大蔵省預金部資金からの低利貸付が活発に行われ、貸付高が激増したことがすでに指摘されている[52]。ここで示された事例はそうした言説に整合的であるが、同時に個々の工区にとっては同行および東京府農工銀行の貸付が行われたにもかかわらず、結局は高利の借入による補充を余儀なくされ利子負担の膨張を招いていたことが明らかになった。

このような結果を招いた理由は、事業の遷延による資金繰りの悪化にあった。短期間で宅地開発を実現し組合地を売却してまとまった収入を得られるならば、借入金は容易に償却し得る。だが、ここまでに明らかにされたとおり事業を開

表 4-9 上野毛区収支決算

(単位：円)

年度	1929	1930	1931～1933	1934	1935	1929～1939	1940	(1941)
収入	196.49	2,145.74		28,620.24	46,067.37	83,092.04	8,940.03	14,997.92
換地徴収金	0.00	0.00		28,610.00	45,893.67	76,989.50	8,725.22	14,797.92
利子	0.00	237.41		10.24	172.83	2,429.52	214.81	200.00
その他	196.49	1908.33		0.00	0.87	3,673.02	0.00	0.00
支出	12,970.97	23,943.60		4,712.29	5,646.10	76,741.22	2,210.54	26,885.78
工事・測量費	6,822.50	5,921.49		0.00	270.00	19,290.14	0.00	0.00
補償費	3,562.37	1,819.38		0.00	175.00	6,845.26	0.00	0.00
事務・会議費等	1,809.50	5,737.59		901.89	2,178.44	20,386.45	2,050.98	5,407.38
利子	776.60	7,784.14		3,810.40	739.85	20,153.95	0.00	0.00
その他	0.00	2,681.00		0.00	2,282.81	10,065.42	159.56	21,478.40
当期差引収支	▲12,774.48	▲21,797.86	899.59	23,907.95	40,421.27	6,350.82	6,729.49	▲11,887.86
借入	15,500.00	19,100.00		6,000.00	0.00	68,600.00	0.00	0.00
償還	0.00	0.00		29,911.39	1,697.79	68,600.00	0.00	0.00
借入残高	15,500.00	34,600.00						
次期繰越金	2,725.52	27.66	927.25	923.81	39,647.29	6,350.82	13,080.31	1,192.45

注：1) 空欄は不明を示す。1931-33年度は筆者による計算値。1941年度は予算案。
　　2) 1929-39年度における「換地徴収金」のうちの37,386.17円は組合地売却代金。同様に1940年度は3,461.93円。
出典：上野毛区各年度収支決算表および1941年度予算表。

始してみると実際の宅地需要はそれほど大きくなく、それが比較的旺盛であった村域東部ですら事後的に行う組合地の売却が順調に進まなかった。等々力南区は、2年間程度という比較的短期間で工事の大部分を終えたにもかかわらず、

清算および特別処分の完了までにはより多くの期間を要していた。そして、そのことは利払いの膨張のみならず事務コスト等の増加にも繋がって、工区経営をますます非効率的なものにしていた。また、下野毛区のように事業の半ばにあたる1930年代において組合地売却が進んだ工区ですら、充分な資金をまかない得なかったと見られ、1940年代まで事業が遷延し、利払いこそ無くなったものの事務費負担は継続したのである。

4-2-2．村域中央部における工区経営改善の試み

ここまで述べたように、鉄道会社の新線建設など例外的な条件が存在した場合を除き、各工区は高利での借入と不確実な事後的組合地売却とによって経済的には非効率な経営を行わざるを得なかった。だが、村域中央部においてやや遅れて事業に着手した工区においては次第にこうした状況を克服すべく、資金調達および組合地の売却を確実化するための仕組みが模索されていった。

本章第1節において検討した等々力北区は財務関係の史料を欠いているが、先に指摘した事業内容の客観化・先決化の試みは、同時に資金調達の確実化でもあった。本工区では当初、目黒蒲田電鉄が計画していた自由ヶ丘－成城学園間の鉄道用地を組合地として処分し資金を得る予定であった[53]。これが実現すれば先述の村域東部における諏訪分区などと同様に順調な事業の遂行が可能なはずであったが、この新線建設は結局実現しなかったため、計画も頓挫した。5,000坪の巨大な池を掘削しその土で周辺の田を埋めたてて畑・宅地を整備する地区を第1工区とし、その他の地区を第2工区としてそれぞれ会計を独立させ別個に工事を行うという事業計画は、鉄道敷設計画が解消したのちに策定された代替案だったのである。両区の採った資金調達方法に再度着目すると、第1工区において採られた総面積約3万坪のうち6,000坪を組合地とし工事の進捗にあわせて売却相手から工事費を取り立てる方法にせよ、第2工区で採られた組合地を工事請負業者に現物で支払う方法にせよ、工区から見れば借入にともなう利子負担や事後的な組合地売却にともなう経営上の不確実性の回避を意味する施策であった。このように第1工区と第2工区とで方法は異なっていた

表 4-10　下野毛

年度	1928	1929	1932	1933	1934	1935
収入	75.13	1,869.56	7,252.65		31,665.98	21,266.93
換地徴収金	0.00	0.00	6,458.50		31,610.50	20,446.50
利子	75.13	485.06	0.00		0.00	355.53
その他	0.00	1,384.50	794.15		55.48	464.90
支出	7,249.67	52,022.52	7,096.90		7,935.60	6,351.23
工事・測量費	1,306.10	40,641.77	264.26		315.00	1,121.97
補償費	3,401.92	1,803.75	68.24		0.00	151.95
事務・会議費等	856.79	2,523.99	774.59		1,568.50	1,874.14
利子	1,400.63	5,553.01	5,989.81		3,350.29	1,261.67
その他	284.23	1,500.00	0.00		2,701.38	1,941.50
当期差引収支	▲7,174.54	▲50,152.96	155.75		23,730.38	14,915.70
借入	52,186.10	13,746.75	9,832.36		0.00	0.00
償還	2,186.10	1,652.50	6,299.58		19,840.28	3,405.61
借入残高	50,000.00	62,094.25	65,627.03		45,786.75	42,381.14
次期繰越金	42,825.46	4,766.75	8,455.28	3,616.10	7,506.20	19,016.29

注：1）空欄は不明を示す。1933年度は筆者による計算値。
　　2）「換地徴収金」の内の組合地売却代金は1932年度6,458.50円、1934年度31,610.50円、1935年度売却代金」として計上されている。
出典：下野毛区各年度収支決算報告書。

　が、利子負担および組合地売却にともなうリスクを回避するという点では共通しており、双方ともそのメリットを享受したのである。

　より遅れて事業に着手した野良田区（表4-11）では、さらに異なった方法が採られた。この工区では「整理費用ハ徴収又ハ借款ヲ行フコトナク組合地ヲ設ケ之ヲ売却シ其予納金ヲ以テ費用ニ充当スル予定」[54)]との方針が最初に立てられ、これに従って最初から借入を行うことなく組合地を売却し、6万円の資金を得て事業に着手したのである。設定された組合地は4万2,897坪で、価格は23万4,217円62銭（坪あたり5円46銭）であった[55)]。これを東京市渋谷区の後宮信太郎（主に台湾で活動した財界人）ほか1名に対して売却することになったのであるが、先述のとおり法制上は工事終了後でなければ代金の授受は原則として不可能であるため、この条件をクリアするため玉川電気鉄道を介して

第4章　耕地整理事業の展開と村域中央部・西部における組合運営の変化　193

区収支決算

(単位：円)

1936	1937	1938	1939	1940	1941	1942
21,460.50	2,695.12	288.00	796.10	1,355.20	2,451.36	61,669.73
21,460.50	1,951.50	288.00	232.50	1,355.20	952.50	61,619.73
0.00	743.62	0.00	0.00	0.00	30.36	50.00
0.00	0.00	0.00	563.60	0.00	1,468.50	0.00
5,674.28	3,848.59	165.14	1,953.82	4,063.39	2,750.33	64,986.84
914.30	879.00	0.00	0.00	500.00	0.00	2,876.11
90.05	4.00	0.00	563.60	63.40	0.00	800.00
1,968.04	2,684.45	165.14	834.97	1,460.00	1,680.83	9,391.26
1,074.61	3.14	0.00	0.00	0.00	0.00	0.00
1,627.28	278.00	0.00	555.25	2,039.99	1,069.50	51,919.47
15,786.22	▲1,153.47	122.86	▲1,166.72	▲2,708.19	▲298.97	▲3,317.11
0.00	0.00	0.00	0.00	0.00	0.00	0.00
26,154.92	134.99	0.00	0.00	0.00	0.00	0.00
16,226.22	16,091.23	16,091.23	16,091.23	16,091.23	16,091.23	16,091.23
8,647.59	7,359.13	7,481.99	6,324.27	3,616.08	3,317.11	0.00

20,446.50円、1936年度20,960.50円、1937年度825.00円。1942年度は39,914.49円が「公園用地内廃道敷

次のような方法が採られることとなった[56]。

・買受人は最初に保証金7万5,000円を玉川電気鉄道に無利息で預金する。
・野良田区はその保証金と同額の資金を玉川電気鉄道より借り入れる。それ以上の借り入れを行う際は、その都度工区が発行する「代金払渡依頼書」に基づいて買受人が同社に払込を行う。
・野良田区による玉川電気鉄道からの借入は、1936年度分6万円および翌年度分3万円のうち1万5,000円（つまり買受人が預けた保証金分）については無利子とし、それ以上については買受人が利息を負担する。

　この方法は、本章第1節において用賀中区で見たのとほぼ同一の内容である（同工区は野良田区にやや先行して着工したが、財務関係のデータが得られず詳細が不明である）。いずれにせよ、この方法によって、工区は事実上組合地

表4-11 野良田区収支決算

(単位:円)

年　度	1935	1936	1937	1938	1939	1940	(1941)
収入	60,080.00	89.42		17,375.16	18,466.11	120,383.95	152,587.34
換地徴収金	60,000.00	0.00		0.00	6,604.00	116,666.67	139,793.33
利子	0.00	82.72		38.77	39.40	12.95	93.61
その他	80.00	6.70		17,336.39	11,822.71	3,704.33	12,700.40
支出	9,749.24	79,923.09		35,891.16	35,326.05	13,909.81	61,835.46
工事・測量費	3,300.00	23,800.00		7,265.84	21,805.26	2,529.90	33,076.61
補償費	0.00	11,003.74		270.33	1,736.60	513.34	7,321.75
事務・会議費等	6,449.24	3,934.87		3,305.04	4,021.69	1,908.86	21,309.81
利子	0.00	752.71		6,049.95	6,862.50	4,057.71	127.29
その他	0.00	40,431.77		19,000.00	900.00	4,900.00	0.00
当期差引収支	50,330.76	▲79,833.67	▲49,347.17	▲18,516.00	▲16,859.94	106,474.14	90,751.88
借入	0.00	30,000.00	60,000.00	27,000.00	0.00	0.00	0.00
償還	0.00	0.00	0.00	0.00	0.00	106,666.67	93,333.33
借入残高	0.00	30,000.00	90,000.00	117,000.00	117,000.00	10,333.33	▲83,000.00
次期繰越金	50,330.76	497.09	11,149.92	19,633.92	2,773.98	2,581.45	0.00

注:1930年度の事務費等には水害復旧費1万9,000円が含まれる。1937年度の数値は筆者計算、空欄は不明を示す。
1940年度の換地徴収金は公園用地内廃道敷の売却代金。1941年度は予算案を示す。
出典:野良田区各年度決算報告書および1941年度予算案。

売却金の一部徴収を最初に行うことが可能になるばかりでなく、追加的な借入の利子負担からも逃れ得るはずであった。しかしながら、野良田区の場合結果的にこの計画は頓挫することとなった。1937年12月までに玉川電気鉄道からの「借入金」は合計18万円に達するはずであったが、実際には11万7,000円にとどまっていた。その理由は「兼テ玉川電気鉄道株式会社ト本組合間ニ於テ締結セラレタル金銭消費貸借契約ニ基キ去ル六月以来屡々請求シ為セルモ調整法実施ニ因リ金融困難ヲ理由トシ未ダ履行セラレズ」[57]とのみ説明されており具体的な経緯は不明であるものの、同年9月に施行された臨時資金調整法の影響で金融が逼迫し、払い込みに支障が出ていた可能性が指摘できよう。

いずれにせよ、工区では1939年度中には手持ちの現金が枯渇し、何らかの策を講じねばならなかったはずである。あくまで推測であるが、史料の記述から判断する限り1939・40年度は帳簿上に記載しないままいずこからか借入を行い、それを工事終了後の1940年度にまとめて換地清算徴収金として記載した可能性を指摘し得る[58]。

ところで、4万坪を超える広大な土地を入手した後宮らは、工事終了前からその土地をさらに他に分譲していた。工事完了以前に登記および所有権の移転はできないので制度的に両人はまだこれらの土地の所有者ではなく、したがって正式な売買契約を結ぶことも不可能であったはずである。だが、後宮らと新たな買受人との連名で組合に「名義変更届」を提出することにより、組合は新買受人に換地を交付するという手続上の操作が行われたのであった。この「名義変更」は「労務者其ノ他庶民ノ住宅ノ供給ヲ図ルコト」（住宅営団法第一条）を目的として1941年に設立された特殊法人住宅営団との間でも行われた。同年の区会ではこの間の経過が次のように報告されている。

　　曩ニ後宮信太郎及佐藤源三郎〔後宮の共同購入者――引用者〕ニ譲渡シタル特別処分地ヲ今回住宅営団事業地トシテ全営団ニ於テ買収シタキ趣ナルモ本件土地ハ本区ノ事業進捗中ノ為メ売買登記不可能ナルヲ以テ全営団事務ノ都合ニヨリ組合ヲ当事者トシテ買収契約ヲ締結シタキニ付キ可然取斗方依頼アリ〔中略〕後宮信太郎及佐藤源三郎トノ契約ニ基キ引渡スベキ組合地ハ仮換地ノ結果契約ヨリ約参千五百坪（後宮信太郎二千八百坪、佐藤源三郎七百坪）ヲ減ズル事トナリ〔以下略〕[59]

　後宮・佐藤から同営団への「売却」額は明らかでないが、おそらく両人は紹介料等の名目で一定の金額を受領したのであろう。こうして3,500坪の土地を入手した住宅営団もまた、さらにそれを一般に分譲した。

4-2-3．村域西部における工区経営と組合地予約売却方式の定着

　ここまで述べたように、事業施行にあたり最初に借入を行い工事終了後に組合地を処分して償還するという方法の不利益は村域東部および中央部の工区ですでに自覚されており、また1937年9月以降の戦時経済体制下にあっては金融も引き締められ、借入そのものが困難になりつつあった。そこで、そうした事態を回避するための方策が順次模索され、村域西部の各工区において完全に定

着することになった。

　先に、1938年の用賀東区における事業着手に際して高屋直弘が予納金による資金調達について説明しているのを確認した（176〜177頁）。同工区については年度別の会計史料がほとんど残されていないが、借入をほとんど行っておらず、したがって利払いがほとんどないこと、その一方で事業開始の年度に7万5,612円という多額の「換地徴収金」を得ていることなどは判明する。これは、組合地の「予約売却」によって資金調達を行ったものと理解できる。組合地は全部で1万3,500坪設定されたが[60]、ここでは先に述べたような有力財界人に対する売却ではなく、一部が工事請負業者に対する現物支払に利用され、残りの部分は高屋直弘を通して一般に分譲された。この方法は先述の等々力北区に近い手法であるが[61]、いずれにせよ工区自身は工事を確実に進めることを可能にするとともに組合地の買い手を探す負担からも逃れたのである。

　その他の村域西部各工区においても、工事着手の年度からまとまった額の換地徴収金を獲得し、資金繰りに苦労することなく短期間で工事を終了させたことが判明する。これらの工区でも借入はほとんど行われず、例外的に事業のごく初期に短期資金を借り入れた場合も当年度中に返済されていた。このうち組合地売却の具体的状況がある程度判明するのは瀬田下区である（表4-12）。ここでは組合地1万1,350坪のうち6,600坪を東京横浜電鉄に対し坪単価8円で売却し、最初の売買契約締結時に2万5,000円を、残りを工事の進捗に応じ2,500円ずつ払い込ませる方法を採った。

　このように、1930年代末から40年代にかけて事業を行った村域西部の工区においては組合地の予約売却を行い短期間で事業を行う方法が定着した。その場合、1920年代後半の村域東部に見られたように個々の小口の買受人に直接売却するのではなく、比較的大口の買受人を対象に一括して売却したのが特徴であった。もちろん、早い時期においても諏訪分区における池上電気鉄道、用賀西区における帝国競馬協会といった大口の買受人に一括して組合地を売却した例はあった。ただ、これらの場合は買受人自身がその土地を直接利用するために購入したものであり、すでに述べたようにそうした需要は各工区の意思のみで

表4-12 瀬田下区収支決算

(単位:円)

年　度	1937	1938	1939	1940	1941
収入	77,510.00	13,028.25	22,719.56	29,665.10	21,037.44
換地徴収金	77,500.00	10,925.00	19,399.50	27,244.00	20,857.44
利子	0.00	0.00	0.00	0.00	0.00
補助金その他	10.00	2,103.25	3,320.06	2,421.10	180.00
支出	44,462.73	41,239.79	25,478.82	21,672.61	15,398.82
工事・測量費	19,886.15	34,261.38	21,113.93	6,486.00	4,000.00
補償費	9,980.25	4,101.91	1,482.00	903.00	0.00
事務・会議費等	5,990.55	2,876.50	2,882.89	2,958.84	864.96
利子	6,955.78	0.00	0.00	0.00	0.00
その他	1,650.00	0.00	0.00	11,324.77	10,533.86
当期差引収支	33,047.27	▲28,211.54	▲2,759.26	7,992.49	5,638.62
借入	3,000.00	0.00	0.00	0.00	0.00
償還	3,000.00	0.00	0.00	0.00	0.00
借入残高	0.00	0.00	0.00	0.00	0.00
次期繰越金	33,047.27	4,835.73	2,076.47	10,068.96	15,707.58

出典:瀬田下区各年度決算報告書。

は創出しえない偶発的なものであった。現に等々力北区においては鉄道用地の売却計画が頓挫するという事態が発生していたのである。これに対し、村域中央部の一部から村域西部の工区にかけて行われた予約売却においては、買受人が買い入れた組合地を自身で利用するのではなく、さらに分譲して開発利益を得た点が異なっていた。彼らは広大な組合地を一括して買い受け、少しずつそれを転売していったのであるが、こうしたことを実行するにはある程度長期間にわたり土地を保有し続けるための資力が必要であり、それは組合側に欠けている条件でもあった。組合は当初、買受人にこうした中間的な利益を獲得させることに対し否定的な態度を示していたし、それが田園都市会社に対抗して耕地整理組合を設立した動機のひとつにもなっていたのであるが、最終的には円滑な工区経営と引き換えにそれを許容する結果となったのである[62]。

4-2-4. 組合経営の俯瞰

　表4-13は、各工区の収入・支出合計および内訳となる各項目の金額および割合について、史料を入手し得た範囲で表示したものである。この表に沿って以上の議論を集約しておこう。

　まず、各工区の収入・支出をみると、資金調達方法が村域の東部・中央部・西部という地理的な区分に概ね沿う形で変化し、それにともなって支出のパターンも変化していったことがわかる。

　早期に事業に着手した村域東部の工区は、池上電気鉄道の鉄道用地需要が存在した諏訪分区を別とすれば、総「収入」の半分以上を借入金が占めており、これが初発における最も重要な資金調達源であった。しかも、耕地整理事業において本来想定されていた借入先である東京府農工銀行および日本勧業銀行からの融資には限界があり、その不足を補うためには区域内に進出しつつあった目黒蒲田電鉄からの借入に加えて、高利な個人からの借入を余儀なくされていたのである。同電鉄は組合に対し比較的低利で融資を行っていたが、これは耕地整理の早期完成が宅地化の進展を促し、結果的に鉄道利用客が増加するのを期待したためであったと考えられる。

　このように借入金への依存度が高い工区においては、当然ながら「支出」の項目における償還費も多額にのぼっていた[63]。また、借入金への依存が大きな利子負担に繋がっていたこともわかる。利払い額は場合によっては工事費に匹敵するか、それを上回る額に達しており、結果として耕地整理事業を高コストなものにしていた。

　村域中央部においては、総収入に占める借入金の割合が若干低下して概ね3割～4割程度を示しているが、当初抱えていた問題は村域東部と同様であった。本文中で言及しなかった等々力中区は10％にとどまっているが、これは最も多く借入を行うはずの事業初期の史料を欠いており、その間の借入額が反映されていないためと判断されるので、検討の対象からは外してよいであろう。だが、この地区では後半になると高利の借入に依らない経営を試みる工区が出現する。

とくに、村域中央部のなかでは最も遅く事業に着手した野良田区では組合地を最初に一括して予約売却したため、借入金依存度が相対的に低下して20.8％となっていることがわかる。

こうした方法は村域西部においては完全に定着し、いずれの工区においても借入金の割合は極めて低いか、もしくはゼロとなっていた。借入によらずに予め大口の買受人に対し組合地を予約売却し、工事の進捗に併せて順次払い込みを得ることで事業費を賄ったためであった。その代金は本来は工事終了後でなければ徴収できないことになっていたが、実際にはさまざまの手段により払い込みを受けていたことも、すでに見たとおりである。この方法は、工区が事後的に組合地を売却するのに比べ事業計画が立てやすく、重い利子負担からも逃れることが可能になった。また、各工区において償還費・利子や工事費のほかに事務コストが多額に上っていたことを勘案すれば、短期で事業が修了することによるその節約効果も無視し得ないであろう[64]。

もっとも、こうした場合の売却価格は同時代的にみても安価であった。表4-14は東京近郊における土地区画整理施行後の地価推移を示したものであるが、玉川全円耕地整理組合と地理的に近接している荏原郡第一土地区画整理組合第一工区および第二工区（番号3・4）における地価水準が東京近郊のうちでも低い部類に属すること、それと比較してもここで言及した予約売却価格が総じて安価であったことが窺えよう。このことは、同額の事業費を調達するならば他地域に比べより多くの組合地を拠出する必要があったことを意味する。このような軽くはない負担に対してはこれまで見たように反対もしばしば生じたが、一方では本章第一節でみたように、将来的な地価上昇への期待と引き換えにそうした減歩を許容する通念が地域社会に浸透し、個々の組合員にしてみればそれを受容せざるを得ない状況が生じていたのも事実であった。

そして、そのような組合地の一括購入が可能なのは、購入した土地を一定期間保有し続けられる有力な資産家や企業に限られていた。彼らは購入した組合地を転売することで中間的な利益を獲得したのであるが、このことは、組合にとってみれば当初めざしていた村外のディベロッパーを排除する方針の放棄を

表 4-13 工区別

収入

工区	期間（年度）	換地徴収金		預金利子		雑収入	
諏訪分	1927～1930	70,380.00	91.2%	3,422.09	4.4%	1,158.45	1.5%
奥沢東	1928～1940	125,581.75	86.6%	3,081.40	2.1%	16,269.18	11.2%
奥沢西	1927～1935	112,297.64	76.7%	1,767.05	1.2%	32,326.96	22.1%
尾山	（史料欠）	—					
等々力南	1928～1948	215,969.13	95.8%	2,361.74	1.0%	7,108.02	3.2%
等々力中	1932～1946	187,646.97	95.2%	1,512.87	0.8%	6,961.60	3.5%
等々力北	（史料欠）	—					
下野毛	1928～1942（除30・31・33）	146,375.43	95.8%	1,739.70	1.1%	4,731.13	3.1%
上野毛	1929～1940	85,714.72	93.1%	2,644.33	2.9%	3,673.02	4.0%
野良田	1935～1940	183,270.67	84.7%	173.84	0.1%	14,766.13	6.8%
諏訪河原	1936～1941	75,064.64	93.4%	2,321.86	2.9%	1,477.63	1.8%
瀬田下	1937～1941	155,925.94	95.1%	0.00	0.0%	3,750.34	2.3%
瀬田中	1939～1941	98,006.00	97.1%	423.61	0.4%	624.00	0.6%
用賀東	1938～1949	155,407.93	96.0%	1,514.64	0.9%	120.00	0.1%
用賀中	1935～1950	192,936.87	92.0%	14,497.46	6.9%	2,307.23	1.1%
用賀西	（史料欠）	—					
計		1,804,577.69	91.6%	35,460.59	1.8%	95,273.69	4.8%

支出

工区	期間（年度）	工事・測量費		補償費		事務・会議費等	
諏訪分	1927～1930	31,423.33	55.3%	8,612.58	15.2%	3,176.15	5.6%
奥沢東	1928～1940	45,888.72	28.8%	19,781.77	12.4%	23,015.10	14.5%
奥沢西	1927～1935	58,209.90	39.4%	11,745.35	7.9%	17,585.67	11.9%
尾山	（史料欠）	—					
等々力南	1928～1948	38,665.44	16.9%	18,834.77	8.2%	93,918.59	41.0%
等々力中	1932～1946	16,596.87	14.4%	15,664.05	13.6%	43,730.79	38.1%
等々力北	（史料欠）	—					
下野毛	1928～1942（除30・31・33）	48,818.51	29.3%	6,946.91	4.2%	31,733.44	19.0%
上野毛	1929～1940	19,290.14	24.4%	6,845.26	8.7%	22,437.43	28.4%
野良田	1935～1940	58,701.00	33.6%	13,524.01	7.7%	19,619.70	11.2%
諏訪河原	1936～1941	31,978.30	52.8%	12,047.05	19.9%	12,656.47	20.9%
瀬田下	1937～1941	85,747.46	57.8%	16,467.16	11.1%	15,573.74	10.5%
瀬田中	1939～1941	75,084.47	77.1%	9,436.15	9.7%	10,847.22	11.1%
用賀東	1938～1949	67,516.18	43.9%	32,444.91	21.1%	41,950.39	27.3%
用賀中	1935～1950	59,976.88	29.1%	26,939.57	13.1%	61,830.09	30.0%
用賀西	（史料欠）	—					
計		637,897.20	35.6%	199,289.54	11.1%	398,074.78	22.2%

出典：各工区・各年度決算報告書。収入のうち補助金欄が空欄の場合は、雑収入に含まれている。

第4章　耕地整理事業の展開と村域中央部・西部における組合運営の変化

決算一覧

（単位：円）

補助金	%	計	利子	%	その他	%	計
2,198.50	2.8%	77,159.04	1,893.91	3.3%	11,674.61	20.6%	56,780.58
0.00	0.0%	144,932.33	43,739.43	27.5%	26,652.79	16.8%	159,077.81
0.00	0.0%	146,391.65	35,859.83	24.3%	24,375.42	16.5%	147,776.17
—			—				
0.00	0.0%	225,438.89	38,382.82	16.8%	39,037.49	17.1%	228,839.11
1,018.40	0.5%	197,139.84	28,352.10	24.7%	10,560.97	9.2%	114,904.78
—			—				
0.00	0.0%	152,846.26	18,633.16	11.2%	60,587.67	36.3%	166,719.69
0.00	0.0%	92,032.07	20,153.95	25.5%	10,224.98	13.0%	78,951.76
18,184.00	8.4%	216,394.64	17,722.87	10.1%	65,231.77	37.3%	174,799.35
1,466.80	1.8%	80,330.93	3,013.50	5.0%	825.00	1.4%	60,520.32
4,284.07	2.6%	163,960.35	6,955.78	4.7%	23,508.63	15.9%	148,252.77
1,913.28	1.9%	100,966.89	72.54	0.1%	1,925.68	2.0%	97,366.06
4,870.84	3.0%	161,913.41	31.90	0.0%	11,888.23	7.7%	153,831.61
0.00	0.0%	209,741.56	19,231.26	9.3%	38,213.99	18.5%	206,191.79
—			—				
33,935.89	1.7%	1,969,247.86	234,043.05	13.0%	324,707.23	18.1%	1,794,011.80

借入と償還

工区	期間（年度）	借入	償還
諏訪分	1927〜1930	0.00	0.00
奥沢東	1928〜1940	180,250.00	135,950.54
奥沢西	1927〜1935	148,000.00	113,681.01
尾山	（史料欠）	—	—
等々力南	1928〜1948	135,431.42	135,430.84
等々力中	1932〜1946	21,908.00	58,058.00
等々力北	（史料欠）	—	—
下野毛	1928〜1942（除30・31・33）	75,765.21	59,673.98
上野毛	1929〜1940	68,600.00	68,600.00
野良田	1935〜1940	57,000.00	106,666.67
諏訪河原	1936〜1941	0.00	0.00
瀬田下	1937〜1941	3,000.00	3,000.00
瀬田中	1939〜1941	4,700.00	4,700.00
用賀東	1938〜1949	1,000.00	1,000.00
用賀中	1935〜1950	—	—
用賀西	（史料欠）	—	—
計		694,654.63	685,761.04

表4-14 土地区画整理施行後における地価の推移

(単位:円/坪)

番号	組合名	認可年月	地点	1923	1924	1925	1926	1927	1928	1929	1930	1931	1932	1933
1	中野町中野第一土地区画整理組合	1925.9	最高 普通 最低			30 15 10	30 15 10	35 20 10	60 35 15	60 35 15	60 35 15	55 35 10	100 38 15	100 35 15
2	中野町中野第二土地区画整理組合	1927.2	最高 普通 最低						30 23 15	30 25 15	35 25 17	40 27 23	50 32 24	50 32 24	45 30 22
3	荏原郡第一土地区画整理組合第一工区	1924.10	最高 普通 最低		33 23.5 13.5	33 23.5 13.5	33 23.5 13.5	33 23.5 13.5	23 16.5 9.5	23 16.5 9.5	16.5 11.7 6.8	16.5 11.7 6.8	16.5 11.7 6.8	16.5 11.7 6.8
4	荏原郡第一土地区画整理組合第二工区	1924.10	最高 普通 最低		39 27 15	39 27 15	39 27 15	39 27 15	31.2 23.6 12	31.2 21.6 12	19.5 15.8 12	19.5 15.8 12	19.5 15.8 12	19.5 15.8 12
5	石神井土地区画整理組合	1928.7	最高 普通 最低						8 5.5 3	8 5.5 3	9 6 3.5	10 6.5 3.5	11 7.5 4	12 8 4
6	井荻町土地区画整理組合第一工区	1925.9	最高 普通 最低			83 28 12	82 27 12	80 27 12	80 25 10	73 22 10	73 22 10	80 25 10	80 25 10	80 25 10
7	高円寺土地区画整理組合	1923.11	最高 普通 最低	35 20 10	36 21 15	38 23 18	40 25 20	45 27 22	45 27 22	50 28 23	45 27 20	50 27 20	50 27 20	60 30 25
8	岩淵町第一土地区画整理組合	1928.2	最高 普通 最低						18 13 7	18 13 7	25 16 10	30 25 13	35 28 15	35 28 15
9	岩淵町第二土地区画整理組合	1928.6	最高 普通 最低						17 12 8	18 12 8	20 15 12	28 23 18	28 23 18	30 25 19
10	世田谷代沢土地区画整理組合	1930.12	最高 普通 最低								37 25 10	37 25 15	40 26 18	40 26 18
11	駒沢町下馬土地区画整理組合第一工区	1930.10	最高 普通 最低								16 8 2	16 8 1	20 12 5	28 15 6
12	駒沢町下馬土地区画整理組合第二工区	1930.10	最高 普通 最低								20 10 4	20 10 4	22 15 6	25 16 8

出典:高橋幸枝「都市計画及土地区画整理事業に依る受益例に関する二、三に就て」(『都市公論』第18巻1号、1935年)。

意味していた。玉川全円耕地整理組合は、工区の円滑な経営と引き換えにディベロッパー的性格を有する民間資本の介入を許容したのであり、また結果的にそれこそが事業の遂行にとって不可欠と言ってよいほどの重要な鍵となったのである。そのことは、介入した民間資本側にとってもメリットのあるものであった。単純な買収による用地取得が、地価の高騰を惹起して個々の土地所有者との摩擦を引き起こした結果早くから行き詰ったのに対し、土地所有者の組合に参加することである程度の利害を共有し、一定面積の土地を比較的容易に取得し得たからである。

ただし、そうして組合員が得た「利益」の実体化は個々の土地所有者による整理後の運用に専ら委ねられたから、土地所有者たちは民間資本と同様の運動法則に否応なしに巻き込まれることとなった。それは、耕地整理によってあらゆる組合員が開発業者と同じ立場に立たされ、同じ価値原理に基づいて行動し、一種の不動産業者として振る舞うように要求されたことを意味した。両大戦間期の土地整理については、土地所有者の利益を優先する方針に立脚して成立していたものであったとの理解が一般的である[65]。だが、問題はその「利益」の中身であって、彼らが得たのはあくまで狭義の経済合理性に照らした「利益」であったことになるであろう。

小　括

本章では、後半期に事業に着手した村域中央部から村域西部にかけての工区を検討した。これらの工区が位置した地区は、そもそも宅地需要が必ずしも旺盛でなく、事業に対して消極的であり、それゆえ着手が遅れたという性格を持っていた。だが、耕地整理の事業推進過程を検討すると、前半期に着手した村域東部の工区に比べ、むしろ村域中央部から村域西部へと事業が進むにつれ、その過程が円滑になるという逆説が観察された。

その大きな理由は、事業計画を事前に固める努力が払われたことに求められる。村域東部の工区が事後的に発生する問題の解決に追われた経験を踏まえ、

後発の工区は組合地売却先をあらかじめ探すことで資金面での不安を解消し、また、都市計画道路の計画をあらかじめ組み込んだ設計案とすることで、事後的な減歩率の増加などといった負担の発生を予防した。こうした、取り組みは、東部の先発工区でも萌芽的に見られたが、中央部においてはそれぞれの工区がより積極的な模索を行い、西部において概ね定型化された。

こうした事業の先決化・客観化と表現し得る取り組みによって耕地整理は順調に進行するようになったが、一方でそのことは開発業者や都市計画と耕地整理との融合をもたらし、事業着手の当初に強く意識されていた地域社会の自律性を希薄化させることに繋がった。村ぐるみの事業として行われていた玉川全円耕地整理は、その性格を変じざるを得なかったのである。

また、この過程では、土地を大幅に減歩しても整理後の地価上昇を利益と見なす、都市計画事業において採られていた考え方が、大きな摩擦をともないながら玉川村域においても「受容」され、やがてこれを判断基準とした合意形成が行われるように、各利害関係者の従うべき価値原理が転換していった。

注

1) このうち用賀西区のみは着工時期が比較的早かったが、これは前章で述べたように帝国競馬協会にまとまった組合地を売却することができたためであった（現在の馬事公苑にあたる）。
2) 等々力北区「第二回区会議事録」（1932年6月30日、請求番号07Ⅰ101-008、以下同様）。
3) 等々力北区「第二回総会議々事録」（1932年7月7日、07Ⅰ101-016）。
4) 等々力北区第一工区委員会「委員会議事録」（1932年7月15日、07Ⅰ101-018）。
5) 等々力北区第一工区委員会「委員会議事録」（1932年7月26日、07Ⅰ101-024）。
6) 玉川全円耕地整理組合「第四回評議員会議事録」（1930年12月10日、『会議録 創立総会・評議員会・組合会』簿冊、13Ｓ102-019）。
7) 玉川全円耕地整理組合「第四回組合会議事録」（1934年4月26日、13Ｓ102-025）。
8) 玉川全円耕地整理組合「第六回評議員会議事録」（1942年12月16日、13Ｓ102-037）。
9) 越沢明『東京都市計画物語』（日本経済評論社、1991年）170～185頁。
10) 諏訪河原区「第六回区会々議録」（1936年11月1日、02Ｃ101-11）。
11) 諏訪河原区「第九回区会々議録」（1936年12月21日、02Ｃ101-16）。

12) 諏訪河原区「補償委員会議事録」(1937年10月8日、02C101-36)。
13) 諏訪河原区「第十七回会議事録」(1937年12月17日、02C101-37)。
14) 上野毛区「第十回区会議事録」(1930年1月27日、03E101-043)。
15) 上野毛区「補償委員会議事録」(1930年3月14日、03E101-045)。
16) 田中伊八発上野毛区長宛書簡 (1930年7月22日、同区『雑書綴』簿冊、03E601-021)。
17) 上野毛区「第十八回区会議事録」(1930年9月22日、03E101-061)。
18) 等々力北区第一工区「委員会議事録」(1932年7月26日、07I101-024)。
19) 同上。
20) 同上。
21) 同上。
22) 等々力北区第一工区「[組合地譲渡に関わる] 公正証書」(1932年8月25日、『等々力北区第一工区会議録』簿冊、07I801-007)。
23) 等々力北区長荒井寿平ほか発花之枝喜代松宛「覚書」(1932年8月25日、07I801-006)。
24) 等々力北区「第六回区会議事録」(1932年8月12日、07I101-030) および「第八回区会議事録」(1933年6月3日、07I101-047)。
25) 等々力北区「第三十三回区会議事録」(1934年10月29日、07I102-043)。
26) 等々力北区「第九回区会議事録」(1933年7月1日、07I101-049)。
27) 等々力北区「第一回調査交渉委員会議事録」(1933年7月1日、07I101-050)。
28) 等々力北区「第二回調査交渉委員会議事録」(1933年7月4日、07I101-051)。
29) 等々力中区「第二十八回区会議事録」(1933年2月27日、05H101-099)。
30) 等々力中区「第六拾弐回区会議事録」(1938年2月20日、05H102-091)。
31) 等々力南区「第四十六回区会議事録」(1936年9月18日、06J101-049)。
32) 等々力南区「放射第三号線調査委員会」(1937年1月26日、06J101-053)。
33) 都市計画道路が通過しなかった工区のうち、瀬田上区は最後まで耕地整理の着工に至らず、1952年になって正式に組合から離脱した。
34) 用賀東区「第一回総会議議事録」(1938年9月10日、09N101-080)。ただし、史料中で高屋の挙げている工区のうち、用賀西区は前章で述べたとおり極めて早い時期に帝国競馬協会へ用地を売却したものであり、偶然性の高いものであったから、ここで論ずる諸工区とは性格を異にするものと本書は考える。
35) 同上。
36) 用賀東区「設計概要」(前掲「第一回総会議議事録」添付) および同区「第拾回区会議事録」(1938年9月29日、09N101-076)。

37） 用賀東区「第拾五回区会議事録」（1938年12月26日、09N101-061）。
38） 東京急行電鉄田園都市事業部編『多摩田園都市——開発35年の記録』（同社、1988年）69頁。
39） 用賀東区「第拾四回区会議事録」（1938年12月15日、09N101-064）および同区「諮問委員会議事録」（1938年12月22日、09N101-063）。
40） 瀬田下区「第十一回区会議事録謄本」（1937年11月、08L101-019）。
41） 瀬田下区「契約書案」（同区「第十三回区会議事録」添付、1937年12月18日、08L101-026）。
42） 前掲瀬田下区「第十三回区会議事録」（1937年12月18日）。
43） 用賀中区「交渉委員会議事録」（1935年10月20日、09M101-039）および同区「第八回区会議事録」（1935年10月31日、09M101-042）。
44） 用賀中区「金銭消費貸借契約書案」（前掲「第八回区会議事録」添付）。
45） 諏訪河原区「設計概要」（同区「第三回区会々議録」添付、1936年9月11日、02C101-07）。
46） 瀬田中区「設計概要」（同区「第一回総会議議事録」添付、1939年11月13日、08K101-012）。
47） 石川栄耀「区画整理——事始め」（土地区画整理研究会『区画整理』第3巻第12号、1937年。ただしここでは区画整理刊行会編『復刻　区画整理』第Ⅰ期第5巻、柏書房、1990年版を参照）。
48） この石川の回想は当時の区画整理が模索の中で行われたことを述べるのに主眼が置かれており、この後地主に具体的な説明を行う段になってとくに費用面からほとんど説得的な説明ができなかったというエピソードが述べられる。ここでの石川の居丈高な態度の描写が、そうした後段の描写に妙味を与えるための前提としてなされている点には注意を要する。
49） 用賀中区「第四回区会議事録」（1935年5月21日、09M101-024）。
50） 「陳情書」草稿（野良田区「第七回組合会議事録」添付、1939年12月23日、13S102-033）。正確な作成年月は不明であるが、1939年頃と推定される。
51） 瀬田下区「第二十五回区会」（〔議事録〕、1939年1月11日、08L101-063）。
52） 日本勧業銀行調査部『日本勧業銀行史　特殊銀行時代』（同、1953年）554～555頁。
53） 等々力北区「第一回区会議事録」（1932年2月28日、07Ⅰ101-006）。
54） 野良田区「設計概要」（同区「第二回区会議事録」添付、1936年6月21日、01A101-015）。
55） 野良田区「組合地委員会議事録」（1936年7月23日、01A101-030）。
56） 野良田区「第六回区会議事録」（1936年7月28日、01A101-034）および同添付「不

動産譲渡契約書案」、「金銭消費貸借契約書案」。
57) 野良田区「決議書」（1937年10月25日、01A101-075）。
58) この場合、その返済は清算交付金として処理されるべき（本稿における筆者の分類では「その他」項目に計上される）であるが、工区の担当者はそうして得た資金を実態に即してあくまで「借入」と認識していたのか、「償還費」の項目に誤記してしまったものと思われる。その結果として本工区では1935〜40年度における借入金総額を償還費が上回るという不可解な現象が生じている。本工区では他にも、玉川電気鉄道からの借入を1935年度分については「換地徴収金」として処理しておきながら、翌年度以降は同様の手段によって調達したにも関わらず「借入金」として記載するという混乱が見られる。
59) 野良田区「第四拾回区会議事録」（1941年12月6日、01A101-100）。
60) 前掲用賀東区「第拾回会議事録」（1938年9月29日）。
61) 高屋を通して組合地を分譲する方法は、村域東部の尾山区においても部分的に採用されていた。
62) これに加えて、村域東部の工区の場合は当初売却対象として工区内の組合員が想定されていたことも指摘しておきたい。この場合、工区内の比較的富裕な層が主な対象であったと考えられるが、そうした層が十分に組合地を引き受けられなかったことが、事業後期の村域西部においては外部の有力な買い手を探す背景になったとも言える。
63) 借入額と償還額が不一致、とくに借入額に比して償還額が少ない場合がいくつか見られるのは、多くの工区で工事終了時点頃までしか会計報告がなされておらず、その後に償還した分が表示されていないためと思われる。村域中央部の野良田区のみは注58)に述べたとおり会計報告作成の際の混乱が原因と見られる。
64) 事務コストに関して、際立って事務費の額が大きい等々力南・等々力中・用賀東・用賀中の各工区については、史料が第二次大戦後までカバーしていることに起因する特殊な事例と見なすべきであろう。戦後に持ち越された清算および登記事務などに要する費用の絶対額がインフレの影響で膨らみ、それが史料に反映されているのである。
65) 最近の研究では例えば沼尻晃伸『工場立地と都市計画——日本都市形成の特質1905-1954』（東京大学出版会、2002年）。

結章　耕地整理と社会編成原理の転換

耕地整理の終了

　玉川全円耕地整理事業の工事および換地は、1944年までに大部分が終了した。太平洋戦争の影響で先の見通しがたたなくなり、工事終了を余儀なくされたのである。1944年5月の評議員会および組合会で、高屋直弘はこうした状況を次のように説明している。

　　今回設計ヲ変更セントスルハ提出図ニ示シマシタ如ク用賀中区、瀬田中区、瀬田下区、野良田区、等々力中区及等々力南区デアリマス　本組合ニ於ケル設計ハ当初監督官庁ノ認可ヲ得テ之レニ依リ整理ヲ施行致シテ居リマシタ其後監督官庁ノ指示ニ依リ都市計画路線ヲ本組合設計ニ取入ル、コト、ナリマシタガ為メ当初設計ヲ変更シ都市計画ニ依ル路線ノ敷地ヲ全部或ハ一部本組合ニ於テ負担シ該敷地上物件移転ハ之ヲ東京都ノ負担トシ或ハ又本組合ニ於テ移転ヲ為シタルモノニ付テハ助成ヲ受クル等ノ方法ニ依リ路線ヲ築造シテ参ツタノデアリマス
　　然ルニ移転物件ノ補償額ニ付所有者ノ同意ヲ得ルニ至ラズ交渉ヲ重ネテ居リマス内ニ今次ノ大戦ニ際会シ現下ノ状勢ニ於キマシテハ工事又ハ移転ニ必要ナル資材ノ入手ハ殆ンド不可能トナリマシタノミナラズ之等資材入手ニ付テハ到底予測ヲ許サザル状態ニアリマス、一方本組合トシテハ此侭荏苒事業ヲ延期スルコトモ出来マセヌノデ前記各工区ハ此際道路築造不可能ナル箇所ハ或ハ路線ヲ廃止又ハ幅員ヲ変更シテ上地スルコト、シ以テ組合事業ノ進捗ヲ図ラントスルモノデアリマス[1]

ここでは戦争による資材難のため、工事の進捗が困難になっている状況が説明されている。将来の見通しがつかないまま、組合事業としてはとりあえず工事終了とし、手続の結了をめざさねばならない。地上物件移転交渉が未解決の箇所も残存しているが、とりあえずはそのまま存置して設計のほうを現状にあわせ変更しようというのである。その後、業務を請け負っていた高屋土木事務所は静岡県の御殿場に倉庫を借りて書類を疎開させた。こうして、玉川全円耕地整理事業は登記などの残務処理を残したままの状態で中断を余儀なくされたのであった。

こうした状態のまま、1947年には、今やこの事業を実質的に支えていた高屋直弘が死去し、続いて組合長であった豊田正治も死去した。組合会および各工区の区会において役員が新たに選出され事業が再開を見たのは、二人の死後2年が経過した1949年であった。このとき、奥沢の毛利博一が2代目の組合長に就任するとともに、嘱託技師には高屋の部下であった岡田明太郎がおさまった。

復活した組合および工区の業務は、主として土地の登記および換地清算であった。1954年、最後に残った用賀中区の登記が終了し、30余年に渡る玉川全円耕地整理事業は終了したのである。翌年、組合は耕地整理完成記念誌『郷土開発』を刊行し、解散した。

換地処分にみる土地利用の変化

耕地整理は実際の土地利用にどのような変化をもたらしたのであろうか。表結-1に換地処分前後における土地利用状況の一覧を示す[2]。ただし、これは換地処分を挟む直前直後の状態を示すにすぎないため、それ以前から生じていた実質的な変化を反映しておらず、さらに地目表示が必ずしも実状と一致しない可能性も残している。こうした多くの留保を付した上で、同表に基づき検討を行う。

最初に、右端に掲載した全体の整理前後の地積変化を確認する。最右端は公簿上の変化であり、瀬田中区を除けば概ね5％前後の増歩が実現している。た

だしこれは名目上のものであって、その左隣に掲げた実測値ではほとんど変化がない。民有地積の実測値は整理前後で概ね10％前後減少しており、この部分は国有地に編入された。この減歩に加え、事業費を捻出するために組合地としてさらに多くの民有地が売却されており、それが組合員の負担となった。整理後の土地がそれらを補うだけの利回りを実現できれば、個々の組合員にとって耕地整理は採算が取れたことになる。農業の将来性はすでに悲観されていたから、それは宅地としての利用によらなければならなかったのであるが、それが必ずしも容易でなかったことはすでにみた。

次に、地目ごとの地積異動を概観しておく。まずは「宅地」である。本事業は宅地化をめざしたと言われているが、実態はどうであったのか。この点について毛利博一は次のような回想を残している。

> 整理を早く実施した工区の土地は宅地として次々に利用される様になつた。目蒲電鉄の田園都市課が、電鉄沿線に住宅建築の資金貸出を行い敷地の紹介もした。又各駅より近い適当な土地には地主と契約して三千、五千一万坪と適宜に借り受けて、これを分割、整地として貸出した。尾山台住宅地、北尾山台住宅地、九品仏、上野毛〔いずれも村域中央部——引用者〕などはその最初のものである。各所にこのような計画があり、地主自身も希望者に進んで利用せしめるなど、更に宅地として発展の速度を進めたのである[3]。

同時代的にも、1932年の東京市域拡張直前になされた調査では玉川村について「概ネ土地平坦ナレドモ多少丘陵アリ。多摩川ノ清流村境ヲ画シ附近一帯風光雅致ニ富ミ高級ナル住宅地区ナリ〔傍点引用者〕」[4]という報告がなされているほか、村域中央部の等々力中区では、高屋直弘が1933年に「当時〔1924年——引用者〕ハ純耕地トシ将来ノ住宅地見込ノ方針……ナリシモ今日ニテハ都市発展ノ影響ヲ受ケ直ニ住宅地トシテノ施設ノ必要ヲ生シタル」[5]と発言しており、景気の回復が始まった1930年代中盤以降宅地需要が増加しつつあるこ

表結-1　換地にともなう

工区		確定時期 (換地総会 開催日)	宅地			畑			田		
			整理前 面積(坪) 割合(%)	整理後 面積 割合	前後比 (整理前 を100)	整理前 面積 割合	整理後 面積 割合	前後比	整理前 面積 割合	整理後 面積 割合	前後比
村域東部	諏訪分	1931.11.27	5,403 3.6	5,490 3.6	101.6	125,366 82.9	115,526 76.5	92.2	—	—	—
	奥沢東	1938.1.20	141,933 59.8	135,220 56.8	95.3	56,249 23.7	50,646 21.3	90.0	13,382 5.6	9,387 3.9	70.1
	奥沢西	1932.2.13	15,247 5.9	14,376 5.5	94.3	144,612 55.8	137,301 52.9	94.9	34,061 13.1	25,141 9.7	73.8
	尾山	1931.7.25	8,839 8.5	8,502 8.2	96.2	74,082 70.9	72,484 70.1	97.8	1,164 1.1	0 0.0	0.0
中央部	等々力南	1950.5.25	36,700 20.5	35,044 20.0	95.5	104,483 58.3	99,750 56.8	95.5	4,202 2.3	0 0.0	0.0
	等々力中	1948.9.16	33,809 16.6	31,509 15.5	93.2	97,467 47.9	127,221 62.5	130.5	44,652 21.9	0 0.0	0.0
	等々力北	1935.11.15	44,920 20.6	52,049 23.7	115.9	123,570 56.7	114,506 52.2	92.7	21,690 9.9	0 0.0	0.0
	下野毛	1943.6.15	21,955 13.4	19,541 11.8	89.0	77,924 47.5	79,757 48.2	102.4	14,326 8.7	12,601 7.6	88.0
	上野毛	1941.5.9	24,510 13.6	24,005 13.4	97.9	134,384 74.7	120,996 67.3	90.0	3,183 1.8	3,102 1.7	97.5
	野良田	1952.2.3	47,622 14.3	74,289 22.3	156.0	215,663 65.0	189,980 57.0	88.1	28,471 8.6	0 0.0	0.0
西部	諏訪河原	1943.4.17	12,287 13.3	10,231 10.9	83.3	56,694 61.5	54,611 58.3	96.3	13,187 14.3	11,794 12.6	89.4
	瀬田下	1941.12.20	35,132 19.8	34,525 19.4	98.3	105,386 59.5	99,173 55.8	94.1	6,330 3.6	4,564 2.6	72.1
	瀬田中	1952.7.19	42,828 36.4	45,382 39.1	106.0	47,185 40.1	38,614 33.3	81.8	357 0.3	0 0.0	0.0
	用賀東	1944.4.19	39,658 23.7	35,647 21.2	89.9	84,192 50.3	96,245 57.2	114.3	20,045 12.0	0 0.0	0.0
	用賀西	1936.4.1	13,620 4.0	13,793 4.1	101.3	227,917 67.5	206,076 61.0	90.4	21,524 6.4	22,375 6.6	104.0

注：1）換地前後の数値は公簿面積でなく台帳に記載された実測値に基づく。
　　2）「割合」は、全地積に対するその地目の割合（百分率）を示す。
　　3）用賀中区は史料欠如のため未掲載とした。
　　4）民有地計は宅地、畑、田以外の、国有地計は国有道路以外の土地（未表示）をそれぞれ含む。
出典：各工区換地台帳。

結章　耕地整理と社会編成原理の転換　213

土地利用の変化

民有地計			国有道路			国有地計			合計			従前公簿面積
整理前 面積 割合	整理後 面積 割合	前後比	整理前 面積 割合	整理後 面積 割合	前後比	整理前 面積 割合	整理後 面積 割合	前後比	整理前 面積 割合	整理後 面積 割合	前後比	
143,000 94.6	131,212 86.9	91.8	8,149 5.4	19,505 12.9	239.3	8,149 5.4	19,706 13.1	241.8	151,149 100.0	150,918 100.0	99.8	143,409
222,670 93.8	203,351 85.5	91.3	10,803 4.6	32,789 13.8	303.5	14,702 6.2	34,580 14.5	235.2	237,372 100.0	237,931 100.0	100.2	226,513
245,293 94.7	225,393 86.8	91.9	12,722 4.9	32,918 12.7	258.7	13,728 5.3	34,132 13.2	248.6	259,021 100.0	259,525 100.0	100.2	243,727
98,122 93.9	88,933 85.9	90.6	6,198 5.9	14,215 13.7	229.3	6,402 6.1	14,542 14.1	227.1	104,524 100.0	103,475 100.0	99.0	99,910
168,518 94.0	151,341 86.2	89.8	8,472 4.7	23,304 13.3	275.1	10,774 6.0	24,312 13.8	225.6	179,292 100.0	175,653 100.0	98.0	170,605
188,299 92.5	167,444 82.2	88.9	14,025 6.9	33,213 16.3	236.8	15,306 7.5	36,186 17.8	236.4	203,605 100.0	203,630 100.0	100.0	189,022
203,931 93.5	183,037 83.5	89.8	10,204 4.7	34,625 15.8	339.3	14,095 6.5	36,290 16.5	257.5	218,026 100.0	219,328 100.0	100.6	205,620
141,856 86.4	136,338 82.4	96.1	6,898 4.2	17,047 10.3	247.1	12,025 7.3	19,505 11.8	162.2	164,204 100.0	165,399 100.0	100.7	156,015
173,088 96.3	157,743 87.7	91.1	6,699 3.7	21,893 12.2	326.8	6,725 3.7	22,045 12.3	327.8	179,813 100.0	179,788 100.0	100.0	175,520
311,098 93.7	278,275 83.5	89.4	16,040 4.8	51,697 15.5	322.3	20,868 6.3	55,045 16.5	263.8	331,966 100.0	333,319 100.0	100.4	314,624
86,968 94.4	81,474 87.0	93.7	2,927 3.2	11,072 11.8	378.2	5,206 5.6	12,205 13.0	234.4	92,174 100.0	93,679 100.0	101.6	88,213
166,696 94.2	152,198 85.6	91.3	7,338 4.1	25,270 14.2	344.4	10,110 5.7	25,403 14.3	251.3	177,049 100.0	177,805 100.0	100.4	175,011
109,902 93.4	97,961 84.4	89.1	6,009 5.1	17,979 15.5	299.2	7,734 6.6	18,152 15.6	234.7	117,636 100.0	116,112 100.0	98.7	116,509
157,089 93.9	144,621 85.9	92.1	6,207 3.7	22,650 13.5	364.9	10,277 6.1	23,707 14.1	230.7	167,366 100.0	168,328 100.0	100.6	160,613
318,344 94.3	293,595 86.9	92.2	11,870 3.5	42,116 12.5	354.8	19,225 5.7	44,254 13.1	230.2	337,569 100.0	337,849 100.0	100.1	321,213

とを示唆している。そうした事情は、耕地整理開始前は人口が停滞的であった村域中央部および村域西部において、換地処分の時点では「宅地」の割合が東部のそれよりも高くなっていること（これら工区は換地処分の時期が遅かった）からも推察される。

ただ、同表からは同時に「宅地」の割合が全体からみればそれほど大きなものではなかったこともうかがえる。村域東部に位置する奥沢東区では6割弱を占めるものの、他の工区においては1～2割程度にすぎなかった。面積についても、東京都と住宅営団を相手に多くの組合地を売却した野良田区では約56％、等々力北区で16％程度増加しているものの、その他の工区においてはほぼ不変か減少であり、下野毛区、諏訪河原区、用賀東区では「宅地」の減歩率がそれぞれの工区における民有地の平均減歩率を上回っているほどであった。宅地需要は少しずつ増加していたとはいえ、多くの工区が組合地の売却に難儀していたのも事実であり、その圧力はなお限定されたものだったのである。

ここで「畑」に目を転じると、奥沢東区を除くほとんどの工区でこの地目が最大の割合を占めていたことがわかる。これは「宅地」と表裏をなす関係に立っており、両者を合算するとほとんどの工区で全地積の7～8割を占めることが確認される。また、「田」はほとんどの工区で大幅に減少しており完全に払底した工区も存在するが、これは埋立によって「畑」への転換がなされたものと判断される。こうした「畑」の整備は、宅地の需要が上に述べたように限定されている状況下で、耕地整理の本来の目的とされた農事改良も一定程度実現したことを推測させる。また、いくつかの工区では完工後に税務署に提出するために作成された「耕地整理ニ関スル申告」という書類が残されており、ここでは水路の改善が実現したことや農地としての生産性が向上したことなどが強調されている。これは制度上の要請から作成されたものであり、宅地整備に全く触れないなど内容には多分に偏りがあるが、ある程度は事実を反映してもいたであろう。

また、繰り返しになるがそうした畑地としての整備が潜在的な宅地整備としての性格を有していた事情も見逃せない。耕地整理がある意味では宅地開発と

結章　耕地整理と社会編成原理の転換　215

親和的な側面を有していたことは第2章注3に示したごとく、当時一般にも知られていた。

　さらに、同表からは国有地、なかんずく道路の大幅な増加が見いだされる。これは主として政府と東京府による都市計画道路整備に起因しており、整理前5％前後にすぎなかった全地積に占める道路の割合は整理後に10〜15％程度にまで増加した。耕地整理事業開始当時において玉川村域はいまだ都市計画道路整備の対象地域ではなく、したがって地域社会はこのような大規模な道路整備を当初から念頭においていた訳ではなかったし、すでに見たように計画が明らかになったのちも直ちに同意を与えた訳ではなかった。そして、都市計画道路の敷設が受容されるまでには地域社会との間に少なからぬ摩擦を生じたし、その過程は地域社会における秩序の転換と密接な連関を有するものであった。

　その後の土地利用の推移については史料の制約により不明な点が多いが、『世田谷近・現代史』の叙述に依拠して簡単に述べておく。同書によれば、村域東部〜中央部にかけての地区における1947年時点の宅地比率は61.1％、村域中央部における1976年時点のそれは85.1％であった[6]。表に示した換地処分時点と比較すると、急速な宅地化の進展がうかがえる。また、とりわけ戦後は地割の細分化が進展したといい、等々力および尾山では整地直後に1,958であった筆数が1976年には5,259に増加していた[7]。また、それに加え従前から居住していた元「農家」の「地主」を中心として戦後にアパート経営が増加した結果、同一敷地内に複数の家屋が建造される事例が増加した一方[8]、奥沢や後述する尾山台など「法人組織」が開発した住宅地においては筆数の増加が比較的緩慢であったという[9]。

換地処分と組合員

　換地処分は組合員たちにどのような影響をもたらしたのであろうか。この点を、各工区で作成された換地台帳によって確認しておく。換地台帳は換地処分認可申請に際して添付される書類で、組合員ごとに所有地各筆につき従前地および換地の地積と評価額が記載されている。これらを整理したものが表結-2

表結-2　換地前後における地積および

	工区	諏訪分区	奥沢東区	奥沢西区	尾山区	等々力南区	等々力中区
	換地処分年	1934	1941	1938	1933	1951	1949
組合員数（人）	従前	73	355	271	71	283	276
	1,000坪以上	26	51	50	24	43	37
	500～1,000坪	7	26	41	12	49	40
	100～500坪	31	148	120	26	126	141
	～100坪	9	130	60	9	65	58
	換地	71	358	265	66	284	265
	1,000坪以上	25	48	42	24	37	36
	500～1,000坪	10	24	41	14	46	32
	100～500坪	33	162	137	28	150	153
	～100坪	3	124	45	0	51	44
	従前地なし	0	9	3	0	19	6
	換地なし	2	6	9	5	18	17
1人あたり平均地積（坪）	従前	1,959	627	905	1,382	595	680
	換地	1,849	568	823	1,347	532	629
地積変化指数（換地／従前）別組合員数（人）	125%～	10	25	30	9	30	24
	110～125	2	12	13	5	4	11
	90～110	19	180	80	19	87	77
	75～90	40	122	126	30	122	118
	～75	0	10	13	3	22	29
平均坪単価（円）	従前（再評価額）	21.89	18.31	15.59	13.92	18.69	17.93
	換地	24.32	20.88	18.14	16.03	24.49	22.36
	清算時乗率	1.100	1.085	1.050	1.053	2.025	1.427
平均坪単価変化指数（換地／従前）別組合員数（人）	150%～	0	9	9	4	44	19
	125～150	4	28	19	1	170	165
	105～125	59	276	204	59	30	58
	95～105	7	23	21	2	4	7
	75～95	0	9	5	0	7	4
	～75	1	4	4	0	10	6
居住地域別組合員数（人）	大字域内	22	152	68	36	105	203
	村域内	34	241	147	50	245	224
	村域外	39	122	125	21	56	57
	官公庁	0	1	2	0	1	1

注：空欄は不明を示す。「平均坪単価」の換地の項目は換地台帳を基にした筆者による計算値で、表結-3と若干相
出典：前表に同じ。

結章　耕地整理と社会編成原理の転換　217

坪単価の変化（付：居住地域別組合員数）

等々力北区	下野毛区	上野毛区	野良田区	諏訪河原区	瀬田下区	瀬田中区	用賀東区	用賀中区	用賀西区
1952	1945	1943	1952	1943	1943	1952	1951	1952	1936
373	168	170	316	105	208	146	173	300	136
52	33	39	69	18	40	28	40	39	66
46	32	30	51	23	39	20	32	34	34
168	83	81	156	38	72	48	90	121	31
107	20	20	40	25	57	48	12	106	5
374	167	174	612	102	175	141	173	312	124
51	36	36	59	15	36	26	35	27	56
49	27	26	60	21	38	19	30	32	27
173	90	93	184	44	88	52	99	144	38
101	14	19	309	22	13	44	9	109	3
42	4	11	309	3	11	4	4	23	5
41	5	8	13	6	44	7	5	11	17
561	838	1,018	930	837	793	764	909	576	2,336
484	819	909	440	799	860	692	835	537	2,366
40	25	9	21	1	7	12	19	30	5
11	7	5	8	2	5	9	9	13	0
107	51	73	96	11	60	67	39	80	11
105	68	70	92	81	77	39	84	89	84
69	12	5	86	4	15	10	18	77	19
9.95	18.40	19.38	15.90	14.50	17.10	19.67	9.44	6.06	5.40
12.05	20.14	21.74	19.15	16.46	19.83	24.02	22.38	12.21	6.54
1.016	1.875	1.030	1.330	1.800	2.862	1.390	2.059		1.060
49	5	0	38	3	12	1	4	87	6
52	16	11	169	36	71	64	63	97	45
199	102	132	83	57	65	60	74	58	64
15	16	8	3	3	12	11	18	17	1
11	6	6	5	0	2	1	7	13	2
6	18	4	5	0	2	0	3	7	1
265	91	69	437	3	109	61	45	212	76
284	116	84	520	57	130	112	120	228	83
126	53	96	100	51	87	35	53	90	58
3	3	2	6	0	2	1	5	4	0

違する。

である。このうち従前地については公簿面積に加えて耕地整理に際し実施した実測の面積が併記されており、本表では後者を採用した。

　本表も換地処分を挟む直前直後の状態を示すに過ぎないため多くの留保が必要であるが、従前地の組合員数を見ると、多数を占めたのは所有規模500坪未満の組合員であった。一方で1,000坪以上の大規模地権者も一定の層をなしており、こうした二重構造は換地後も基本的に継承されていることがわかる。野良田区のみはすでに述べたように後宮信太郎らに譲渡した組合地がさらに分譲された結果を反映して、換地後は100坪未満の組合員が激増している。同工区では上の事情により、従前地ゼロで換地のみ受領した組合員が多数見受けられた。その他の工区においてはこうした組合員は必ずしも多くないが、1930年代から40年代、50年代と換地処分の時期が下るにつれ増加する傾向にあったこともわかる。

　組合員1人あたりの平均地積はほとんどの工区において換地後に減少している。野良田区においてその幅が大きいのは、上に述べた事情からである。諏訪分区や用賀西区といった工区では平均地積が他工区に比べ大きかったが、これらにもそれぞれに固有の事情があった。諏訪分区では所有規模が2万坪を超える突出した大土地所有者がいたことに加え東京横浜電鉄が1万坪以上の地権者となっていたことが原因であり、用賀西区でも所有規模1万坪を超える地主があったと同時に東京農業大学（2万坪以上）や玉川電気鉄道（1万坪以上）といった法人組織の存在が大きく影響していたのである。

　次に、従前地面積を100として換地面積を指数化したときの、地積変化率の状態をみる。地積が増加するにせよ減少するにせよその幅が10％以内にとどまった組合員と10～25％程度の減少をみた組合員とが同程度存在し多数を占めていたことが看取される。一方で、25％以上の地積変化を被った組合員も一定数おり、時期が下るにつれて分散化する傾向が窺えるが、この含意はすぐ後に述べる。また、野良田区では対従前比75％以下に減少した組合員の割合が高いが、これはそれだけ多くの組合地を捻出したことに照応している。

　地価はどのように変化したのであろうか。まず表結-3によって各工区にお

ける従前地および換地の評価額合計、事業費、そして平均坪単価を表示した。ただし本表での従前地坪単価は再評価額ではなく簿価に基づいている（再評価額による価は表結-2に記載）。また、事業費と「補助金および雑収入」を表示したのは、換地の評価に際して事業費から後者を引いた額が上積みされたため、換地評価額の決定に一定

表結-3 各工区の地価評価額および事業費総額と平均坪単価

工区名	換地処分実施年	評価額総額（千円）		事業費総額（千円）		平均坪単価（円）	
		従前	換地		補助金および雑収入	従前	換地
諏訪分	1934	2,845	3,193	63		19.90	24.33
奥沢東	1941	3,758	4,245	168		16.88	20.88
奥沢西	1938	3,671	3,958	104		14.97	17.56
尾山	1933	1,297	1,425	60		13.22	16.03
等々力南	1951	1,556	3,706	565	9	9.23	24.49
等々力中	1949	2,368	3,744	374	10	12.58	22.36
等々力北	1952	2,044	2,171	99	4	10.00	11.83
下野毛	1945	1,494	2,979	193	15	9.71	20.53
上野毛	1943	3,257	3,441	87		18.82	21.82
野良田	1952	3,734	5,329	439	77	12.00	19.15
諏訪河原	1943	701	1,341	84	5	8.06	16.46
瀬田下	1943	1,004	3,038	172	9	6.02	19.93
瀬田中	1952	1,556	2,351	195	8	14.16	24.00
用賀東	1951	1,442	3,236	273		9.18	22.38
用賀中	1952					6.06	12.21
用賀西	1936	1,622	1,918	199		5.09	6.53

注：空欄は不明を示す。
出典：各工区換地説明書。

の影響を及ぼす要素であったと判断されるためである。整理前後における地価上昇幅が換地処分の時期が下るにつれ拡大する傾向にあったのは、換地の評価時点における一般的な物価（地価）水準が影響しているためとみてよいであろう。

ただし、同表における従前地の平均坪単価は個々の組合員が清算に際して実際に授受した金額とは直接関係しない。すでに述べたように、清算に際しては地価上昇を踏まえた従前地の再評価が行われたためである。清算のために平均地価上昇率が算出されたが、これはすでに述べたように換地総評価額から事業費を差し引いた金額を従前地総評価額で除したもので、表結-2では「清算時乗率」として表示している。その後の処理は工区によって若干異なり、従前地公簿額にそのまま乗ずる場合と、従前地の実測面積にあわせて新たに計算を行

う場合とがあったが、いずれにしてもこの清算は基本的にはゼロサム的なやり取りであった。

換地前後の地価変動がこのようなものであったことを踏まえたうえで、ここではその変動率を、個々の組合員が受領した換地が従前地とどの程度異なる条件のものであったか、言い換えれば耕地整理を通じ、個々の組合員にとっての土地の条件がどの程度変化したのかを知るための代理変数として用いることとする。ふたたび表結-2に戻ろう。ここでは組合員ごとに従前地（再評価額）および換地の平均坪単価を算出し、さらにその変化を地積と同様に指数化した上で階層化し、それぞれの組合員数を表示した。これによれば、判断が難しい点も残るものの、やはり時期が下るに従って価格変動の分散が拡大していく傾向が窺える。このことは、早期に換地処分を実施した村域東部においては大部分の組合員にとってさしたる地価変動が無かったのに対し、時期が下り事業が西進するに従い、より多くの組合員が一定の地価変動を経験した事実を示唆している。

この理解が正しいとすれば、それは同時に物質的な意味での土地異動すなわち地積変化もまた事業の西進に従って拡大していった可能性があるが、これは先ほど述べた地積変化率の分散化傾向と整合的である。そして、これらのことは、前章までに述べたような、事業の初期においては土地の価値を価格に換算する考え方が必ずしも多くの組合員に受容されなかったのに対し、のちにはそれを受け入れることで物質的な異動幅の拡大を受忍していった現象とも符合するものであると言えよう。

組合員の属性

次に、換地台帳に記載された組合員の居住地と属性を「村域内（うち同一大字域内）」「村域外」「官公庁」に分類した（表結-2）。ごく大雑把ではあるが、村域東部の工区と村域中央部および村域西部の工区とを比較すると、都心部に近接した前者においては後者よりも村域外組合員の割合が大きい傾向があったことがうかがえる（ただし野良田区のみは元来村域外居住であった組合地購入

結章　耕地整理と社会編成原理の転換　221

者が多数村域内居住として数えられている）。全体としては、いずれの工区でも同一大字内または村域内に居住する組合員が多数を占めていたことがわかり、換地前後においてその立場が大きく変化することはなかった。

　このような在地性の強い組合員のイメージをつかむため、表結-4に合計5,000坪以上の換地を受領した個人および寺社の組合員を表示した。実際に換地台帳を見ると、姓名等から判断して同一家族で名義を分けたと思われる事例も多く見受けられるが、そうした事情は捨象せざるを得ないため、この表に基づく理解にもまた多くの留保を付さざるを得ない。だが、67名のうち62名までもが村域内に住所を置いており、彼らの存在感は非常に大きいものであったことはうかがえる。また、ごく少数の例外を除けば、彼らの所有地の大部分は居住する旧大字域内またはその周辺に限られて所在しており、大字域外の所有地は存在しても多くの場合は小面積であった。従前地と換地の面積を比べると、例外もあるものの多くは一定面積を耕地整理のために拠出したことも分かる。村域内のほぼ全体にわたってこのように在地性の強い大規模組合員が存在し、なおかつ少なからぬ面積の土地を拠出したという事実は（価格換算ではいかに利益を得たことにされようとも）、彼らをして地域社会に少なからぬ貢献をしたとの自負を抱かしめるに十分な条件であったと言える。

　ただし一方で、村域全体において東京横浜電鉄、目黒蒲田電鉄、玉川電気鉄道といった戦時中に東京急行電鉄として統合される鉄道会社＝ディベロッパーの土地所有が大きな割合を占めていたことも事実であった。たとえば東京横浜電鉄の土地所有高は諏訪分区で2位、奥沢東区において1位、目黒蒲田電鉄は奥沢西区で3位と、鉄軌道用地を含むとは言え、際立った存在となっていた。このほかには統合後の東京急行電鉄が諏訪河原区において従前地1万6,688坪、換地2万4,527坪と同区内で圧倒的な土地所有規模であったことも特筆される。同社は同工区において1万坪の組合地を購入したが、その平均坪単価は6円と、同区内の平均水準に比べきわめて廉価であった。ただし、そのことは同社がいつでも特権的に安価な組合地を購入し得たことを意味しない。同社は用賀中区においても組合地9,550坪を取得して換地後の土地所有規模1位

表結-4　玉川全円耕地整理組合における大規模土地所有者（個人・寺社）

番号	居住地	氏名	従前 地積（坪）	従前 地価（円）	換地 地積	換地 地価	所有地所在工区
1	上野毛	田中重義	25,692	477,272	26,059	502,078	上野毛区、諏訪河原区、瀬田下区
2	奥沢	浄真寺	33,773	416,141	24,178	444,934	諏訪分区、奥沢西区
3	等々力	満願寺	27,630	363,756	23,879	516,329	諏訪分区、奥沢西区、等々力南区、等々力中区、下野毛区、野良田区
4	諏訪分	早川伊助	21,766	425,636	18,123	437,911	諏訪分区
5	瀬田	長崎行重	22,806	211,495	17,483	383,814	諏訪河原区、瀬田中区、瀬田下区
6	等々力	菅田利助	19,165	229,068	15,898	331,352	等々力南区、等々力中区、等々力北区、下野毛区、瀬田中区
7	等々力	小池駒次	13,998	178,932	15,324	266,819	奥沢西区、等々力南区、等々力中区、等々力北区、下野毛区、野良田区
8	用賀	高橋安雄	12,057	12,823	15,128	72,445	用賀中区
9	上野毛	田中貞治	14,786	285,572	14,983	301,299	上野毛、諏訪河原、瀬田下
10	上野毛	田中恭次	16,037	254,583	14,379	285,871	上野毛、下野毛区、野良田区、諏訪河原区、瀬田下区
11	用賀	真福寺	14,325	42,801	13,981	134,285	用賀東区、用賀中区、用賀西区
12	用賀	高橋勢ん	13,717	80,861	11,964	80,904	用賀西区
13	上野毛	田中利作	13,150	223,033	11,504	220,331	等々力北区、上野毛区、野良田区、諏訪河原区
14	用賀	鎌田勝雄	11,769	54,484+?	10,078	70,211	用賀東区、用賀中区、用賀西区
15	等々力	菅田倉之助	11,722	114,575	9,630	140,798	諏訪分区、奥沢西区、等々力南区、等々力中区、等々力北区、下野毛区、野良田区、用賀西区
16	麹町区	米井信夫	9,602	70,269	9,485	203,190	瀬田下区、用賀西区
17	等々力	大平喜重	8,731	100,760	9,291	110,311	等々力中区、等々力北区
18	等々力	高橋庄助	11,938	140,731	9,221	202,800	奥沢西区、等々力南区、等々力中区、等々力北区
19	世田谷区	秋山紋兵衛	11,116	76,977+?	9,014	82,880	等々力中区、等々力北区、野良田区、用賀中区、用賀西区
20	諏訪分	鈴木信治	10,053	196,593	8,848	215,595	諏訪分区
21	奥沢	原新十郎	9,400	155,394	8,633	175,845	奥沢東区
22	野良田	木村近次	10,330	134,326	8,575	166,323	野良田区
23	用賀	高橋長五郎	9,731	57,419	8,299	60,645	用賀東区、用賀西区
24	奥沢	山口清平	9,435	191,081	8,261	201,094	諏訪分区、奥沢西区
25	用賀	和田木義	9,531	47,438	8,185	50,457	用賀西区
26	等々力	鈴木寅次	9,294	103,264	8,162	205,258	等々力南区、野良田区
27	野良田	臼井豊治	9,838	128,254	8,126	167,464	野良田区
28	奥沢	渡辺権太郎	9,298	110,806	7,882	129,711	奥沢西区、等々力南区、野良田区
29	諏訪分	早川新吉	9,026	179,035	7,759	189,836	諏訪分区
30	芝区	高橋八束	10,778	136,819	7,686	168,708	野良田区
31	用賀	飯田栄之丞	8,872	49,201	7,459	52,061	用賀西区
32	諏訪分	小池久吉	8,370	165,340	7,390	180,503	諏訪分区
33	諏訪分	本橋島吉	8,326	154,866	7,348	168,994	諏訪分区、奥沢西区
34	用賀	高橋倉吉	11,020	58,902	7,289	52,878	用賀中区、用賀西区
35	奥沢	原房吉	7,519	135,295	7,190	160,736	奥沢東区、奥沢西区
36	野良田	粕谷鈴太郎	11,004	143,586	7,153	152,926	等々力北区、野良田区
37	用賀	福本宇之助	9,214	46,106	7,130	44,966	用賀西区
38	奥沢	石井伊之助	7,411	112,531	6,983	129,338	奥沢東区、奥沢西区
39	芝区	内海勝二	7,105	48,499	6,680	52,370	用賀西区
40	用賀	小野長三郎	7,877	40,814	6,516	42,100	用賀西区
41	用賀	金子正英	10,611	48,222+?	6,461	42,437	用賀中区、用賀西区

42	奥沢	石井貞治	6,752	116,320	6,408	130,287	奥沢東区
43	等々力	高橋春吉	6,356	92,347	6,299	143,546	奥沢西区、等々力南区、等々力中区、等々力北区、野良田区
44	奥沢	甲府方瀧蔵	7,057	111,219	6,271	123,849	奥沢東区
45	大森区	岩井文太郎	6,996	119,800	6,271	129,594	奥沢東区、奥沢西区
46	用賀	柳田弥吉	6,947	37,048	6,181	38,926	用賀西区
47	瀬田	大塚善三郎	8,102	46,852	6,149	118,513	諏訪河原区、瀬田下区
48	用賀	高橋小八	8,123	41,519	6,134	39,607	用賀東区
49	瀬田	杉田隆之助	7,588	133,805	6,078	134,614	瀬田中区
50	用賀	佐藤良松	7,554	43,946	5,983	46,136	用賀中区、用賀西区
51	野良田	粕谷満丸	7,615	102,221	5,958	130,387	野良田区
52	等々力	鈴木信義	5,499	59,828	5,874	62,764	等々力中区、等々力北区
53	奥沢	甲府方誠一	5,634	87,149	5,798	105,309	奥沢東区
54	諏訪河原	小黒善兵衛	6,336	57,498	5,720	102,523	諏訪河原
55	奥沢	毛利博一	6,283	89,183	5,662	95,665	奥沢西区
56	等々力	荒井寿平	5,205	59,651	5,566	60,606	等々力北区
57	上野毛	木村茂	5,269	102,784	5,465	105,867	上野毛区
58	等々力	宇田川錦吾	5,410	75,687	5,461	119,811	諏訪分区、等々力中区
59	下野毛	小林中	5,269	60,684	5,412	113,782	下野毛区
60	用賀	沢田富五郎	7,138	37,155	5,363	35,203	用賀西区
61	奥沢	大音寺	6,274	89,602	5,304	95,428	奥沢東区、奥沢西区
62	諏訪分	鈴木定吉	6,035	119,751	5,292	129,775	諏訪分区
63	用賀	森田金十郎	6,425	29,091	5,250	38,395	用賀中区、用賀西区
64	奥沢	荒井良治	6,659	114,620	5,187	112,142	奥沢西区、用賀西区
65	等々力	三田寿三郎	4,825	53,164	5,160	54,014	等々力北区
66	奥沢	原新五郎	5,604	94,309	5,048	105,016	奥沢西区
67	諏訪河原	小黒信吉	6,267	49,959	5,029	87,491	諏訪河原

注：受領換地の地積が合計5,000坪以上の個人および寺社組合員について各工区の換地台帳を基に名寄せして表示した。ただし同姓同名であっても居住地が異なる場合は除外するとともに、他組合員との共有名義となっている土地も除外した。なお、従前地は公簿面積および地価を表示してあるが、用賀中区の従前公簿地価は史料の制約により不明であるため、同区内に所有地が含まれる組合員についてはその他の工区における所有地の合計額に加えて「?」記号を付した。また、「居住地」は事業地区内の場合は旧大字名、それ以外の場合は換地台帳の表記に従った。

出典：前表に同じ。

となっていたが、それらの各筆は例外的に価格の高い「特一等」と評価され、その平均坪単価は79円27銭と際立っていた。これらの企業による土地所有状況については表結-5に掲げておく。

　官公庁の存在も無視しえないものであった。奥沢西区では東京市が2位の座（1万9,390坪→2万832坪）を占めていたほか、下野毛区では従前地、換地とも東京都が1位（1万5,415坪→1万5,118坪）、内務省が2位（9,256坪→8,908坪）を占め、野良田区では世田谷区が換地後の1位（8,322坪→9,324坪）、用賀東区では東京都が第2位（8,156坪→8,500坪）の地位を占めていた。これら

表結-5　玉川全円耕地整理組合における東急系企業の土地所有

(単位：坪)

地区名	換地処分実施年	企業名	従前(実測)	鉄軌道用地以外	換地後	鉄軌道用地以外
諏訪分	1934年	池上電気鉄道 東京横浜電鉄 目黒蒲田電鉄	236 11,257 5,209	236 11,257 5,209	3,110 8,885 6,190	0 8,885 6,190
奥沢東	1941	東京横浜電鉄	16,197	13,458	12,925	10,164
奥沢西	1938	目黒蒲田電鉄 東京横浜電鉄	10,945 1,570	7,927 540	8,828 1,989	6,056 624
尾山	1933	目黒蒲田電鉄	2,034	2,034	1,987	1,987
等々力南	1951	東京急行電鉄	472	472	408	408
等々力中	1949	東京急行電鉄	4,330	142	4,317	0
等々力北	1952	東京急行電鉄	153	153	250	250
下野毛	1945	東京急行電鉄	2,349	2,349	4,414	4,414
上野毛	1943	東京急行電鉄	4,220	780	3,794	458
野良田	1952	東京急行電鉄	3,060	583	2,118	226
諏訪河原	1943	東京急行電鉄	17,268	15,334	24,527	22,465
瀬田下	1943	東京急行電鉄	7,030	6,574	3,594	3,147
瀬田中	1952	東京急行電鉄	1,241	1,241	681	681
用賀東	1951	玉川電気鉄道	25	0	0	0
用賀中	1952	東京急行電鉄	3,470	3,452	12,908	12,876
用賀西	1936	玉川電気鉄道	12,081	12,081	9,700	9,700
合計			103,147	83,822	110,625	88,531

出典：前表に同じ。

は学校その他の公共施設であった。

　このほかにも、村域中央部から村域西部の工区においては各種団体による大規模土地所有が目立った。下野毛区で日本光学工業が従前地ゼロに対し換地7,729坪の交付を受けて5位となったほか、用賀東区で三井不動産が従前地6,367坪、換地5,727坪を所有し同区内で換地後第1位の所有規模となっていた。また、瀬田中区では財団法人日産厚生会が5,851坪のグラウンドを保有していたほか（換地後3位）、カトリック教会（6,441坪→5,851坪、2位）や水戸徳川家の子孫である徳川国順（3,257坪→3,849坪、5位）が上位に位置していた。さらに瀬田下区においても帝国銀行が第2位を占めていた（7,876坪→8,078坪、2位）。用賀西区ではすでに述べたように帝国競馬協会が5万坪の組合地を取得して同区1位の土地所有規模となったほか、これも前述した東京農業大学が

従前地 2 万3,508坪、換地 1 万9,840坪で第 2 位にあった。このような企業の事業用地や厚生施設、学校、素封家の邸宅などといった郊外施設の存在は、これら各工区の特徴であった（三井不動産の場合も、ディベロッパーとしての開発用地ではなく農園としての所有であったと思われる）[10]。なお、玉川全円耕地整理組合自身も用賀西区において換地9,343坪、用賀東区において換地760坪（従前地50坪）をそれぞれ受領しているが、これらは売れ残った組合地であると考えられる。

このように、全体としては在来の在地性が強い組合員が存在感を保ち続けた一方で、ディベロッパーや官公庁、各種団体による土地所有もまた無視し得ないほど大きなものであった。こうした事実は、在地の土地所有者たちが少なくとも主観的には強い影響力を保持しつつ耕地整理事業を推進する一方で、企業や団体もまた地域社会に一定の影響力を保持しえた可能性を示唆している。ただし、土地所有規模が大きいことがただちに実際の影響力の強弱を決定するわけではない。地域における社会秩序の転換は、前章までにみたように耕地整理事業の推進過程そのもののなかに、漸進的な形で現れていた。村域東部の工区においては行政村的な秩序や価値観の枠内にあったと評価すべき現象が多く観察され、村域中央部から村域西部の工区へと展開するにしたがって、従来的な行政村の自律性が弛緩しながらも事業そのものはスムーズに進展するという現象が看取されたのである。本書の分析はここに注目し、そこに社会編成原理の転換を読み取ろうとする試みであったが、最後にその含意を確認して結びとする。

耕地整理事業と伝統的地域社会秩序との齟齬

土地の開発利益獲得をめざして行われる土地整理において、組合員は自己の所有地を一定の割合で供出する必要がある。しかも多くの場合は複数者によって共同で行われる。このように、一定の区切られた空間を前提とした集団的な共同行為においては、調整に関する同意が重要であり、それは一般的には土地所有権の制限などの形で制度化される。

玉川全円耕地整理組合の設立は1925年のことであり、すでに都市計画法施行後数年を経て、帝都復興事業の土地区画整理による１割減歩も実行に移されようとしているときであった。耕地整理事業に対する賛否をめぐって村内で熾烈な対立が展開された頃、村の外ではやや先行して土地所有権に対する一部制限の実績が積み上げられ、社会的同意を取りつけつつあったのである。だが、これをもって玉川村で反対運動を展開した人々の「敗北」が最初から運命づけられていたとするのであればそれは性急にすぎると言わざるを得ない。国家的・社会的に制度化されることと、それが地域社会で受容されることとはひとまず別個の次元に属していたのである。

　地域社会の外に存在した耕地整理事業をその内に取りこんだのは村長らを中心とする地域の有力者層であり、そこで課題とされたのは、農業の不採算化という人々の生活あるいは生存の危機と、それにともなう社会秩序の動揺を克服することであった。そして、その際に選択された基本的な枠組は、従前の地域社会運営の原則に則ったものであった。事業をめぐる村内対立に際して大字＝工区に強い自主性を与えて解決したことは一面では行政村の一体性を揺るがす事態であったが、しかしそれでも対立を大字単位への分割で解消しようとする限りで、やはりその枠組自体は従来的な秩序の延長上にあったのである。

　とはいえ、地域社会における伝統的秩序が農業生産を前提として編成されたものであった以上、宅地化を前提とした耕地整理は地域社会がそれまで立脚してきた生産基盤や、その上に構築された社会秩序を自ら掘り崩すものであって、耕地整理はその遂行過程で自己矛盾に陥らざるを得なかった。

　この点が露顕したのは、工区の範囲をめぐる一連の対立と、度重なる再分割においてであった。当初、工区は大字を単位とすることが想定されていたが、大字の内部では区画形状の変更や鉄道・道路の敷設による土地利用条件の変化、離農にともなう土地利用条件の変化などが発生し、大字という歴史的に形成された領域内では組合員の利害の集約を行うことが困難となった。これに対しては、工区をさらに分割するという方法がとられた。当初計画では９分割されることになっていた工区は組合結成時には17分割に変更され、事業の進行途上で

は工区をさらに細分化する動きも生じていたのである。しかし、こうした組合員の利害が一致するところまで範囲を細分化し事業を進めるという方法は、結局のところ問題を解決するものではなかった。構成員の利害を地理的・空間的な領域によって集約する行政村体制はこの新しい事態に対して無力であり、そのままでは原理的には社会を個人の単位にまで分解し尽くすしかなかったのであるが、一方でこのような共同行為において利害を個別的な主体にまで還元することも現実には不可能であった。この過程に現れていたのは、新たな調整原理の同意に向けた模索であり、問われていたのは、いかなる領域によれば利害の集約が可能になるのかという領域設定の問題ではなく、領域以外のいかなる次元において利害の集約が可能になるのかという、社会の分節化のあり方すなわち新たな社会編成原理の問題だったのである。

　伝統的秩序意識に基づく仕法は、耕地整理事業の実施過程でも問題を生じていた。初期の耕地整理は、当時の社会編成原理に沿って地域社会が帯びていたある意味での閉鎖性を前提に着手された。すなわち、耕地整理の原資をディベロッパーなどの外部に仰ぐことなく、まず最初に資金を借り入れて工事を行い、その後組合員に対する過剰換地と外部への組合地売却とによって得た資金で借入金を償還するという方法である。だが、これはまもなく組合地売却の不振という問題に直面した。まず工区の役員＝地域の有力者が組合地を引き受けるという内向的な解決が図られたが、それによって充分な資金を得ることは不可能であった。組合地は少しずつ売却されるほかはなかったが、売れ残った組合地を長期にわたって保持し続けることは借入金の利払い負担の膨張を招来した。加えて当時耕地整理金融の役を担っていた日本勧業銀行・東京府農工銀行からの借り入れは資金需要を満たすものでなかったから、追加的な借り入れは自ずと高利なものになり、組合経営は極度に圧迫され、それは結果的に減歩率上昇あるいは現金による負担として組合員に賦課されたのである。

伝統的社会秩序と耕地整理事業との乖離

　こうした問題を解決し耕地整理を遂行するためには、耕地整理組合自身が本

来依拠した伝統的地域社会秩序から遊離し、村の一分枝としての性格を捨て去るほかはなかった。

　工区の範囲は伝統的な空間領域によるのではなく、耕地整理によって変化した新たな土地利用条件に合わせて改変されるようになった。道路の拡張による工区界の変更や、整理施行にともなう行政区画を超える範囲の事業地区への編入など、旧来の領域に変更が加えられる事例が少なからず発生したのである。そのことは同時に、伝統的な空間領域である大字や、その連合体である行政村の存在意義を希薄化させることに繋がった。

　宅地化の進展にともなう新住民の流入も、こうした傾向に拍車をかけた。次に掲げるのは1932年の東京市域拡張を受けて玉川尾山町の住民団体「尾山台クラブ」が永田秀次郎東京府知事にあてて提出した陳情書である。それは、目黒蒲田電鉄が経営する住宅地の住民たちが自らの一体性を強調し、旧大字や小字に拘泥せずに行政区域の境界を変更するよう東京府当局に働きかけているものであり、いま述べたような事情を雄弁に物語っている。

　　今回新に設定せられたる尾山町は実は旧玉川村尾山の地域に限らる、ものなるも此処に旧尾山の一部と旧等々力字根の近接地とを一丸として目黒蒲田電鉄株式会社の経営せる尾山台住宅地ありて閑寂清楚なる住宅地域を形成し居れり而して今回の編入が地域の整理乃至変更を第二段に置かれたるがために当住宅地域は漸く七拾戸に過ざるに一部は尾山町として残り旧等々力字根に属せる一部は等々力一丁目と改称さる、事となりたり。
　　所詮当住宅地は元々旧経営者が旧行政区画に拘泥して設定せるものに非ず偶々行政区画の如何は問題とせず住宅地に好適せる部分を開拓して区域を限りたるものなれば旧区域に依存せる新町名の附せられたるは素より当然の帰結とは申し乍ら一会社経営の一住宅地にして而かも住民一同の共存共栄福祉増進を眼目とせる尾山台倶楽部ありて全住民は凡百の問題につき利害得失を等しくし今や切つても切れぬ緊密の膠然たる団結をなし居れり。
　　然るにも拘らず此の掌大の住宅地が不幸にも弐町に区分され居る事は形式

に捉はゝの甚しきものと言ふべく、その不幸不便は啻に住民に余儀なき負担を無用に課するのみならず、行政上の実際問題より見るも煩冗に堪え難きものありと言ふべし[11]。

組合運営の変化と価値原理の転換

　先発して事業を実施した村域東部のこのような経験を承けて、組合運営の方法も変化していった。事業進捗上の諸問題は発生の都度工区役員をはじめとする地域の有力者に依存して事後的に対処する方法から、事業内容をあらかじめ先決化・客観化しておくことで事前に問題の発生そのものを回避する方向へと移行した。それは、組合地の売却方法や事業資金の調達、道路設計のありかたなどの変化として現われたが、まずは村域中央部において工事代金の支払いを組合地の売却とリンクさせるなど、工区自らが安定的な組合運営を模索する動きが見られた。ただ、ここではなおも伝統的秩序意識に基づく行動が残存し、両者が交錯した状態が見られた。

　これに対し、後発で着工した村域西部の工区においては、事業の先決化・客観化がより進んだ形で定着した。事業着手に当たっては詳細な都市計画道路を予め組み込んだ「設計概要」が作成され、資金調達に関しても組合地の予約売却を行って事後的な高利の借り入れを回避したのである。この結果、工区経営は安定をみた。工区経営の先決化・客観化の鍵は、一つは都市計画道路、いまひとつはディベロッパーへの組合地予約売却であった。

　都市計画道路は減歩率を拡大するため、当初は地域社会に敬遠された。村域東部においては「命令」としてやむを得ず受容されたが、村域中央部においては抵抗の意思表示をした工区も現われたのである。だが、村域西部の各工区においては、それはむしろ整理後の地価上昇をもたらすポジティブなものとして予め設計に組み込まれた。都市計画道路は整理後の地価上昇をもたらすのであるからそれは土地所有者たちにとっての利益である、という考えかたは、帝都復興事業前後から都市計画行政が振りかざした正当化の論理であった。ただし、それは未実現のフィクショナルな利益であって、その実現は結局個々の土地所

有者の運用に委ねられねばならなかった。玉川全円耕地整理組合は、相当の摩擦をともないながらも、最終的にはその論理に「同意」したのである。

また、村域西部における組合地の予約売却は、少数の財界人や鉄道会社といった民間ディベロッパー（あるいはそれに類する者）を相手としていた。事業終了後の地価上昇幅を事前に予測することは困難であったにせよ、買い手は購入した土地を一定期間保持し続けられる資力があるならば一定の利回りを達成することができたであろう。これは、一方で組合員による減歩負担の増加に繋がるものであった。そうした負担が許容されたのは、それが借入に対する金利負担よりは軽いものと判断され、さらに工区経営の安定を実現して、早期に整理を終え土地を有利に運用することが可能になるならば、充分に取り返されるものと考えられたためであったが、少なくとも後者は未実現のフィクショナルな利益を前提にしたものであった。

こうした考え方は、耕地整理の初期段階においては必ずしも受容されていなかった。土地の資産価値は地積の大小と直結され、組合運営もそうした価値原理を前提に行われていた。だが、それに基づいた方法が行き詰まりを見せる中で、未実現の交換可能性を利益とみなす観念が次第に地域社会に浸透していった。くり返すが、こうした利益はもとより仮構されたものであり、それゆえ実態面で大幅な減歩を行ったとしても計算上の利益はいくらでも拡大することが可能である。こうした価値原理を地域社会が受容したことは、耕地整理を推進する力のひとつとなった。

そして、これらのことは同時に、耕地整理事業に対する社会的な位置づけの変化をも意味した。都市計画道路を媒介にした都市計画事業との結合は、それが行政村を超えたより高次の行政に直結したことを意味したが、補章で述べるように、この都市計画行政が明治地方自治制の超克＝新しい統治構造への志向を内包するものであったことは重要である。また、耕地整理事業の推進に村外の資本を半ば不可欠のものとして動員したことは、その運動法則に否応なしに巻き込まれることを意味した。

耕地整理組合の機能団体化

　このような事業の客観化・先決化の結果、工区役員が当初持っていた地域社会における伝統的な役割は次第に後退していった。一方、それと入れ替わるように重要性を増したのが嘱託技術者の高屋直弘であった。高屋は元来「番外」であったが、耕地整理の実務に関する専門知識を有しており、当初から実質的な意思決定に深く関与していた。とくに、耕地整理においては整理前後の土地評価と地価配賦という、ある意味で恣意性の働く余地が残る作業が含まれており、それを正当なものとして組合員に納得させ得る根拠となったのは高屋の専門性であった。ことに、耕地整理事業の計画が予め詳細に決定された状況では、地域に顔を利かせて事後的に問題を解決するよりも、そうした問題を未然に回避する土木設計の専門知識のほうが重要となったのである。耕地整理終了後、第2代組合長の毛利博一が「凡そこのような事業を成すに当つては、まずその道に通暁した技術者を選び、そしてその技術を尊重することが実に大切だと思う。なまじ素人兵法や個人感情で計画の実施を一部阻害されたことを認むるのである」[12]と述べたのはこうした転換を物語っている。

　また、そうした工区運営の変化にともなって、工区の組織形態や意思決定の方法も変化していった。初期の区会における審議は意思決定のための実質を備えていたが、後期になると次第に移転補償、組合地売却、工事、換地などの業務別小委員会が整備されていき、区会はそれを承認するためだけの機関へと変質していった。場合によっては通常の工区運営についても少数の中核メンバーのみによる「諮問委員会」が組織されるようになり、工区役員全員が所属する区会は形骸化して開催頻度も低下していった。このように、実質的な意思決定の場は各専門委員会に集約されていったのであるが、それは工区全体として見れば意思決定の場が一点に収斂されず分散することを意味した。実質的には何らの意思決定手段を持ち得ない区会と総会とは、そうした専門委員会の決定に最終的な正当性を付与するための場としてのみ存在意義を持ち得ることとなったのである。このような組織構造の下では、専門委員会の構成員以外の者は実

質的な意思決定から排除されざるを得ない。役員以外の一般組合員においては言わずもがなであった。

このような、高屋を実質的な頂点とした工区運営のあり方は、一種の専門官僚制であった。そのことは、耕地整理組合が耕地整理についてのみは効率的な事業遂行を行い得るが、それ以外の事柄には関与し得なくなることをも意味するであろう。こうして、耕地整理組合は、村域内の構成員の福利を丸抱えに保障する村行政の一分枝から、単一の事項を専門的に遂行する機能団体へとその性格を変じたのである。

社会編成原理の転換

本書で扱った事例は、耕地整理組合が、事業の遂行過程において村外の資本やより高次の行政との関係を深めながら、当初依拠しようとした伝統的な地域社会秩序の意義を次第に後退させ、最終的に村行政から分離していく過程を追ったものであった。

当初玉川村の一分枝であった耕地整理組合が耕地整理事業だけを目的合理的に遂行する機能団体に変容したことは、その反作用として伝統的な行政村秩序と訣別し、村の一分枝であることを止める結果に繋がった。これは行政村という木の一つの枝の事例にすぎないのであるが、耕地整理はまずもって人々の生存のための試みであったことを踏まえるならば、組合の機能団体化はそれまで人々の生活や生存を丸抱えで保障してきた行政村体制の解体そのものであったと評価することもあながち牽強付会とは言えない。

1932年に実施された東京市域拡張＝玉川村の東京府への併合と消滅の過程は、それ自体検討を要する事柄とはいえ、基底にはかかる行政村体制の動揺が横たわっていたと考えるべきであろう。こうした指摘がいかなる意義を有するのかについては、例えば藤田省三による次のような一節を見るとわかりやすい。

「負債整理組合」「出荷組合」……等々の組合が、一部落毎に作り上げられる傾向は、極限的には、一つ一つの生産目的、一つ一つの消費目的毎につ

まり生活領域の区別可能なすべての側面について組合組織が生れることを意味するのだから、そこでは共同体とは機能団体の集合にすぎなくなる。全生活において一体化している共同体は、ここにおいて完全に分解する[13]。

　藤田は日本特殊的ファシズムの「起動構造」として、革新官僚が共同体意識を動員しつつ部落を単位として推進した農山漁村経済更生運動などの組織化運動が、引用したような社会の実態的変化をもたらしたことを指摘するのであるが、それが革新官僚のみならず玉川村の人々にも共通するものであったことはここまでの議論で見たとおりである。こうした現象を前近代性と近代性との接木あるいは矛盾として理解し、その帰結としてファシズムの破綻＝太平洋戦争の敗北を導出する論法は、丸山学派のみならず講座派歴史学などにも通底するものであり、学説史上広汎な支持を得てきた。だが、一方で第二次世界大戦後の日本社会が一定の体制的安定を確保して持続したことを踏まえるとき、そうした議論が現実への説明力という点で大きな限界を有していることも否めない[14]。むしろ、かかる機能主義的な編成原理への転換を社会の段階的変化として積極的に位置づけることが望まれていると言えよう。

　この点について、大石嘉一郎・西田美昭らによる『近代日本の行政村』は、1930年代に入って小作争議＝階級対立と公共土木事業をめぐる部落間対立との発生・収束を経るなかで、部落ごとの分立構造すなわち部落内の協調および部落間の連携に支えられていた既存の行政村秩序が解体し、一元化された新たな行政村秩序が形成されたとしている[15]。しかもその過程では部落が共同体的機能を喪失し、その内実が機能団体の束への改編をともなっていたことが指摘されている[16]。部落と行政村の「二重構造」の解消をともなうこうした変化に関する大石・西田らの指摘は重要であるが、それを行政村体制の完成と位置づける同書にあっては、ここに社会の段階的変化の契機を読み取る態度はやはり希薄であった。

　当該期における社会変動について、独自のシェーマを用いつつ積極的に論じたのが東條由紀彦である。東條は「近代」と「現代」を段階的に全く異なる時

代区分として峻別し、その日本における転換点を1920年代中庸に求めている。東條によれば、「近代」は「複層的市民社会」の時代であり、「現代」は「単一の市民社会」の時代であるという。「複層的市民社会」というのは、例えば親方－子方関係のような人格的関係に律せられる閉鎖系としての小集団である「市民社会」＝「同職集団」が複層的に存在する状態であり、国家はそうした「市民社会」間の没人格的関係を裁定する主体＝「公民国家」として立ち現れる。これに対し、「単一の市民社会」はそうした「同職集団」が解体され、社会の構成員＝市民同士が直接に「マギレの無いルール」に律せられた没人格的関係を切り結び「国民国家」を形成する状態である。その際に要諦となるのは個々の市民が交換可能な何物かを「所有」していることであるが、実在の所有を喪失した人々は何物かを所有しているフリをするほかはなく（東條の場合、具体的には労働力所有の仮構に同意すること）、そうしたフィクションを大勢において成立させることが社会の安定に必要であったとする[17]。

　東條が直接の分析対象としたのは「労働」領域であったが、彼は同時に明治地方自治制下における行政村を「同職集団」の一形態であるとしており、本書が検討してきた事象を東條理論のアナロジーにおいて理解することも無理のあることではない。行政村体制に沿った耕地整理の遂行が困難となり、問題解決の過程でその枠組み自体が解体されたこと、それにともなって村ぐるみによる事態の克服は放棄され、個々の組合員は自らの土地経営を個別に改善する存在となり、耕地整理組合はそのための機能集団として再編成されたこと、それが都市計画行政に沿ったマギレのないルールの影響下に置かれたこと、そのルールは実在する土地の価値を地価上昇への期待という仮構された価値へ置き換えることへの社会的な同意を要したこと、等々は、本書の扱った事例が「複層的市民社会」から「単一の市民社会」への移行の一端であったという仮説に整合的である。

　資本との関係についても、東條理論は本書にとって重要な示唆を与える。東條によれば「近代」において資本は複層的市民社会にとって他者的であり、その「間」にしか存在し得なかったのに対し、「現代」においては単一の市民社

会の中でその再生産過程に諸個人を包摂する新しい「ヘゲモニー」を成立させたという。玉川村の人々が当初はディベロッパーを排除しようと動き、一方でディベロッパーは属人的関係という限定的なチャンネルによって村の中に入りこむことで事業機会を獲得しようとしたこと、やがて行政村の枠組の破綻とともにディベロッパーを不可欠の存在とし、さらに自らもそれと運動法則を共有するに至ったことは、そうした理論的枠組みに基本的には合致する。

　ここまでの検討を経た本書の立場は、玉川全円耕地整理を近代社会から現代社会への移行の表出と見なすものである。近代の行政村体制は地域社会における地理的・空間的な領域を単位として分節化され、編成するものであった。それに対し、新たに形成された機能団体はそうした地理的な範囲の意味を希薄化し、社会を機能別に分節化する体制であった（この点、地域社会を地理的単位ではなく身分集団という形で機能別に把握はしても、その構成員たる諸個人は人格全体として包摂される近世社会とは異なる）。個々の「機能」はさしあたり国家を最終的な凝集点とする（ただし、そのことに理論的必然性はないと考えている）階統的なシステムによって律せられており、言うなれば社会の機構化・官僚化が進行する。諸個人がヒエラルヒッシュな階統の中に組みこまれるのではなく、生活世界における個々の局面がそのようなものとして取り扱われるのである。再び藤田省三の言葉を借りれば、「『私』は或る目的に従って或る組合に、他の目的については他の組合に、加入し、それらの集合が生活を形成する。他人と一つの組合において共同するとしても、それは一つの目的に関する限りにおいてである。」[18]と表現されたごとくである。

　言い換えれば、本書で示したのは、社会がある意味では閉鎖的な地理的・空間的領域を構成単位とする明治国家的な体制から、国家を最終的な凝集点とする機能別階統の多元的・重層的な体系（とその担い手である機能団体）を構成単位とする現代的な体制へと変容していく過程の一局面であった。それは地域社会の持つ固有性の消滅＝社会の均質化・平準化・機構化、すなわち戦前・戦後（のある時期まで）を通じた当該時期における社会統合の基底をなした社会編成原理の転換の一局面であった[19]。

ところで、地域社会がその固有性を喪失し機能団体の束として再編成を遂げても実在の担い手はかつての旧中間層の系譜を引く人々なのであり、その結果として心情的には旧来の社会編成原理との間で接木的な処理が行われた。ここに、同時代人としての彼らがなおも地域社会に共同性を幻想する余地があった。その際に利用されたのはこの場合「郷土」という言葉であり、耕地整理完成記念誌には『郷土開発』の名が冠せられた。以後、玉川全円耕地整理事業は今日に至るまで「郷土」発展の礎として地元で語り継がれていく。しかし、本書の議論を経てこの「郷土」という言葉の意味あるいは無意味を改めて問うとき、ここにもまた固有の歴史性が映じていることが諒解されるであろう。

現代社会の再生産に関する若干の展望

だが、そうした心情面における接木のうちに人間の同時代的な状況認識の限界を読み取るのみではなく、最後に当該期の社会に関してごく仮説的な展望を示すことで本書の結びとしたい。

社会の機構化を早くから指摘してきたシステム社会論の代表的論者である山之内靖は、「資本主義も社会主義も含め、西欧近代の延長上に予期される組織化された社会状態が自由の領域を狭めてゆき、人間の主体的可能性を圧殺してゆくのではないか」いうマックス・ウェーバーのテーゼを糸口として、日本社会のこうした変化を論じた[20]。その基底にある近現代社会に対する厳しい批判精神は、東條理論などにも継承されている。そして、こうした批判精神が現代あるいは現在の市民社会に対する悲観主義的な心情と相即をなしていることもまた事実であろう。東條が、現代の労働者について「何故そんな場所に追い込まれたのだろうか」[21]と問いを立て、現代社会について「〈腐朽化〉期をむかえ、もはや実在の社会の亀裂を蔽いがたいかに見える」[22]と評価するとき、その実践的立場は明らかである。

本書は、このような近現代社会に対する厳しい批判精神の継承をめざし、それと一体のペシミスティックな心情に対しても少なからぬ親近感を抱くものであるが、一方で、今日に至るまで「現代」市民社会が曲がりなりにも再生産を

結章　耕地整理と社会編成原理の転換　237

達成してきた側面にも注意を払っておきたいと考える。機能主義的に編成されたシステム社会で人間の主体性は一見すると寸分の余地もないほどすり潰されているが、にもかかわらず市民社会はいまだ死滅を迎えていない。その実在的基盤はどこに見いだされるべきなのであろうか。

　機能主義的に多元化した社会がどのようにして安定的再生産を達成し得たのかについて解答を与えることは、すでに本書の課題を超えている。補章の末尾で示すように、それは1940年代においてなお模索の途上にあり、ファシズム的国民統合もまたそうした過程における失敗した試みの一つであったと解すべきであろう。かくしてこの問題は戦後社会論に持ち越されるのであるが、かつて有馬学が掲揚したように、統合ないし安定の実在の主体を探すよりは、社会関係のあり方に注目する方がこの問題をより良く理解できるように思われる[23]。

　ここで先ほど指摘したような旧中間層による心情的接木を手掛かりとするならば、それが全くの空想物にすぎないのではなく、実在の諸関係を基盤として成立している可能性に思いあたる。そして、それらの諸関係は、制度として結晶することはなくても、市民社会の外側とでもいうべき領域に潜伏して諸個人および市民社会の再生産に資しているのかも知れない。

　地域社会に即して言えば、有力地主のネットワークが現在に至るまでなおさまざまな影響力を保持しているという類の話は枚挙に暇がないし、玉川村域においても1970年代までは「住宅地化の進展のなかでかつての農家はそのほとんどが転居せず、今もってそこで生活している」「かつての農家は想像以上に土地を手放していない」との指摘がなされ、実際に旧等々力中区・等々力南区域では「完工直後八一戸を数えた農家のうち七五戸までが現在も転居せず在住している」[24]との報告もあった。ただ、ともすれば没歴史的な「裏話」と見なされかねないこうした事柄を議論の射程に組み込み、かつ本書が克服を目指したはずの「半封建」論に後退することを避けるためには、それらを体系的に再把握し、改めて市民社会の再生産構造の中に位置づける作業が必要となろう。

注

1) 玉川全円耕地整理組合「第九回組合会議事録」(1944年5月3日、『会議録　創立総会・評議員会・組合会』簿冊、請求番号13Ｓ102-042、以下同様)。
2) ただし、用賀中区のみは史料の欠如によりデータが得られなかった。
3) 玉川全円耕地整理組合『耕地整理完成記念誌　郷土開発』(同、1955年、以下『郷土開発』)26～27頁。なお、引用史料中、電鉄企業が地主より大規模に土地を借り受けたという述懐が見られるが、組合史料や各企業の営業報告書等にそのような記録は見られず、疑問の余地が残る。実際には電鉄企業が土地を取得した可能性が高いと思われる。
4) 東京市臨時市域拡張部『市域拡張調査資料　荏原郡玉川村現状調査』(同、1931年)。
5) 等々力中区「第二十八回区会議事録」(1933年2月27日、05Ｈ101-099)。
6) 世田谷区編『世田谷近・現代史』(同、1976年)773～774頁。
7) 同上、773～775頁。
8) 同上、778～780頁。
9) 同上、781～783頁。
10) 三井不動産『三井不動産七十年史』(同、2012年)26頁。
11) 「副　玉川尾山町の区画整理に関する陳情書」(1932年10月12日、『第九号雑書綴』簿冊、16Ｖ603-066)。
12) 前掲『郷土開発』29頁。
13) 藤田省三「天皇制とファシズム」(『岩波講座　現代思想　5』1957年、ここでは『藤田省三著作集Ⅰ　天皇制国家の支配原理』みすず書房、1998年版を参照)168頁。
14) 藤田自身は戦後についても言及している。ただ、基本的な理解はその矛盾が未解決のまま引き継がれたというものであり、戦後社会を破綻の先延ばし状態と見るにとどまっている。
15) 大石嘉一郎・西田美昭編『近代日本の行政村――長野県埴科郡五加村の研究』(日本経済評論社、1991年)749～750頁。
16) 同上、383頁。
17) 東條由紀彦『製糸同盟の女工登録制度――日本近代の変容と女工の「人格」』(東京大学出版会、1990年)および同『近代・労働・市民社会』(ミネルヴァ書房、2005年)。
18) 前掲藤田「天皇制とファシズム」168～169頁(圏点原文)。
19) 無論こうしたことを論証するにはほかにも産業組合など各種団体の分析が必要

なのであるが、耕地整理事業はとくに脱農・宅地化を通じて旧来の地域社会が依拠していた生産関係を最終的に解体する役割を果たした点で重要な意味を持ったし、また本事業に関して言えば都市近郊を舞台に展開されたゆえにこうした社会秩序の転換の特質をよく表現していたと考えられる。

20) 山之内靖『システム社会の現代的位相』(岩波書店、1996年)。
21) 前掲東條『製糸同盟の女工登録制度』3頁。
22) 同上、8頁。
23) 有馬学「戦前の中の戦後と戦後の中の戦前」(『年報近代日本研究』第10巻、山川出版社、1988年)。
24) 前掲『世田谷近・現代史』778〜779頁。

補章　土地区画整理のヘゲモニー
――雑誌『都市公論』の検討を手掛かりに――

はじめに

　両大戦間期の都市近郊および地方都市で活発に行われた土地整理は土地の大規模な交換・分合および権利関係の大幅な再編を必然とするため、それに対する同意を取りつけることは事業の成否に関わる重要事項であった。耕地整理事業は1900年に施行された耕地整理法によって、土地区画整理事業は1919年に公布・施行された都市計画法によってそれぞれ制度化されており、その限りでは社会的正当性を確保していたのではあるが、実際に事業を実施するにあたってはなおさまざまなレベルにおける実質的な同意の組織化を必要とした。

　本書第1章から結章においては1920～40年代の東京近郊で行われた玉川全円耕地整理を事例に、当初は地域社会で簡単に受容されなかった事業が曲がりなりにも同意を取りつけていく過程を検討し、そこでは従前の地域の有力者層に代わって地域社会とはひとまず切断された土木技術者が重要な役割を果たすようになっていったことを指摘した[1]。この場合、その技術者の権威は土地の割換や評価計算などを円滑に行い得る専門性に立脚するのであって、オールマイティな「名望」とは対照的にその立脚点を著しく限定されているのであるが、にもかかわらずこうした機能主義的な専門性への権威の移行はこの時期における不可逆的な趨勢であって、社会の機構化という段階的変化の端的な表出であったと考えられる。

　本章の課題は、こうした変化の一端について、土地整理事業それ自体の実施過程とは別の素材を通して検討することにある。具体的には内務省系の都市計

画家グループであった「都市研究会」が1920年代に取り組んだ都市計画関係者の養成と、1930年代における政策提言者集団としての組織化、そしてそこで共有された土地整理を正当化する観念あるいはそこで正当とされた理念を、同会が発行した雑誌『都市公論』を主たる史料として利用しながら析出する[2]。

『都市公論』は1918〜45年にかけて発行され、毎号都市計画に関わる各種の論文や報告を掲載したほか、都市研究会も雑誌の刊行と連動してさまざまな集会を催し、両大戦間期において都市計画関係者の求心力として機能した。同誌およびそこに集った人々は、中央すなわち都市計画のトップエリートに対しては社会的共鳴盤として機能しつつ、現実に都市計画事業が行われる地域社会においては専門家として権威を振るい、土地整理を含めた市街地改造に対する同意の組織化に貢献したと考えられる。こうした仕組みによって土地整理を含めた市街地改造一般が一定程度安定的に進行し、体制化されるに至ったとき、それを当該期におけるヘゲモニー形成の一端と理解することも可能であろう。

第1節 都市計画講習と土地区画整理

補-1-1. 都市計画関係者の需要と都市計画講習

都市研究会は1921年から37年にかけ、断続的に計7回の都市計画講習を開催した（表補-1）。会長であった後藤新平はドイツ・デュッセルドルフの自治行政大学における自治問題講習会やフランスの「自由政治学校」、アメリカ・ニューヨークの「ユニバーストレミング」などにその範を得たと語ったとされるが[3]、のみならず「〔都市計画が――引用者〕施行日尚浅きを以て、其の法制の如きも未だ世人に周知せられず之が事務に鞅掌すべき人材も亦甚だ多からざるの感なき能はず」という内在的な動機も存在した[4]。都市計画講習は、都市計画に関する「知識と技能を授けむとする」場とされたのである[5]。

しかも、それは経験則や暗黙知として伝達されるべきものではなかった。「都市の改造は科学に立脚してなさねば不可能」であり、それこそが「我徒が夙に

全国の各都市から優秀の才を糾合して劃切なる都市計画に対する知識を授け、都市の改造熱に順応してエフエクトを挙げんとする所以」だったのである[6]。佐野利器も「〔都市計

表補-1　都市計画講習一覧

回数	期　　間	会　　場
1	1921.10.19～11. 2	日本大学（神田三崎町）
2	1922. 3.22～ 3.31	中央気象台跡（竹橋代官町1丁目）
3	1924. 8. 4～ 8.14	内務省社会局
4	1931. 9. 1～ 9. 5	日本大学講堂
5	1933. 9. 4～ 9. 8	麹町区公会堂
6	1936. 8. 1～ 8. 5	箱根強羅
7	1937. 8. 9～ 8.13	箱根強羅宮城野小学校

出典：『都市公論』各号。

画は──引用者〕今日に於きましてはよい加減な一の常識ではないのでありまして立派な一の専門学として成立つて居るのであります」[7]と述べたように、都市計画を一個の専門領域として定立することは、彼らの願いでもあった。

だが、そうした言説は、都市計画に関わる実務者の養成システムが十分に整備されていなかった現実と表裏をなすものであった。関東大震災からほぼ1年後の1924年になっても「帝都復興の具象化せざる所以のものは、勿論『金』の問題もあらう、併しながら都市計画に対する明透の知識あるもの乏しく、徒に理論に囚らはれて実行に勇ならざるが為である〔中略〕都市は『金』を獲得する前に欠陥なき『人』を得ねばならぬ」[8]との指摘があったように、人材の養成は依然として課題であり続けたのである。

この問題の中で土地区画整理は焦点の一つであった。東京市長であった永田秀次郎は、都市計画の中でも土地区画整理のことを「最も感心して、なる程と思つた」と述べた上で、次のように続けている。

　区画整理と云ふことは、宜ささうであるがやつて見ると却々面倒である〔中略〕区画整理を実際にやる人間を集めなければならぬが、却々堪能な人間を集めると云ふことには非常な心配がある〔中略〕復興院が初めて出来た時に……其の幹部を組織するに就て人を得難い……と同時に又手先きになる人も却々得難いので、即ち区画整理の一つのことに就て先づ之に似寄つたのは耕地整理がそれであるから此耕地整理に堪能な人間を集めてや

つたならば一番早途だと云ふやうなことで人を集めやうとすると、さて却々十分に人が集まらぬ〔中略〕それに就て第一に斯う云ふ人達を揃へて置くと云ふことは非常に必要なことであると云ふことを熟々と感じたのであります其次には区画整理とか、都市計画と云ふやうなことは……全く人を相手の仕事であつて……理想論としてはなる程良いと感じても亦実際遣るに就ては利害関係が直接来るからして却々理論には感心しても実際の時には文句が出て来るのであります、それでありますから……人の養成と云ふことは必要であるのと又市民の理解と云ふことが大変必要である〔中略、反対のあった日本橋でも——引用者〕皆到底是は遣らなければならぬものならば一つ進んで遣らうと云ふやうな気分に今日はなつて来て居る、斯う云ふ様子であれば更に局に当る技術者が奮励努力すれば是は必ず為し遂げ得られると深く私は信じて居るのであります〔中略〕今度斯う云ふ講習会が出来て種々都市計画に就て理解ある人を作る、又都市計画に就ても幹部となり手足となるべき人を研究会で作つて下さると云ふことは吾々斯う云ふ事柄に直接関係を有つ者として非常に有難いことに感ずるのであります[9]

この発言が都市計画講習に寄せられた祝辞であることは割り引かねばならないとしても、帝都復興事業なかんずく土地区画整理において希求された人材像が、社会的な同意を取りつけつつ事業を遂行していく実務家であったことは理解されよう。

補-1-2．都市計画講習の受講者

第1回の講習は1921年10月から11月にかけて実施された。受講者は公募によって得ることとし、その資格は府県または市区の行政に従事する者で地方長官または市区長の推薦を得た者、もしくは中学校卒業以上の学力を有し主催者である都市研究会の会長より許可を得た者とされた。当初の定員は100名であったが、申し込みが多数にのぼったため急遽200名に増加され[10]、最終的な受講

表補-2　第1回都市計画講習科目一覧

科　　目	講師	属　性	時間数
都市計画一斑	山縣治郎	内務省都市計画課長	4
都市計画法制	池田　宏	都市研究会理事	6
建築物法規	内田祥三 笠原敏郎	工学博士 内務技師	8
街路制	堀田　貢	内務省土木局長	2
街路改良問題	牧　彦七	工学博士	2
都市交通機関	内田嘉吉	都市研究会副会長	2
公園計画	折下吉延	内務技師	2
都市衛生	内野仙一	内務省防疫課長兼予防課長	2
上水問題	西大條覚	内務技師	2
下水ノ改良ト糞尿問題	米元晋一	工学士	2
塵芥処分問題ノ研究	田中芳雄	工学博士	2
住宅政策	渡邊鉄蔵	法学博士	4
公営住宅	佐野利器	工学博士	2
英国ニ於ケル田園都市ノ近況	吉村哲三	内務書記官	2
都市ノ財政	小林丑五郎	法学博士	4

出典：「都市計画講習」（『都市公論』第4巻第10号、1921年）。

者は210名に達した。講習は2週間で46時間に及び、その内容は表補-2に示すとおりであった。講師にはトップエリートである内務官僚やこれと関係の深かった土木、建築学者が名を連ねており、相対的に多くの時間が割かれたのは池田宏による「都市計画法制」と内田祥三・笠原敏郎による「建築物法規」で、法制度の熟知が重視されたことがうかがえる。「都市計画一斑」「住宅政策」「都市の財政」がこれに続いた。そして、これらのうち「大体に於て大事なる講習科目を御聴きになつた」者に対して講習証書が授与された[11]。

　講習を受講した人々はどのような層であったのか。出席者名簿に基づき、これらを所属機関および職域によって分類したのが表補-3である。最大多数を占めたのが府県以下公共団体の事務系吏員であり、技師・技手がこれに続いたが、市区町村の首長および議員もこれに匹敵している。公共団体関係者の場合、約3分の2が証書を得た。なかでも参加者に対する修了者の割合が大きかったのは技師・技手であったが、事務系においても決して小さくはない。2週間にもわたる講習にこれだけの人員を割いたことは、それらの団体にとって都市計

表補-3　第1回都市計画講習講習員の内訳

(単位：人)

	内務省・植民地総督府	府県・市区町村・植民地地方政府	都市計画地方委員会	小計	その他
事務系官公吏	6 (6)	84 (62)	2 (2)	92 (70)	38 (24)
技師・技手	3 (3)	29 (24)	9 (6)	41 (33)	
雇員・調査員	2 (2)	7 (5)	4 (2)	13 (9)	
首長・議員	0	26 (8)	0	26 (8)	
小　計	11 (11)	146 (99)	15 (10)	172 (120)	合計210 (144)

注：1）括弧内は修了者数を示す。
　　2）属性不明の内務省所属3名は事務系として数えた。
出典：「都市計画講習員名簿」（『都市公論』第4巻第11号、1921年）および「講習証書授与者名簿」（同第4巻第12号、1921年）。

表補-4　第2回都市計画講習科目一覧

科　目	講　師	属　性	時間数
都市計画一斑	山縣治郎	内務省都市計画課長	4
都市計画法制	池田　宏	都市研究会理事	4
建築物法規	内田祥三 笠原敏郎	工学博士 内務技師	6
都市ノ道路政策	佐上信一	内務省道路課長	2
交通系統	山田博愛	内務技師	2
公園計画	原　熈	林学博士	2
都市衛生	内野仙一	内務省防疫課長兼予防課長	2
上下水問題	西大條覚	内務技師	2
都市制度	三辺長治	内務省市町村課長	2
都市計画ノ財源→中止	渡邊鉄蔵	法学博士	2
都市建築ノ改善	佐野利器	工学博士	2
都市計画ト住宅問題	吉村哲三	内務書記官	2

出典：「都市計画講習規程」（『都市公論』第5巻第3号、1922年）。

画が大きな関心事であったことを示すものと言えよう。

　第2回講習は、第1回から半年とおかずに開催された。内容は表補-4に示すとおりで、概ね第1回を踏襲しているが、日程が10日間、講義時間が32時間

表補-5　第2回都市計画講習講習員の内訳

(単位：人)

	内務省・植民地総督府	府県・市区町村・植民地地方政府	都市計画地方委員会	小計	その他
事務系官公吏	4 (4)	24 (21)	3 (3)	31 (28)	8 (6)
技師・技手・技術系吏員	17 (8)	18 (17)	7 (7)	42 (32)	
雇員・調査員	0	1 (1)	5 (4)	6 (5)	
首長・議員	0	29 (14)	0	29 (14)	
小　計	21 (12)	72 (53)	15 (14)	108 (79)	合計116 (85)

注：括弧内は修了者数を示す。
出典：「講師職員講習生名簿」(『都市公論』第5巻第4号、1922年)。

にそれぞれ短縮された。受講者は116名で、やはり公共団体の吏員と技師・技手層の参加者の多さと修了率の高さが目立つ（表補-5）。公共団体の首長および議員も29名と前回を上回っており、六大都市以外においても都市計画を実施する機運が高まるなかでの関心の高さをうかがわせる。

第3回講習はもともと1923年に予定されていたが、関東大震災のため延期となり翌1924年に行われた[12]。講演を含めた科目は表補-6のとおりで、「土地区画整理」や「高速度交通機関」などが独立して開講されたほか、「上水問題」と「下水問題」が分割されるなど、実務に即した細分化の傾向がうかがえる。また、受講者の内訳をみると、前2回とは異なった傾向が見いだされる（表補-7）。ひとつは、公共団体の技師・技手層の大幅増加で、前2回で最多を占めた事務系吏員を上回る53名となり、全162名の3割以上を占めるに至った。いまひとつの特徴は都市計画地方委員会関係者の増加であり、参加人数では前2回と比較して倍増した。

都市計画地方委員会は都市計画法第4条および都市計画委員会官制に基づき都市計画中央委員会とともに定められたもので、「独立権限を有する」ことにより、「共同の利害関係を有する」市町村間の「調節」を図り「適当なる計画

表補-6　第3回都市計画講習科目一覧

科　目	講　師	属　性
都市計画と地方自治	後藤新平	都市研究会会長
都市の発展と都市計画	水野錬太郎	都市研究会顧問
都市計画と法制	堀切善次郎	内務省都市計画局長
帝都の復興と都市計画	直樹倫太郎	復興局長官
近世都市の発展と都市計画	関　一	大阪市長
欧米都市計画の新傾向	飯沼一省	内務事務官
都市および都市計画の歴史	大熊喜邦	工学博士
道路法大意	佐上信一	内務省神社局長
都市計画と土木行政	丹羽七郎	内務書記官
都市の交通施設	山田博愛	復興局技師
都市高速度交通機関	内山新之助	内務技師
都市計画と港湾並運河	市瀬恭次郎	内務技監
建築法規	野田俊彦	内務省都市計画局課長
公共的建築物	佐野利器	東京帝国大学教授
都市衛生	高野六郎	内務技師
上水問題	西大條覚	内務省都市計画局課長
下水問題	米元晋一	内務省都市計画局嘱託
土地区画整理	伊部貞吉	復興局技師
都市住宅問題	池田宏	内務省社会局長官
都市計画と財源	阪谷芳郎	都市研究会顧問
都市計画と其の財源	堀切善次郎	都市研究会顧問
都市財政	田中広太郎	内務省地方局課長

出典：『都市計画講習録全集』第3巻、都市研究会、1925年。

を策進」するための機関として設置された[13]。この関係者が増加した直接の背景は、1923年に六大都市以外の市制施行地が都市計画法適用地となり、1933年からは町村にも対象が拡大されたように、都市計画事業に関係する公共団体が増加したことにあった。このように都市計画委員会は市町村間の調整を図ろうとする限りでは市制町村制と共存し得るものとされたが、一方でその枠組みを超える指向をも有していたから、都市計画事業適用地の増加はのちに見るように、やがて明治地方自治制との間に緊張を生じることになろう。

都市計画講習はこの後しばらく開催されず、1931年になって実に7年ぶりに第4回講習がもたれ、断続的に1937年の第7回まで開催された。この時期の講習は前3回と比較して期間が大幅に短縮され、例えば第5回について言えば講義および講演は15科目30時間であった（表補-8）。当時の説明によれば「今日では小都市、町村に迄都市計画法を適用する途が開けたこと」[14]が久々に開催した契機であったという。

講習参加者の構成にも変化が現われていた。その内訳が判明する第7回講習についてみると、都市計画地方委員会関係者、とりわけ技術者の割合が高まっていることが判明する（表補-9）。

表補-7　第3回都市計画講習講習員の内訳

(単位：人)

	内務省・植民地総督府	府県・市区町村・植民地地方政府	都市計画地方委員会	小計	その他
事務系官公吏	4 (3)	47 (45)	11 (11)	62 (59)	4 (2)
技師・技手・技術系吏員	5 (4)	53 (49)	20 (20)	78 (73)	
雇員・調査員	4 (3)	6 (4)	1 (1)	11 (8)	
首長・議員	0	7 (4)	0	7 (4)	
小計	13 (10)	113 (102)	32 (32)	158 (144)	合計162 (146)

注：1）括弧内は修了者数を示す。
　　2）警視庁の技手兼属1名は技師・技手に算入。
出典：「講習員地方別職氏名」(『都市公論』第7巻第9号、1924年)。

表補-8　第5回都市計画講習科目一覧

科目	講師	属性	時間数
都市計画法に就て	飯沼一省	内務省都市計画課長	2
都市交通統制に就て	佐藤利恭	内務技師	2
換地設計	菱田厚介	内務技師	2
上下水道の計画に就て	茂庭忠次郎	工学博士	2
聚落の研究	小田内通敏	文部省嘱託	2
街路設計	椹木寛之	内務技師	2
緑地計画	北村徳太郎	内務技師	2
農業地域制	浅見與七	博士	2
受益者負担の新傾向	西村輝一	東京都市計画地方委員会事務官	2
飛行場の設計	末森猛雄	内務技師	2
城下町の都市計画	大熊喜邦	博士	2
地震と津浪に就て	那須信治	地震研究所技師	2
市街地建築物法	本多次郎	内務技師	2
都市計画を過たぬ為に	池田宏		2

出典：「第五回都市計画講習会」(『都市公論』第16巻第8号、1933年)、「第五回都市計画講習会」
　　(『都市公論』第16巻第10号、1933年)。

表補-9　第7回都市計画講習講習員の内訳

(単位：人)

	内務省・植民地総督府	府県・市区町村・植民地地方政府	都市計画地方委員会	小計	その他
事務系官公吏	1 (1)	49 (47)	10 (10)	60 (58)	17 (16)
技師・技手・技術系吏員	0	31 (31)	32 (32)	63 (63)	
雇員・調査員	0	6 (6)	5 (5)	11 (11)	
首長・議員	0	9 (9)	7 (7)	16 (16)	
小　計	1 (1)	95 (93)	54 (54)	150 (148)	合計167 (164)

注：括弧内は修了者数を示す。
出典：「第七回都市計画講習」(『都市公論』第20巻第10号、1937年)。

補-1-3．都市計画講習と土地区画整理

　都市計画講習で講じられた具体的内容は、都市研究会『都市計画講習録全集』によって知ることができる。同書は第1回講習の直後、都市計画に関する「適切の参考書がない」[15] という認識の下に編まれた。講習の内容は多岐にわたりさまざまな事項を網羅していたが、ここではさしあたり土地区画整理に議論を限定して、その論じられ方を見ておく。

　第1回講習では土地区画整理に関する独立した講義は開かれなかったものの、山縣治郎（内務省都市計画課長）の「都市計画一斑」と池田宏（都市研究会理事）の「都市計画法制」がこの主題を扱った。

　まず山縣は、前提として道路整備一般の手法として土地収用を想定しており[16]、その財源として「最も重要と看做されて居るものは特別受益者の負担」としていた。道路拡幅による地価上昇の程度に応じて周辺の地権者から受益者負担金を徴収し、これを土地収用の財源に充てるならば「都市計画は、余り金を使はずして之をなし得るやうな場合が少くない」というのである[17]。そして土地区画整理もこの手法を援用することとし、公共団体が一定の範囲を地帯

収用し、その財源を受益者負担金によって得ることを想定した[18]。

　池田の議論も、このような山縣の考え方と一致したものであった。土地区画整理と地帯収用の関係については、「区画整理をしなければ到底街路に相応はしき新市街地としての目的を達することが出来ない場合に始めて地帯収用を行ふのであります〔中略〕区画整理をするがために地帯収用をするのであることは注意せねばなりませぬ。〔中略〕地帯収用制と区画整理制とは互に相俟つべきものであります」[19]と述べていた。

　これらの議論では、土地区画整理にともなう地価上昇を関係者の利得と見なすという論理がすでに明確化されている一方で、事業の推進主体としては公共団体が想定され、受益者負担金の徴収とそれを財源とした地帯収用を行うことが前提とされていた点に特徴がある。

　だが、地価上昇にともなう利益はあくまで将来的な期待にすぎないものであって、それを減歩という実在の負担に対する対価と見なす考え方は、必ずしも容易に受け容れられるものではなかった。震災後の1924年に開催された第3回講習の講演で、後藤新平は帝都復興事業における市街地改造が公債発行を通じた土地買収ではなく組合結成による土地区画整理方式で行われつつあったことについて「〔土地買収が──引用者〕区画整理に段々化けて行つて、今日の困難を惹き起して居るのであります」と述べ、あわせて「遠くの地所にある間は賛成であるが、自分の地所迄来るとチヨツト待つてくれと云ふことになる」という土地所有者の態度を指摘した[20]。

　後藤はこうした事態を「自治的観念の徹底的なる、科学的生活の徹底的なる理解があるか否やと云ふ」問題であると述べて精神論に収斂させたが[21]、同じ講習で復興局技師として「土地区画整理」を講じた伊部貞吉は、「土地区画整理を行つて最も利益効果の大なるを痛感せしむは経済上の問題であります。就中地価の騰ることが最も広く深く反響するものであります」[22]と述べ、とりわけ「換地の設計」と「土地評価法」を詳しく検討した。伊部は「換地の設計」について次のように述べている。

> 復興計画の当初に於いては換地は単に従前の土地の面積のみを標準として行ふが便宜であるとの意見も多かつたのでありますが、都会に於ては一地区内でも地価の高下が著しいのでありますから面積のみを標準とする面積主義は勢ひ負担を衡平にすることが難しいので原則通り面積並に等位、即ち整理前後の地価を標準とする価格主義で換地を行つて居るのであります[23]。

　伊部は「面積主義」と「価格主義」を対比し、後者の優位性を主張している。その際に重要なのは土地の評価であるが、この点について伊部は「我国に於ける従来の土地の評価法と云ふものは全く達観的な方法であつて……経験ある者が達観的に行ふのみで何等定まつた方則はなく不便が多かつたのであります」として、「今度の復興計画に於ては米国の『クリーヴランド市』の土地評価方法に依つて一つの評価法を作りつゝあります」と述べていた[24]。これは路線価を標準としてこれに奥行価格百分率を乗じることを基本とし、「外国の例に倣ふて一つの科学的な土地評価方法を作つて複雑なる土地の利害関係を合理的に緩和せむとする趣旨」であったという[25]。土地整理を行うにあたり「科学的」な土地評価を通じて換地を行うことが「衡平」で「合理的」であるとする伊部の議論は、この工程における高次な専門性の要求へと繋がるであろう。

　1933年に開催された第5回講習において内務省技師の菱田厚介が「換地設計」と題する講義を行い、焦点を評価と換地設計に絞り込んだことは、こうした傾向を端的に現わしていた。ここで菱田は「土地といふものには市場の価格が無い」「斯く評価したからと云つて其の値段又はその近くで取引されるとは到底言へない」ことを認め、「却つて左様に気まぐれなものであるから公益の上にたつ土地区画整理の仕事等に於ては最も公平妥当な土地評価法を案出する必要がある」として[26]、専門技術の特権性を宣言した。続けて「豊度」という概念を用いて交通・環境・敷地などの条件を勘案し、さらに土地の潜勢力や金利などの要素を斟酌した土地評価法について解説を加えた。

　換地については伊部の言う価格主義に関してそれをさらに4ないし5の方法

に分類し、「いろいろな説が出てをりますけれども、どうも十人が十人まで賛成だといふものはない」ことを認めているが[27]、「土地評価法に対しまする不信任から起りました」と考える面積主義についてはこれを退けている。「土地の評価は余り考へ過ぎますと——殊に見込みに属する事柄は所謂『懲つては思案に及ばず』となり勝であります。併かし相当筋道をつける程度で行きますならば慥に今の様な等値面積の考へよりもヨリ親切なものが得られると存じます」「面積換地は今日大いに流行してはをりますが私はどうも価額換地で徹底致し度い気持を持つてゐるのであります」という発言は[28]、土地評価における専門性を重視した立場にとって当然のものであったと言えよう。

第2節　土地区画整理の再定置

補-2-1. 景気の停滞と土地区画整理の不振

　前節では中堅実務家層の育成をめざした都市研究会の都市計画講習において、土地区画整理をめぐる講義内容が土地評価と換地設計という「技術的」な次元に収斂していったことを確認した。だが、そのことは土地整理が絶対的な価値中立性・客観性の確保に向かったことを必ずしも意味しない。地価上昇という仮構された利益と減歩という実在の負担とを釣り合わせる思考様式は、土地整理が本格化した両大戦間期においていまだ自明視されるほどの社会的同意を取りつけるには至っておらず、その限りでは相対化されうる価値体系であって、要するにそのイデオロギー性の露顕度は高い状態にあった。

　そのことに起因する無理は、先の後藤のごとく減歩への同意を「自治的観念」の現われと見なすような言説によって蔽遮される。1924年、内務次官であった湯浅倉平は「区画整理の進行の遅いと云ふことも此利己心が妨げをなして居るが、乍併一方に於きましては公共心の発露が之を促進するものである、結局区画整理に就ても、又都市計画の実行と云ふことに就ても利己心の働きが勝てば其の事業が成立しない、公共心が勝てば事業が実現する」と述べ、土地区画整

理の受容を「公共心の発露」として「利己心」に対置する論法を展開したが[29]、この時期、この類の言説は枚挙に暇がない。

　こうした無理を含んでいたとはいえ、この論理は現実に地価上昇が達成され地主に実在の利得がもたらされている間は、大勢において支持を取りつけることが可能であった。前節で見た伊部の講義では、1921年の新宿大火および浅草大火ののちに実施された土地区画整理に触れている。伊部によれば、新宿では焼失域内に２万1,000坪の宅地があり、区画整理によって道路のための潰地が3,580坪発生したにもかかわらず、地価は整理前坪80円程度であったのが整理後は平均160円に上昇したという。浅草でも同様に１万9,000坪の宅地に対し道路の潰地が3,580坪、地価は整理前に坪平均90円であったのが、175円となったとのことであるが、いずれも東京市による買収価格や売買実績に基づくものであったという[30]。

　だが、何らかの事情で直ちには利益の実現が図れない事態が生ずると、こうした論理の無理は厳しい攻撃にさらされることになる。昭和恐慌が尾を引き土地の売買が停滞していた1930年代、『都市公論』誌上で次のような２つの見解が表明された。

> 郊外地の区画整理に於ける土地所有者の利得は、整理後の地価の騰貴により整理前時価の数倍に達すべきは火を睹るよりも明瞭であると言ふものがあるが、斯かる説をなすものは土地所有者として経験のなき者の謂ふ言である。近頃インフレ景気のため諸物価が昇騰し……景気挽回の徴があるけれども、土地関係には波及せずに沈滞状態にて、費用代償の取引は予想通り売却不可能なるがため、借入資金の利息支払にさへ困窮し、今や組合の危機を招来し之が償却の道途に迷ふものあるは、誠に悲痛の極みである[31]。

> 欧州戦乱時代の物価騰貴して土地の価額の騰貴せる時代は別として、現在の経済界の情勢では土地区画整理事業が地主の為めの事業と云ふ時代は過ぎて……現在では国策上より当然本事業の奨励の時代が来た様に私は認識

するのであります[32]。

これらの主張は、土地区画整理組合が困窮している現実のなかで、その背後にある論理が機能不全に陥りつつあったことの表出であった。1935年に掲載された土地区画整理施行後における地価推移の調査によれば（前掲表4-14）、ケースバイケースではあるが確かにほとんど地価上昇を達成していない組合が存在していたことが判明し、これらの主張を一定程度裏付けていると言えよう[33]。ただし、彼らの最終的な要求は土地区画整理に対する国庫補助の要求へと収斂したのであり、区画整理の背後にあるイデオロギー性を衝くことはなかった。

補-2-2．兼岩伝一の面積主義

各地の土地区画整理事業が困難をきたしつつあった1930年代、制度の背後にあるイデオロギー性を突いて批判を展開した技術者に、兼岩伝一がいた。兼岩は1925年に東京帝国大学工学部を卒業後、内務省を経て復興局技師を務め、愛知県に転出した。

兼岩は、土地区画整理における価格主義＝「評価主義」を批判し、これに代えて面積主義を主張した。彼が『都市公論』誌上で持論を展開したのは1933年であったが、前節で触れたようにこの年は第5回都市計画講習において内務省技師の菱田が評価主義を支持する内容の講義を行っていた。したがって、次に掲げる兼岩の評価主義批判は、都市研究会における主流的見解への挑戦でもあったと言ってよい。

評価主義に依る換地方法は区画整理組合には不適当と思ふ。理由は、
(一) 都市郊外の未整理の地価は無論農耕地としての価値でなく、亦現在道路のみからきまつてくる建築敷地の価値でも無く、結局は市街化の将来を予想した見込値段でいわゆる潜在価値を多量に含んでゐる。この潜在価値は整理に依つて開発されて後始めてハッキリした姿をとるのである。この複雑な不確定な前評価を基準として換地計算をするこ

(二) 仮に前評価が相当正しく出るものとしても、これを土地会社の投資と見ると云ふ仮想は誤りではあるまいか。何となれば、土地会社と仮想しても現実はこれと性質の別な物的根拠の上に立つ組合である。組合員は自己所有の土地の都市計画的な集団的開発と、そのために必要な事業費の合理的な負担を承諾したるに止まるので、組合との間に現実的な売買はせぬのである。問題は負担の割合であつて利益の分配ではない。前評価に基く利益分配の方法の誤は自ら明瞭であらう[34]。

議論は二段構えになっている。まず土地評価の客観性に対する疑義を呈しているが、これは菱田ら評価主義者も認めていたところであって、要は程度問題ということになろう。議論の真骨頂は2点目にあり、組合がめざすものは利益の分配ではなく土地の集団的開発そのものであって、その場合問題となるのは負担であるという。批判は、土地整理組合の活動を、集団的な投資と利益の分配と見る態度そのものに向けられていた。

そうした見地に立てば、「原位置を重んじ、その従前の面積から道路のために何坪、一般的な潰地のために何坪、事業費のために何坪と減歩する方法」[35]である面積主義を兼岩が支持したことも理解し得る。「道路網は都市計画的な見地から集団的な開発の目的に最も適した設計であるから各自所有土地の位置に於て最大なる開発を受けたものとして満足すべき」[36]という主張も、上記の第二の論点と整合するものであった。

ただし、兼岩自身も面積主義には「換地面積の算定には図式を使つて一筆毎に逆算をして決めてゐるので労が多い」うえに「同一幅員の道路に面する換地の減歩はその道路の価値の大小に不拘同一であつて、地価高騰率を全然無視してゐる」といった難もあったことは認めており、それを解決したのが「評価を参酌する面積主義」であると述べていた。これは各筆の面する道路幅員と整理前後の評価額の上昇率に応じて減歩率に差をつける方式で、名古屋の土地区画整理組合で考案されたとのことであるが[37]、これについては特段の評価を与え

ていない。

　兼岩は、面積主義の台頭を支配的な趨勢と見ていた。名古屋における土地区画整理では評価主義を採用した組合が4、面積主義が14、評価を参酌する面積主義が5であったという。ドイツにおける関連法に触れた別稿では、1902年アディケス法および1904年ザクセン法は評価主義であったのに対し、1907年アディケス法は面積主義、1926年プロイセン法は両者併用と理解したうえで、「名古屋市の土地区画整理（目的が建築敷地造成にある変態的な耕地整理も含む）に於ける換地方法進歩の跡を研究すると、大体やはりアディケス法の如く評価主義から面積主義に変遷してゐる」[38]と述べていた。

　このような主張を展開した兼岩の心情は、次の表現によく現われている。

　　「換地の公平」なる問題は非常にむづかしい。思ふに公平、或は完全なる観念はこれに類する他の理想と同じく条件的であつて絶対的では無い。条件の第一は結局多数組合員の甘受であつて換地の目的はこれにあらう。従つて換地研究の対象はどんな計算方法がその組合多数者を甘受せしむるかにあり、多数者甘受の物的根拠は結局整理開発のため地主の現実的な受益と、その事業のために蒙る現実的な負担との関係であると思ふ[39]。

土地整理において完全に公平を期すことが不可能であるならば、問題は人々の「甘受」である。この無理を通す要諦は仮構された利益と負担ではなく、あくまで現実的なそれである。そうである以上、土地整理は地主の現実感覚に即して行われねばならない。兼岩は、当時土地整理が進行した都市近郊において多数派を占めていた自作農の抱く感覚について、次のように述べていた。

　　自作地主に取つて、土地は彼の労働を投下して、農作物を得るための生産手段である。それ故に自作地主に取つて、土地の位置、豊度、面積等は労働投下及び生産物の量と関連して深い懸命が払はれてゐる。且つ所有農耕地は比較的小面積であつて、生活の安危がこれに依存してゐる。「父祖伝

来の土地」として彼等の抱く土地愛惜の観念は以上の点から説明されなければならぬ[40]。

「父祖伝来の土地」であることを根拠にした土地整理への反対は、価格主義の前提をなす経済合理性に照らせば看過し得ない、非合理的な態度となろう。にもかかわらず、こうした観念に対し兼岩が理解を示したのは、その合理性自体を相対化し得たからにほかならない。ここに、兼岩の思想的独自性があった。

補-2-3. 石川栄耀の土地区画整理論と評価主義の台頭

兼岩が批判した評価主義が当時、都市研究会における主流的な見解であったことはすでに述べたが、その先頭に立っていたのが都市計画家として知られる石川栄耀であった。石川の区画整理論は「経営主義」と呼ばれ、「いかに区画整理事業の採算がとれるか、いかにして地価を上昇させるか」という「現在でいうデベロッパー的視点」に特徴があるとされている[41]。1931年に発表した「区画整理換地清算の一法――道路を投資と見て――」においては、換地を「自由換地」（評価主義――引用者）と「原地減歩法主義」（面積主義、同）とに分類して前者を「最唱へるもの」としたが、後者を最初から否定したわけではなく形式的にはそれに付き合いつつ、その場合の妥当な清算方法として整理により生じる利益を各筆の道路に対する分担量に応じて配分する「投資地代比例主義」を提唱した[42]。ただし、その計算式は著しく複雑なもので、石川自身、「此の式による精算の結果のカコクなりや否やは自分の知らぬとこである」と放言し、最後にさらに一段複雑化した式を提示した上で「複雑な抽象」に対する自嘲をもって結んだ。

これは、もちろん面積主義に同意を与えたものではなく、むしろ同じ年に発表した別稿「区画整理換地規程に於て唱ひ置く可き要項――昭和六年度都市計画講習会出席者に贈る――」の伏線と位置づけられるものであった。石川はここで「自由換地」（評価主義）と「条件換地」（面積主義）を対比して、「後者は原位置を過重視すぎる所からそのまゝにては少からぬ受益の不均衡を生ぜし

め之を合理化せんとせば又殆ど実際上不可能に近き精算をしなければならない事になる可成り問題的のものであるがそれにも係はらず最慣習に近き故を以て精算を伴はぬ形に於て此が一般的に用ひられてる」[43]と述べたのであるが、「実際上不可能に近い精算」が意味するところは自ずから明らかであろう。そして、それが都市計画講習受講者に向けて発せられたことの意味は小さくなかった。

　石川の主張を援護する議論を展開したのが、都市計画福岡地方委員会技師であった町田保であった。町田は「土地区画整理に於ける換地の観念は何処迄も石川氏の所謂自由換地でなければならない〔中略〕化石化した様な旧来の土地所有の観念から生れた姑息な換地に決して区画整理の充分なる効果と負担の公平とを期待することは出来ない、自由に大胆に交換分合が行はれて始めて宅地として百パーセントの利用増進を期待し得るのである」と述べて面積主義を否定した[44]。時間の前後は逆であるが、先に触れた兼岩の主張と完全に対照をなす論理であったことが理解できる。なお町田は、先に引用した兼岩が面積主義を展開したのと同じ号において、再度評価主義への支持を表明している[45]。

　そして結果的に見れば、評価主義の主流性は失われなかったと言うべきであろう。兼岩自身はこののち主題を日本の都市部における土地所有規模の矮小性に対する批判に絞っていき、マルクス経済学を踏まえた独自の土地所有論の領域に踏み込んでいったため、面積主義を積極的に主張することは少なくなった。

　また、面積主義が増加するという兼岩の予見も、必ずしも当たらなかった。この点を多数の事例に即して吟味する余裕はないが、前章までで検討した玉川全円耕地整理組合の各工区では、従前地から大きくは逸脱しない位置に換地をあてがいつつも、従前地と換地の評価額によって清算を行う方式を採っていたし、またそれが一般的であったとして大過ないであろう。兼岩はこれを「評価主義を参酌した面積主義」と称したが、実質はいずれかといえば面積主義を参酌した評価主義というべきものであった。

　ただし、評価主義が主流となったのは必ずしも客観的な正当性や現実の有効性ゆえではなかった。1936年に至っても、都市計画宮崎地方委員会技師であった藤田宗光が「換地設計には地積主義と評価主義との二方法があるが、何れも

実際に当つて相当の欠陥あるを否み難い」と述べていたのは、理論的なレベルにおける決着が依然としてつかなかったことの証左であった。その背景には、面積主義が円滑な換地処分を可能にしていたという現実があった。「地籍主義は……組合有地を適当なる位置に拵え、之に似通へる土地を換地として与ふれば、割合好都合に解決することが多い、特に斯る場合には理屈よりも寧ろ口説き落しを以て、利益の多い大地主に犠牲的に譲歩して貰へば実際問題として紛擾による事業費の負担より寧ろ換地の互譲による損失の方が少いものである」[46]という藤田の意見は、各地における土地整理の実情を踏まえた率直なものであったと言えよう。

さらに、評価主義を唱えた石川自身もまた、土地整理の現場ではその論理を前面には出し得なかった。現場における石川は属人的な説得に長けた人物として同時代的にも知られており[47]、第4章（184～185頁）で示したように、地主を籠絡して土地整理への同意を取りつけることもあった。彼もまたこの問題を理論的には解決し得なかったのである。

第3節　1930年代における政策提案の動きと都市計画協議会

補-3-1．政策提言要求の高まり

前節で見たように、土地区画整理における評価主義はそれを正当化する論理として主流の座を占めていたが、そのことによって現実の土地整理にまつわる困難それ自体が解決するわけではなかった。こうした中で、評価主義に基づく土地区画整理を正当化する現実的な根拠、すなわち実在の利益を確保するために都市計画関係者が盛んに主張したのは、土地区画整理に対する国庫補助であった。

良く知られているように、耕地整理事業には国庫補助制度が存在したのに対し土地区画整理事業はこれを欠いていた。1928年度以降においては大蔵省預金部資金の融資が行われるようになったほか、市町村レベルにおける土地区画整

理助成規程は漸次実現したものの、耕地整理と同様の措置を要求する動きが高まっていったのである。例えば「名古屋区画整理組合長」であった古島安二は1931年の「都市計画座談会」において耕地整理同様に土地区画整理にも国庫補助を行うべきと述べていた[48]。また、先に触れた都市計画兵庫地方委員・岡本暁は「土地区画整理は地主の利益を受くるに過ぎざるものと云ふ時代は過ぎて今は国策上其の必要なる時代」であると述べて、土地区画整理事業に対する国庫助成の実現を主張していた[49]。これと関連して、土地区画整理事業を都市計画法から切り離し、単独法（土地区画整理法）の制定を要求する機運も高まっていった。そして、こうした意見の増加は先に触れた評価主義の仮構性それ自体に対する批判の退潮と表裏をなしていたのである。

結果的には、こうした働きかけにもかかわらず土地区画整理に対する国庫補助は第二次世界大戦終結前には実現をみなかった。土地区画整理法が制定され国庫からの助成が規定されるのは、1954年のことである。

だが、ここで注視しておきたいのは土地区画整理およびそれを含む都市計画事業に関して、関係者の間で国政への要求が強まっていったことそれ自体である。1920年代における彼らの活動は『都市公論』のような雑誌を通じて自らの意見を発表したり、都市計画委員会を通じて個別事業の実施過程でそれを反映させたりすることにとどまっていたのであるが（それ自体は重視すべきことであるが）、1930年代の半ばに至り、集団的に政策提言を行うに至った。その舞台となったのが、次に述べる都市計画協議会であった。

補-3-2．都市計画協議会の開催

都市研究会は1934年から1937年にかけ、都市計画協議会を開催した（表補-10）。のちになってなされた説明であるが、第1回は「都市計画地方委員会の方々が、段々に都市計画法の適用都市が多きを加へましたに依つて一堂の下に会してそれぞれの主管して居る仕事に就て協議を重ねながら本省と地方との聯繫を図るやうに致したいと云ふ、地方委員会職員諸君の為に対する協議として御斡旋を致した」とあり[50]、さしあたりは都市計画地方委員会関係者のために

表補-10　都市計画協議会一覧

回数	期間	開催地	参加者数
1	1934.5.20～5.21	静岡市	450余
2	1935.6.7～6.9	福岡市	500余
3	1936.5.4～5.6	富山市	約600
4	1937.7.7～7.9	札幌市	

注：空欄は不明を示す。
出典：『都市公論』各号。

表補-11　第3回全国都市計画協議会参加者の内訳

(単位：人)

	内務省・植民地総督府	府県・市区町村・植民地地方政府	都市計画地方委員会	小　計	その他
事務系官公吏	5	135	48	188	
技師・技手・技術系吏員	4	55	71	130	9
雇員・調査員	0	2	2	4	
首長・議員	0	51	73	124	
小　計	9	243	194	446	455

注：主催者側出席者を含まず。
出典：「第三回全国都市計画協議会記録」(『都市公論』第19巻第8号、1936年)。

設定された場であったという。参加者は450余名で都市計画講習と比較して人数面では大規模な集会であったが、期間は2日間にとどまっていた。このときの議題は①都市計画街路の実現方法、②土地区画整理の実現方法、③市街地災害復興事業の実施方法の3点で、各地の都市計画関係者から状況報告や課題の指摘がなされた。

　第2回は福岡で、第3回は富山でそれぞれ開催された。出席者の内訳が詳細にわかるのは第3回についてのみであるが（表補-11）、これによれば都市計画地方委員会の委員73名および事務員・技術者計194名が出席したほか、府県および市町村の事務員135名、技術者55名、首長・議員51名の計243名が出席し、これらの合計は455名に及んだ。開会に際して池田宏は「回を重ねるに従つて地方委員会の職員の方々のみに止らず都市計画法の適用を受けて居られる全国の市町村関係の方々の御寄合となり、且つ又遠く外地よりも段々に都市計画に

就て御経験になつて居られる多数の方々をお迎へすることが出来るやうになりました。最初は地方委員会の職員の為にする協議でありましたものが、今日では全く此の会の名前に相当する日本全土の都市計画のことに就て学識経験のある方々が其の学識と其の尊き体験とを此の協議を通して御交換になり、一つの都市計画上のクリヤリング・ハウスの作用を為し得るやうな組織陣容を整へ得ました」と述べていた[51]。

　だが、都市計画協議会は単なるクリアリングハウスすなわち情報交換の場にとどまらなくなっていった。第2回以降においては協議事項を政策当局に働きかける決議を行い、政策提言の場としての性質を帯びるようになったのである。提言の内容とその帰趨は毎回の協議会で詳しく報告がなされた。例示のため第2回おける協議事項をまとめたのが表補-12であるが、極めて実務的なレベルでさまざまな内容の提言がなされ、一定の実現性を有していたことがわかる。つまり、都市計画協議会は都市計画地方委員会のみならず市町村の関係者も巻き込んだ、一種のロビー活動の舞台であった。1920年代に講習を通じて実務家層の育成に勤しんだ都市研究会は、都市計画事業適用都市の増加と人材の蓄積によって、いまや政策決定に影響力を持つに至ったのである。

　こうした状況のなかで、土地区画整理に関する議論はさまざまな議題の中で付帯的に行われたが、1936年に札幌で開催された第4回協議会では、「土地区画整理に関する件」が単独の議題となった。本書でここまでに扱ってきた主題に関していえば、都市計画大阪地方委員会技師であった大木外次郎は例えば次のような意見を述べている。

　　工事竣功後換地処分前に於て仮清算に於ける徴収金に対し耕地整理法の第七十九条の規定を適用し得るやう法令を改正すること、是は区画整理をやりました土地は非常に一般に高いのでありまして、それを工事竣功後実際の換地処分の認可を受ける迄の間に相当長い年限が往々あるのでありまして、時には数年、十年も間があるのであります。所が其の間に仮換地を受けて居りますが、其の仮換地が丁度前の土地と同額だけ配布されて居れば

表補-12　第2回全国都市計画協議会協議事項とその処理

番号	内容	処理
1	都市計画制度の再吟味の件	①
2	農業地域制設定の件	①
3	緑地計画に関する規定を設くるの件	①
4	風致地区を都市計画区域外に亘り設定し得る様法律改正の件	②
5	行政計画法制定の件	①
6	中央集権的制度を地方分権化するの件	②
7	土地区画整理設計認可権を地方長官に委任するの件	③
8	都市計画法第十一条及同法施行令第十一条を改正の件	②
9	一時的建築物の禁止区域指定の件	③
10	風致地区内の土地に対し免税の件	④
11	療養地区設定の件	③
12	路上工作物の整理に関する件	③
13	私道統制に関する件	③
14	都市計画事業に際し超過収用に関する件	③
15	都市計画事業助成の為の国庫補助に関する件	③
16	特別税に関する件	②
17	分担金に関する件	③
18	受益者負担に関する件	③
19	都市計画法と軌道法との関連に関する件	③
20	都市計画事業年度割に関する件	②
21	都市計画事業一部執行に関する件	③
22	土地区画整理法制定の件	⑤
23	区画整理内国又は公有地処理に関する件	⑤
24	区画整理地区内墓地及工場移転と行政手続に関する件	⑤
25	区画整理地区内の町字字名及区変更に関する件	⑤
26	区画整理事業に対する受益者負担の件	⑤
27	区画整理地区内の建築物処理方法に関する件	⑤
28	都市計画法第十二条土地区画整理事業項目に一般建築物の建築を追加するの件	⑤
29	区画整理に依り生じたる営造物は整理完了と同時に市町村に管理義務を負はしむるの件	③
30	区画整理地域の電柱電纜の移転に関する件	③
31	区画整理地区内府県道拡張に対する府県費支出の件	③
32	土地区画整理補助に関する件	③
33	土地区画整理事業資金供給に関する件	③
34	都市計画区域内の町村長を委員に任命するの件	⑦
35	〔都市計画〕地方委員会連合会の制度を設くるの件	⑦
36	都市計画法を適用せしめられたる隣接町村に関連する都市計画を一議案として審議するの件	⑦
37	〔都市計画〕委員会職員に都市計画事業検査の権限を付与するの件	⑦
38	地域制を細分化するの件	⑥
39	軽工業地域新設の件	⑥
40	防浪地区設定の件	⑥
41	工場の燥音、煤煙の取締規定拡充の件	③
42	美観地区高度地区内に於ける路上工作物及竹木土石等に関する取締	③
43	市街地建築物法に関する手続は市を経由せしむるの件	④
44	都市計画事業並に土地区画整理に従事する職員養成の件	③
45	都市計画に関する事務を処理せしむる為市町村に独立課を設置するの件	③
46	都市研究会内に都市調査委員設置の件	
47	建築敷地の最小限度を定むるの件	③
48	本協議会に於ける協議事項を適当に処理し其の実現を期する為特別委員設置に関する件	
番外	都市計画の統制に関する件	②
	事業項目新設の件	②

補章　土地区画整理のヘゲモニー　265

風致地区指定手続を簡易化すの件	②
空地地区を都市計画の施設と為すの件	②
都市計画事業の執行義務に関する件	②
風紀地区の取締に関する法令設定の件	③
都市計画上土地立入測量又は調査し得る様法改正の件	③
都市計画事業主体に関する件	③
国有地下付に関する件	④
都市計画事業に要する国有地の無償使用を法律を以て規定する件	④
土地区画整理地区内発展の為物件寄附に関する件	⑤
区画整理組合員代理人の資格制限に関する件	⑤
区画整理組合長制裁規定に関する件	⑤
都市計画法第十三条に依る代執行区画整理事業の場合は耕地整理法第四十三条に拘らず仏堂、墳墓地を地区内に編入の件	⑤
不適格建築物に対する緩和規定改正の件	⑥
建築敷地内の空地を保持するの件	⑥
アパート式建築物に対する空地制限を拡大するの件	⑥
市街地建築物の相関関係に付特別規定を設くるの件	③
共同建築法制定の件	
〔都市計画〕委員会組織を変更するの件	⑦
学識経験者に任期を設くるの件	⑦
常務委員会に対する委任事項拡大の件	⑦
〔都市計画〕委員会及委員会の職員の名称簡易化するの件	⑦
〔都市計画〕委員を都市計画の調査立案に参画せしむるの件	⑦
〔都市計画〕委員を適宜増員するの件	⑦
市町村市長吏員及市町村会議員をして其の市町村に関せざる事項と雖も必要ある場合議事に参与し議決の数に加はらしむるの件	⑦
風致の維持と其の開発に関する件	③
風致地区内の公園を速かに都市計画として決定するの件	③
都市計画表示内容改善に関する件	③
既成街路計画に付再検討の件	③
非常災害の場合積極的町村指定の件	③
匡救事業を市町村の都市計画事業に適用の件	③
街路と鉄道の立体交叉個所の構造方式に関し計画標準を明確に決定の件	③
土地区画整理設計標準に関する件	③
街路設計標準に関する件	③
上下水道計画標準設定に関するの件	③
仮設建築物不許可の件	③
防火地区内に於ける防火施設を助成するの件	③
町村に市街地建築物法を強制適用するの件	③
市街地建築物法は都市計画法と同時適用の件	③

注：1）「処理」の内容は次のとおり（原史料の表記による）。
　　①次回協議会に於て協議すべきもの
　　②特別委員会に於て更に研究を為し尚当局の説明を聴取し結局当局に考慮を要望することとしたり
　　③当局に考慮・善処を要望／実際問題の処理にあたり善処／処理済
　　④特別委員会に於て更に研究を為したるも仍考究の余地ありと認め暫く保留したり
　　⑤土地区画整理に関する法令の整備を要する事項なるも右に付ては次回に於て更に詳細組織的なる意見の提出を求めんとす
　　⑥当局に於て具体的に考究せられ居る模様に付暫く保留したり
　　⑦已に当局に於て考究中に付其の考慮に俟つこととしたり
　　2）「番外」の各項目は第2回協議会の記録には記載がないものの、第3回協議会において結果報告がなされたもの。
出典：「第二回全国都市計画協議会」（『都市公論』18巻9号、1935年）、「第三回全国都市計画協議会」（『都市公論』19巻8号、1936年）。

宜いのでありますが、場合に依つて相当の清算金付の仮換地を受けて居るやうな場合がある、其の場合に其の本統の換地処分が出来て清算金の徴収交付がある迄の間は土地を沢山貰つた人は利益を受ける、少く貰つた人は損をすると云ふやうな不公平がありますので、之を防ぐ為に清算金を換地処分前に於て清算金の交付徴収が出来るやうにしたい[52]。

説明が多くないため趣旨が判然としない嫌いもあるが、仮換地交付から清算までの期間が長い場合、「土地を沢山貰つた人」＝清算金を支払う立場の者は長期間にわたり事実上無対価で土地利用の便益を得られるのに対し、「少なく貰つた人」＝清算金を交付されるべき者は逆に減歩の対価を長年にわたり得られないままとなることの不備を衝いた主張と理解できる。評価主義は清算を通じて組合員の負担と便益が「公平」に裁定される建前であったが、現実にはそれまでに時間を要することから問題を生じていた。

大木はこのとき、土地区画整理の認可手続の簡易化、市町村の大字・小字の区域および名称変更手続の簡易化、区画整理地への強制編入要件の緩和なども主張したが、これらは併せて協議会の決議事項とされ、こののち都市研究会副会長池田宏名で関係各大臣へ上申書として提出された[53]。

補-3-3．都市計画をめぐるヘゲモニーの行方

ここでは、前項で見たような都市計画家集団が市町村吏員などの関係者をも糾合しつつ政策決定に大きな影響力を持つに至った事態の意味を確認しておく。

都市計画家集団が持った政治的な意味については、中邨章が都市計画委員会制度に即して論じており[54]、同制度が空間的には明治地方自治制下における市町村の領域とそれを超える広域性との間の矛盾を止揚する一方で、機能的には中央官庁の縦割的割拠主義を内務省都市計画課の主導によって克服しようとする試みであったと評価している[55]。それは、当該時期における大きな社会変動への対応の一端であったが、それがどのような転換であったのかは、中邨も指摘した山縣治郎による都市計画名古屋地方委員会での次の発言によく表われて

いる。

　　市ノ区域ト都市計画区域ト何ウ云フ関係ガアルカ、又何ウ云フ差異ガアル
　　カト申シマスト、市ノ区域ハ総テノ共同生活ヲ目的トシテ、有ユル一切ノ
　　コトヲ遣ルノデアリマスガ、都市計画ハ斯クノ如キ広汎ナルモノデハナイ。
　　都市計画ヲ遣ル一種ノ組合ノヤウナモノニナツテ来ルノデアリマス[56]

　都市計画法においては、市街地整備一般において何が都市計画事業として実施され何が既存の公共団体による自治行政として実施されるかは制度上必ずしも自明ではなかった。中邨はこうした両者の「切断」面における境界の不確定性によって生じる「調整」の余地を重視したのであるが、ここでさしあたり注目しておきたいのは「調整」の実態よりも山縣の掲げた中邨のいうところの「切断」の論理である。明治地方自治制における公共団体が「有ユル一切ノコトヲ遣ル」のに対し、都市計画という「広汎ナルモノデハナイ」課題は「一種ノ組合ノヤウナモノ」が担当すべきという論理は、専門性を根拠とする機能主義的な分節化を正当化するものであった。都市計画委員会制度をはじめとする都市計画事業の推進体制や関係者集団による政策提言は、こうした機能主義的な次元への編成替えを意図した、新たな統治のテクノロジーの試みであったと言えよう[57]。

　だが、そのような統治システムの定立への道のりは、この時点でなお不透明であったと言わざるを得ない。時期は戦時期に飛ぶが、1942年に都市研究会が行った都市戦時態勢確立対策懇談会における議論を最後に見ることとする。

　この懇談会は、全国市長会がまとめた「都市戦時態勢確立対策要綱」における「〔都市は──引用者〕総ゆる重要国策の完遂に協力する為町内会等の組織を一層整備充実すると共に市内の各種団体等の機能をも統制し、凡そ市民を対象とする各種の施策の一元的に遂行の責に任ずること」および「市の各種の事業は固より市内各種団体等の事業をも統制し重点的に之に集注すること」という方針を具体化するステップとして開催されたもので、大阪、広島、福岡、新

潟、仙台、岐阜、川崎、銚子、高崎、高松の各市長が参加した。席上、関係者らは次のように述べている。

　　差当り問題になりますのは例へば各種団体と申しましても、それではそれはどう云ふものか、産業組合とか、或は農会とか色々ありませう。其の他に又婦人会或は各種の組合の聯合とか商工組合とか云ふやうな色々なものもあるのですが、無論是は市に於て連絡は執つて居られることでありますけれども、当然の監督権は持つて居ないのであります〔川崎市長　村井八郎──引用者、以下同様〕58)

　　委員制度と云ふものは随分多い。是は市制に依るもの、法令に依るもの、或は独自の必要に迫られたものなどがありますが、是が非常に多ございまして、是が又どうも煩に堪えない。〔中略〕先づ学務委員、土木委員、産業委員、勧業委員、保健委員、伝染病予防委員、水道委員、臨時下水道委員、公園委員、都市計画委員、助成規程臨時調査委員、時局関係免税審査委員、臨時財政調査委員、臨時資源調査委員──まだあるのですが、一寸……。〔高崎市長　蛭田作平〕59)

　　市内の特殊団体に付いて意見を申上げてみたいと思ひます。〔中略〕耕地整理組合とか乃至は区画整理組合と云ふやうなものがありますが、是等も市長との間に何等の連絡がないのであります。仕事の中には大体道路の付替のやうなものもありますが、市長が考へ或は市の考へに並行しないで道路の付替などが行はれるやうなものもない訳ではありませぬ。具さに団体の全体を通じて見ますと、市民の利害に関する問題を持つて居るものが多いのは勿論であります。又市の公益の立場から致しましても市と不可分の問題が非常に多い情況でありますので、是は少なくとも市長に監督権を持たすとか或は市長と密接な何等かの関係を持つとか云ふやうなことに全面的に一つ考へて戴かなければ、各種団体の事業の発展、或は市の発展、

国家の発展と云ふやうな点に非常に大きな影響があるやうに思ふのであります。〔銚子市長　川村芳次〕[60]

　3つの意見を並べてみると、「市民の利害に関する問題」の処理が多極化する状況において市長あるいは市の凝集性を回復しようとする志向を見て取ることができよう。これらの発言が既存の自治行政システムの再建をめざすものなのか、新たな次元における統治システムの定立を指すのかは判然としないが、仮に前者であったとするならばそこには大きな限界が孕まれていたと評価せざるを得ず、後者であったならば「自治」や「行政」の意味の転換が要請されることになろう。そして、この時期に喧伝されるようになった「地方計画」や戦後の「国土計画」も、単なる対象領域の空間的拡大としてではなく、こうした視角からの検討によって把握されるべきであろう。

むすびに

　以上、内務省の系列に連なる都市計画家集団が講習などを通じて関係者の裾野を拡大しつつ、政治的影響力を持つに至った過程の一端を検討し、それが専門性に立脚した機能主義的権威の形成過程の一環であったことを示すとともに、その権威の具体的様相について、土地区画整理に関連してそこで主流となった論理を素材に確認した。それは単なる一政治勢力の生成として片づけられるべきものではなく、明治国家的行政・自治システムの解体・再編と並行した新たな統治テクノロジーの形成の試みであった。
　もちろん、こうした権威が形成される回路はここに示した以外にも存在する。都市計画家を養成する教育機関の検討や、各地方における都市計画地方委員会の活動を検証することはこうした問題を考える上で大きな意義を持つし、また『都市公論』以外に刊行された都市計画関係のメディアを分析することも残された課題である。ただ、この時期における社会的変動の特徴が権威の多極化にあるとするならば、大状況の一端にすぎなくともそれを示したことに一定の意

義はあると思われる。そして、いま述べた課題を解いていくことは、本章のスケッチに修正を加えることに繋がる筈であるが、同時にその相似形を発見する作業ともなるであろう。

注
1) 要点は本書225〜232頁参照。
2) 本章の作成にあたっては、不二出版刊行の復刻版（1996〜1997年）を参照した。
3) 阿南常一「都市計画講習会の記」（『都市公論』第4巻第12号、1921年）66〜67頁。
4) 床次竹次郎「告辞」（『都市公論』第4巻第11号、1921年）6頁。
5) 同上。
6) 「都市計画第二回講習会」（『都市公論』第5巻第4号、1922年）1頁。
7) 佐野利器「開会の辞」（『都市公論』第5巻第4号、1922年）48頁。
8) 「第三回都市計画講習会開催に際して」（『都市公論』第7巻第8号、1924年）。
9) 永田秀次郎「祝辞」（『都市公論』第7巻第9号、1924年）。
10) 「都市計画講習会と理事会」（『都市公論』第4巻第11号、1921年）22頁。
11) 前掲阿南「都市計画講習会の記」65頁。
12) 「序」（『都市計画講習録』第3巻、都市研究会、1925年）。
13) 池田宏「都市計画法制」（都市研究会『都市計画講習録全集』第1巻、同、1922年）23頁。
14) 「凡例」（都市研究会『第五回都市計画講習録全集』上巻、同、1934年）1頁。
15) 同上。こうした意図とは裏腹に、『都市計画講習録全集』はこんにち稀覯本となっており、管見に触れたのは第1回講習会の内容を収めた第1・2巻および第3回の内容を収めた第3巻（同書によれば第2回の関連資料は関東大震災で焼失とされる）、さらに『第五回都市計画講習録全集』上下巻のみである。
16) この制度そのものは従前から存在したが、都市計画法によって内務大臣の権限が強化され、土地収用審査会の決定を経ずに収用が可能となった。
17) 山縣治郎「都市計画一斑」（前掲『都市計画講習録全集』第1巻）46〜50頁。
18) 同上、54〜55頁。
19) 前掲池田「都市計画法制」63頁。
20) 後藤新平「都市計画と地方自治」（前掲『都市計画講習録全集』第3巻）15頁。
21) 同上、16頁。
22) 伊部貞吉「土地区画整理」（前掲『都市計画講習録全集』第3巻）4頁。
23) 同上、12頁。

24) 同上、15頁。
25) 同上、19頁。
26) 菱田厚介「換地設計」(都市研究会『第五回都市計画講習録全集』下巻、同、1934年) 28〜29頁。
27) 同上、55頁。
28) 同上、57頁。
29) 湯浅倉平「公共心の洗練」(『都市公論』第7巻第9号、1924年)。
30) 前掲伊部「土地区画整理」4〜5頁。
31) 寺西円治郎「土地整理施行者としての要望」(『都市公論』第16巻第6号、1933年) 48頁。
32) 岡本暁「土地区画整理事業に何故国庫補助なきや」(『都市公論』第16巻第12号、1933年) 88頁。
33) 先に挙げた伊部も1924年時点ですでに「組合設立を奨励することが必要であります」として土地区画整理組合への国や公共団体による助成を提言していたが、その時点ではなお地価上昇の実現事例が強調されていた(前掲伊部「土地区画整理」20〜21頁)。
34) 兼岩伝一「名古屋に於ける土地区画整理換地の実際」(『都市公論』第16巻第6号、1933年) 202頁。
35) 同上、202頁。
36) 同上、204頁。
37) 同上、205頁。
38) 兼岩伝一「ドイツの土地区画整理に於ける評価主義と面積主義」(『都市公論』第17巻第8号、1934年) 26頁。
39) 前掲兼岩「名古屋に於ける土地区画整理換地の実際」207頁。
40) 兼岩伝一「換地の技術内容と問題の分析」(『都市公論』第18巻第1号、1935年) 63頁。
41) 中島直人・初田香成・佐野浩祥・津々見崇・西成典久『都市計画家 石川栄耀——都市探求の軌跡』(鹿島出版会、2009年) 43〜45頁(西成典久執筆)。
42) 石川栄耀「区画整理換地清算の一法——道路を投資と見て——」(『都市公論』第14巻第1号、1931年)。
43) 石川栄耀「区画整理換地規程に於て唱ひ置く可き要項——昭和六年度都市計画講習会出席者に贈る——」(『都市公論』第14巻第11号、1931年) 73頁。
44) 町田保「換地清算の理論と一方法」(『都市公論』第14巻第11号、1931年) 82頁。
45) 町田保「換地設計私議」(『都市公論』第16巻第6号、1933年)。

46) 藤田宗光「換地論」（『都市公論』第19巻第1号、1936年）41頁。
47) 前掲中島ほか『都市計画家 石川栄耀』45〜46頁。
48) 古島安二「区画整理の助成と法規を町村にも」（『都市公論』第14巻第7号、1931年）19頁。
49) 前掲岡本「土地区画整理に何故国庫補助なきや」88頁。
50) 池田宏「第三回都市計画協議会」（『都市公論』第19巻第8号、1936年）82頁。
51) 同上。
52) 「第四回都市計画協議会記録」（『都市公論』第20巻第9号、1937年）64〜65頁。
53) 「第四回全国都市計画協議会協議事項ニ関スル処理報告」（『都市公論』第20巻第12号、1937年）。
54) 都市計画委員会は中央委員会と地方委員会からなる諮問機関で、前者は内務省に置かれ内務大臣が会長を務め委員は関係各庁高等官および学識経験者が就いたが1941年に廃止された。後者の会長は地方長官（東京地方委員会は内務次官）で、委員には関係市長、関係各庁高等官、関係市会議員、関係府県会議員、市吏員、学識経験者らが就任した。各地方委員会には幹事、技師（奏任官）、技手（判任官）、書記（判任官）が配置された。以上、中邨章「大正八年・都市計画法再考——都市計画区域と都市計画地方委員会の政治的断面——」（『政經論叢』第49巻1号、明治大学政治経済研究所、1980年）による。
55) 前掲中邨「大正八年・都市計画法再考」。
56) 都市計画名古屋地方委員会『都市計画名古屋地方委員会速記録（第二回）』（同、1922年3月28日）20頁。公益財団法人後藤・安田記念東京都市研究所・市政専門図書館蔵。
57) 小路田泰直はこの時期の変化を都市専門官僚制による上からの社会政策的統合と定義している（同『日本近代都市史研究序説』柏書房、1991年）。小路田説においては実在の都市専門官僚層が議会主義を排しながら政治勢力として影響力を増していく側面が重視されるが、本書では抽象的な専門性なるものがヘゲモニーを獲得するという統治構造の変化そのものを重視している。
58) 「都市戦時態勢確立対策懇談会（上）」（『都市公論』第25巻第5号、1942年）35〜36頁。
59) 同上、39〜40頁。
60) 同上、50〜52頁。

あとがき

　本書は、2007年3月に東京大学大学院経済学研究科に提出した博士学位申請論文「大都市近郊における耕地整理と地域社会——東京・玉川全円耕地整理の研究——」に加筆・改稿を加えたものである。初出となった論考等と対応する章は次のとおりである。

1．「戦間期都市近郊における土地整理と地域社会——東京・玉川全円耕地整理事業を事例として——」(『歴史と経済(旧土地制度史学)』180号、政治経済学・経済史学会(旧土地制度史学会)、2003年)……第2・3・4・結章

2．「戦間期都市近郊における都市開発と土地整理——東京・玉川全円耕地整理事業を事例に——」(『社会経済史学』第69巻6号、社会経済史学会、2004年)……第2・3・4・結章

3．「玉川全円耕地整理事業と関係資料」(『地方史研究』第54巻1号、地方史研究協議会、2004年)……序章(一部)

4．「都市の拡大と宅地開発」(橘川武郎・粕谷誠編『日本不動産業史——産業形成からポストバブル期まで』第2章第2節、名古屋大学出版会、2007年)……第1章

5．「両大戦間期東京における土地整理概観」(『経済学季報』第57巻3・4号、立正大学経済学会、2008年)……第1章

6．「大正・昭和前期の東京近郊における耕地整理組合経営」(『青山経済論集』第64巻、2012年)……第3・4章

7．「市街地改造装置としての都市計画関係者集団と土地区画整理——雑誌『都市公論』の検討を手掛かりに——」(鈴木勇一郎・高嶋修一・松本洋幸編『近代都市の装置と統治』第12章、日本経済評論社、2013年)……補章

　本は「あとがき」から読むことを楽しみとする筆者は、それを付せるだけの

まとまった仕事というものに対して憧れにも似た感情を抱いてきた。いつか自分が「あとがき」を書くときが来たらどんなことを書くのだろうかと思ってみたり、そんなことを考えている暇があったら少しでも研究を進めなくてはと思い直したりと、ろくでもない習癖を持っていた。そんな私にとって、ここに何を書くかは一大事のはずなのだが、いざその瞬間を迎えてみると頭の中の真っ白さに戸惑っているというのが、いかにも凡庸だけれども偽らざる心情である。校正で精力を使い果たしてしまったのか、それとも、認めたくないが未だまとまった仕事をなし得ていないということなのだろうか。

玉川全円耕地整理組合の関係文書に出会ったのは修士課程1年生だった1999年のことであり、課程博士の年限ぎりぎりで論文を提出して学位を取得したのは2007年9月であったから、どちらの時点からも短くはない時間が過ぎた。これだけの歳月を費やし、にもかかわらずたったこれだけしか調べられなかったのは、ひとえに私の怠惰な性質ゆえである。実を言えば、ここ数年は忙しさを言い訳にして自分の書いた論文からも玉川全円耕地整理の史料からも疎遠になっていた。研究に取り掛かった頃とは心境にも若干の変化が生じており、そういうのを熟成と呼ぶのかどうかは知らないが、とにかくこれ以上寝かせると腐朽してしまうとの危機感を抱いていたのであるから、いずれにしても主観的には絶妙なタイミングでつけた一区切りということになる。本としてまとめるに際し否応なしに過去の自分に向き合わされて考えたことを、備忘のために記しておきたい。

ひとつはここに収めた一連の研究、とくに補章を除く本編の方法がいかにも荒削りで青臭いということである。序章で大見得を切っておきながら無責任なようだが、眼前の対象を通して「世界」を語ろうとする態度は一歩間違えば独我論に陥りかねない危うさも持っている。そして、何かひとかたまりの史料群を相手に世の中が変わるとはどういうことか考えてみようと初心を抱いた頃の私は、研究というものの意義を、史料を媒介にして世界と自分との関わり方に見通しを得ることに見出していた。学問を通じて一定の物の見方を身につけ、それで世の中にかける迷惑が多少なりとも軽減されるならば、それだけでもう

十分だと本気で思っていたのである（今でも半ば本気であるが）。自分と「世界」を安易に結び付けたがる態度は、1990年代半ばから2000年代初頭あたりの「若者」に良く支持されたと聞くが、ここにもそんな匂いが漂ってはいないだろうかと懼れる。

　もうひとつは、変な話だが同時に古臭いということである。序章でうまく表せたかどうかわからないが、本書の分析視角は段階論と国民国家論に多くを負っている。だが、この２つを並列するという選択は、今にして思えば世紀転換期の日本における歴史学の状況を端的に現していたと言うべきだろう。これを「古臭い」と言ってしまっては先人に失礼だが、これらの方法が次々としかも軽やかに飛び越えられようとしている現状を前にすると、当時「これで行ける」とかなりの程度信じていた（そして今もかなり信じている）自分というものが、やはり特定の時代状況に規定されていたとの思いを強くせざるを得ない。

　ごらんのようにまことに頼りない小著ではあるが、ここに至るまでには数え切れないほど多くの方々のお世話になった。まずは浅野中学校・高等学校の大野浩光先生にお礼を申し上げたい。先生が繰り返し仰った「何でも極めれば学問になる」というお言葉は、私の人格形成に決定的な影響を及ぼした。

　大学教養課程の２年間は根無し草のような落ち着かない日々であったが、東京学芸大学で毎週開講されていた青木栄一先生の自主ゼミは、この時期の私の居場所であった。地理学を専門とする先生の、「私は地理学で世の中のことが大概は説明できると考えている」というお言葉は、新入生にとってとても印象深いものであった。先生はあのとき、学問と世界観ということについてお話しされていたのだと思う。

　東京大学文学部日本史学研究室に在籍した２年間は、野島（加藤）陽子先生にお世話になった。先生は、「研究対象に淫してはならない」と仰っていた。こうしてみると、私は３人の先生から、まことに適切なタイミングで大切なことを教えて頂いたことになる。同研究室では、歴史学というものが、現在を生きる人々が真剣に取り組むに値する営みであることを学んだ。「お前はそれまでそんなことも知らなかったのか」という同級生の声が聞こえてきそうである

が、事実なので仕方がない。

　東京大学大学院経済学研究科では、修士課程・博士課程を通じて武田晴人先生にお世話になった。ある日突然研究室を訪ね、「今から修論の構想を報告しますから聞いてください」と言ってレジュメを手渡すという、まったく出鱈目な研究指導のお願いであったが、先生はお引き受けくださった。雑誌論文を投稿すると書き直しを言い渡されるのが常である私は、査読結果が戻ってくるたびに先生を「アポなし」で訪ねた。いきなり研究室に現れて愚痴をひとしきり述べる院生がいかに迷惑であったかは今頃になってよくわかるが、面会を断られた記憶はない。「この研究は実は決定的に駄目なのではないでしょうか」と口走ったときにも、「大丈夫だって言ってるじゃないか、お前、俺を信用しないのか」と言われ、辛抱強く議論をしてくださった。返しようもない恩だが、私にできるのはせめてアポなしで来る学生の面会を断らないことくらいである。さらに、修士論文では加瀬和俊先生と西田美昭先生に、博士論文では岡崎哲二先生、粕谷誠先生、加瀬先生、谷本雅之先生にも審査をして頂いた。すべての先生方に改めてお礼を申し上げたい。2012年末に西田先生が他界され、本書をお目にかけることが叶わなかったのは痛恨事である。

　大学院進学以来、立教大学で開催される老川慶喜先生の研究会（戦間期交通史研究会）に参加させて頂いたことも、大きな喜びであった。誰に対しても気さくに接してくださる先生の研究会には、大学の垣根を越えて多くの人々が集ってくる。時に合宿をしたり共同で史料調査に赴いたりして、私は院生のうちから沢山の研究者の仕事ぶりに身近で接することができた。学問は孤独のうちにも連帯を感得することができる営みと理解しているつもりではあるが、一方で日々の活動の中で「この人たちのコミュニティに居たい」と感じられることは、とても幸せなことだし、大切なことでもあると思う。

　研究の過程ではいくつかの図書館・資料館を利用させて頂いたが、わけても世田谷区立郷土資料館の方々には本当にお世話になった。土地整理の史料を探していたときに、「未整理だけど」と電話口で玉川全円耕地整理組合の関係文書があることを教えて頂き、その後も自由に閲覧させて頂けたことは本当にあ

りがたかった。ナマの史料を実際に手にとって見ていると、それを巡って展開された多くの人々の関係の最末端に自分が位置しているような気がしてくる。史料を読む作業に伴っていた孤独感は、いつの間にか消えていた。

　先輩・後輩を含めて感謝すべき友人はあまりに多く、個別の名を挙げていてはそれだけで名簿ができてしまう。ただ、本書の基となった博士論文が、「博論会」における今津敏晃氏、榎一江氏、谷口裕信氏、韓載香氏、松澤裕作氏、宮地英敏氏との議論を通じて生み出されたものであることは記しておきたい。驚くべき生産力（？）を誇った同会の一員であれたことを、嬉しく、また誇りに思う。

　常勤としては最初の勤め先となった立正大学では、研究を進めるのに十分な時間と環境を与えられた。慣れない教育や学部運営の仕事と両立させるのがきつくなかったと言えば嘘になるが、多くの方々に助けられて博士論文を完成させることができた。現在の勤務先である青山学院大学でも、同僚の教職員や学生との充実した時間を共有させて頂いている。まだ大学への貢献も十分でない私の本書出版計画に対して、青山学院大学経済研究所が特別出版助成の給付を決めて下さったことは、単に金銭面にとどまらない大きな支えとなった。それに加えて同大学からはベルギーでの在外研究の機会まで与えられたと書けば、人は驚くのではないだろうか。赴任先のルーヴェン・カトリック大学でも文学部日本学科の皆さんから素晴らしい研究環境を提供して頂き、本書刊行のための仕上げ作業と、研究上の次のステップに踏み出すための準備とに、とても良い時間を過ごしている。

　日本経済評論社代表取締役の栗原哲也氏と出版部の谷口京延氏にもお礼を申しあげる。大学院に入るか入らないかの頃に故・原田勝正先生から谷口さんを紹介されて以来、私はこの方々を通じて、書物を世に問うということや、それにまつわることどもの意味を学んだ。最初の本の出版を同社にお願いすることは、私にとっては極めて自然な選択だったが、いつだって厳しいという出版事情の中で実績なき者の原稿を引き受けることが容易であったはずはなく、沢山の方々とともにお二人からも励ましを頂いたものと受け止めている。

結局だいぶ長くなってしまった。これ以上は口頭で個別に謝意を伝えることとして、筆をおくことにしたい。

  2013年1月　　　　　　　　　　　　　　　　　　　　　　　高嶋 修一

参考文献・史資料一覧

〈研究所・一般書〉
赤木須留喜『東京都政の研究』(未来社、1977年)
石井寛治『日本経済史　第二版』(東京大学出版会、1991年)
石田雄『近代日本政治構造の研究』(未来社、1956年)
石塚裕道『日本資本主義成立史研究——明治国家と殖産興業政策』(吉川弘文館、1973年)
石塚裕道『日本近代都市論——東京：1868-1923』(東京大学出版会、1991年)
石見尚『日本不動産業発達史——大正・昭和(戦前)および昭和30年代前半期』(日本住宅総合センター、1990年)
岩見良太郎『土地区画整理の研究』(自治体研究社、1978年)
エベネザー・ハワード(長素連訳)『明日の田園都市』(鹿島出版会、1968年)
大石嘉一郎『日本地方財行政史序説——自由民権運動と地方自治制』(御茶の水書房、1961年)
大石嘉一郎・金澤史男編『近代日本都市史研究——地方都市からの再構成』(日本経済評論社、2003年)
大石嘉一郎・西田美昭『近代日本の行政村——長野県埴科郡五加村の研究』(日本経済評論社、1991年)
大内力『大内力経済学大系7　日本経済論(上)』(東京大学出版会、2000年)
大門正克『近代日本と農村社会——農民世界の変容と国家』(日本経済評論社、1994年)
大阪市都市住宅史編集委員会編『まちに住まう——大阪都市住宅史』(平凡社、1989年)
大阪市都市整備協会編『大阪市の区画整理』(同、1995年)
大西比呂志『横浜市政史の研究——近代都市における政党と官僚』(有隣堂、2004年)
小栗忠七『土地区画整理の歴史と法制』(巌松堂書店、1935年)
片木篤・角野幸博・藤谷陽悦編『近代日本の郊外住宅地』(鹿島出版会、2000年)
金原左門『大正デモクラシーの社会的形成』(青木書店、1967年)
クリフォード・ギアーツ(池本幸生訳)『インボリューション』(NTT出版、2001年)
越沢明『東京都市計画物語』(日本経済評論社、1991年)
小路田泰直『日本近代都市史研究序説』(柏書房、1991年)
櫻井良樹『帝都東京の近代政治史——市政運営と地域政治』(日本経済評論社、2003年)
篠野志郎・内田青蔵・中野良『郊外住宅地開発・玉川全円耕地整理事業の近代都市計画における役割と評価——近代の都市開発における住宅地供給に関する史的研究』(第

一住宅建設協会、1997年）

柴田徳衛『現代都市論』（東京大学出版会、1967年）

鈴木淳『新技術の社会誌』（中央公論新社、1999年）

鈴木勇一郎『近代日本の大都市形成』（岩田書院、2004年）

世田谷区編『世田谷近・現代史』（同、1976年）

東京急行電鉄田園都市事業部編『多摩田園都市——開発35年の記録』（同、1988年）

東京市役所『東京市域拡張史』（同、1934年）

東條由紀彦『製糸同盟の女工登録制度——日本近代の変容と女工の「人格」』（東京大学出版会、1990年）

東條由紀彦『近代・労働・市民社会』（ミネルヴァ書房、2005年）

中川清『日本の都市下層』（勁草書房、1985年）

中島直人・初田香成・佐野浩祥・津々見崇・西成典久『都市計画家　石川栄耀——都市探求の軌跡』（鹿島出版会、2009年）

名武なつ紀『都市の展開と土地所有——明治維新から高度成長期までの大阪都心』（日本経済評論社、2007年）

成田龍一『近代都市空間の文化経験』（岩波書店、2003年）

西田美昭『近代日本農民運動史研究』（東京大学出版会、1997年）

日本勧業銀行調査部『日本勧業銀行史　特殊銀行時代』（同、1953年）

沼尻晃伸『工場立地と都市計画——日本都市形成の特質1905-1954』（東京大学出版会、2002年）

野田正穂・中島明子編『目白文化村』（日本経済評論社、1991年）

橋本寿朗『大恐慌期の日本資本主義』（東京大学出版会、1984年）

長谷川徳之輔『東京の宅地形成史——「山の手」の西進』（住まいの図書館出版局、1988年）

林宥一『近代日本農民運動史論』（日本経済評論社、2000年）

原田敬一『日本近代都市史研究』（思文閣出版、1997年）

藤田省三『天皇制国家の支配原理』（未来社、1966年、ただし本書ではみすず書房全集版、1997年を参照）

藤森照信『明治の東京計画』（岩波書店、1982年、ただし本書では「岩波同時代ライブラリー」版、1990年を参照）

ベネディクト・アンダーソン（白石さや・白石隆訳）『想像の共同体——ナショナリズムの起源と流行』（リブロポート、1987年、ただし本書ではNTT出版増補版、1997年を参照）

マックス・ウェーバー（富永祐治・立野保男訳、折原浩補訳）『社会科学と社会政策に

かかわる認識の「客観性」』（岩波書店〈岩波文庫〉、1998年）
マックス・ヴェーバー（大塚久雄訳）『プロテスタンティズムの倫理と資本主義の精神』（岩波書店〈岩波文庫〉改訳版、1989年）
丸山真男『日本の思想』（岩波書店〈岩波新書〉、1961年）
三井不動産『三井不動産七十年史』（同、2012年）
宮地正人『日露戦後政治史の研究――帝国主義形成期の都市と農村』（東京大学出版会、1973年）
宮本憲一『都市経済論――共同生活条件の政治経済学』（筑摩書房、1980年）
持田信樹『都市財政の研究』（東京大学出版会、1993年）
山田盛太郎『日本資本主義分析――日本資本主義における再生産過程把握』（岩波書店、1934年、ただし本書では岩波文庫版1977年を参照）
山之内靖『システム社会の現代的位相』（岩波書店、1996年）

〈論文・報告書〉
麻島昭一「本邦信託会社資料1　日本最古の信託会社――東京信託の分析」（『信託』第47号、信託協会、1961年）
有馬学「戦前の中の戦後と戦後の中の戦前」（『年報近代日本研究』第10巻、山川出版社、1988年）
石田頼房「日本における土地区画整理制度史概説　一八七〇～一九八〇」（『総合都市研究』第28号、東京都立大学都市研究センター、1986年）
老川慶喜「箱根土地会社の経営と高田農商銀行」（由井常彦編著『堤康次郎』リブロポート、1996年）
大豆生田稔「都市化と農地問題――一九二〇年代後半の橘樹郡南部――」（横浜近代史研究会・横浜開港資料館編『横浜の近代――都市の形成と展開』日本経済評論社、1997年）
小野浩「第一次世界大戦前後の東京における住宅問題――借家市場の動向を中心に」（『歴史と経済』第48巻第4号、政治経済学・経済史学会、2006年）
小野浩「関東大震災後の東京における住宅再建過程の諸問題――借家・借間市場の動向を中心に」（『社会経済史学』第72巻第1号、社会経済史学会、2006年）
加瀬和俊「両大戦間期における地主制衰退の論理をめぐって」（『歴史学研究』第486号、歴史学研究会、1980年、ただし本書では武田晴人・中林真幸編『展望日本歴史18　近代の経済構造』東京堂出版、2000年所収版を参照）
加藤仁美「華族の邸宅から高級住宅地へ――三井信託会社による分譲地開発」（片木篤ほか前掲書、2000年）

橘川武郎「日本における信託会社の不動産業経営の起源——1906〜1926年の東京信託の不動産業経営——」（日本住宅総合センター編『不動産業に関する史的研究〔Ⅱ〕』同、1995年）

武田晴人「日本帝国主義の経済構造」（『歴史学研究　1979年別冊』、歴史学研究会、1979年）

武田晴人「1920年代史研究の方法に関する覚書」（『歴史学研究』第486号、歴史学研究会、1980年）

中邨章「大正八年・都市計画法再考——都市計画区域と都市計画地方委員会の政治的断面——」（『政経論叢』第49巻1号、明治大学政治経済研究所、1980年）

名武なつ紀「都市化と土地所有・利用の史的展開——住宅地への転換プロセス——」（足立基浩・大泉英次・橋本卓爾・山田良治編『住宅問題と市場・政策』日本経済評論社、2000年）

沼尻晃伸「1930年代の農村における市街地形成と地主——橘土地区画整理組合（兵庫県川辺郡）を事例として」（『歴史と経済』第50巻第4号、政治経済学・経済史学会、2008年）

沼尻晃伸「戦時期〜戦後改革期における市街地形成と地主・小作農民——兵庫県尼崎市を事例として」（『社会経済史学』第77巻第1号、社会経済史学会、2011年）

橋本寿朗「戦前日本における地価変動と不動産業」（日本住宅総合センター編『不動産業に関する史的研究〔Ⅰ〕』同、1994年）

長谷川信「土地会社の経営動向——両大戦間期の大阪を中心に」（前掲『不動産業に関する史的研究〔Ⅱ〕』）

原田勝正「東京の市街地拡大と鉄道網（1）——関東大震災前後における市街地の拡大」（原田勝正・塩崎文雄編著『東京・関東大震災前後』日本経済評論社、1997年）

原田勝正「東京の市街地拡大と鉄道網（2）——鉄道網の構成とその問題点」（前掲『東京・関東大震災前後』）

福島富士子「田園都市株式会社の田園郊外住宅地——戦前の郊外住宅地開発——」（『渋沢研究』第6号、渋沢史料館、1993年）

藤田省三「天皇制とファシズム」（『岩波講座　現代思想　5』1957年所収、ただし本書では『藤田省三著作集Ⅰ　天皇制国家の支配原理』みすず書房、1998年版を参照）

藤谷陽悦・内田青蔵「住宅組合法が戦前郊外住宅・住宅地形成に及ぼした影響に関する研究」（科学研究費補助金研究成果報告書、2002年）

〈史資料〉

阿部喜之丞「東京時代の区整組合の思い出」（全国土地区画整理組合連合会編『土地区

画整理組合誌』同、1969年)
井荻町土地区画整理組合『事業誌』(同、1935年)
井口悦男編『帝都地形図　第6集』(之潮、2005年)
石川栄耀「区画整理――事始め」(土地区画整理研究会『区画整理』第3巻第12号、1937年。ただし本書では区画整理刊行会編『復刻　区画整理』第Ⅰ期第5巻、柏書房、1990年版を参照)
衣斐清香「東京市の土木事業と土地区画整理に就て」(前掲『区画整理』第3巻第12号、1937年)
大阪市都市整理協会『大阪市の土地区画整理』(同、1933年)
大阪市都島土地区画整理組合『都島土地区画整理組合事業誌』(同、1939年)
島経辰『復興市民要覧』(有斐閣、1926年)
世田谷区『世田谷区勢概要』各年度版
田中博編『玉川沿革誌』(1934年)
玉川全円耕地整理組合関係文書(世田谷区立郷土資料館所蔵)
玉川全円耕地整理組合『耕地整理完成記念誌　郷土開発』(同、1955年)
帝国農会『東京市農業に関する調査(第壱輯)東京市域内農家の生活様式』(同、1935年)
東京急行電鉄編『東京横浜電鉄沿革史』(同、1943年)
東京市『東京国勢調査付帯調査　区編　新市内ノ部　世田谷区』(同、1936年)
東京市『東京市人口統計』各年度版
東京市『東京市統計年表　人口統計編』各年度版
東京市都市計画課『都市計画道路と土地区画整理』(同、1933年)
東京市社会局『東京市ニ於ケル住宅ノ不足数ニ関スル調査』(同市、1922年)
東京市臨時市域拡張部『市域拡張調査資料　荏原郡玉川村現状調査』(同、1931年)
東京都総務局統計部『住民登録による世帯と人口』(同、1952年)
東京都臨時国勢調査部『国勢調査速報』(同、1950年)
東京土地区画整理研究会『交通系統沿線整理地案内』(同、1938年)
東京府『東京府統計書』
東京府土木部『東京府道路概要』(同、1932年)
東京府土木部道路課『東京府道路概要』(同、1940年)
都市計画名古屋地方委員会『都市計画名古屋地方委員会速記録(第二回)』(同、1922年)
都市研究会『都市公論』各号(ただし本書では不二出版刊行復刻版を参照)
都市研究会『都市計画講習録全集』第1巻(同、1922年)
都市研究会『都市計画講習録全集』第3巻(同、1925年)
都市研究会『第五回都市計画講習録全集』上下巻(同、1934年)

内務省都市計画局『都市計画要鑑』第一巻（同、1922年）
南雲武門『東京府市町村制便覧』（杉並町報社、1930年）
長谷川一郎『土地区画整理関係法規釈義』（中屋書店、1924年）
復興局『帝都復興の基礎　区画整理早わかり』（同、1924年）
閉鎖機関関係文書『甲子不動産株式会社　土地、建物関係書類（玉川）』（国立公文書館所蔵、請求番号：分館-09-028-00・財1013-00125100）
山田稔「東京府に於ける土地区画整理の展望」（前掲『区画整理』第3巻第12号、1937年）

註：玉川全円耕地整理組合関係文書、都市研究会『都市公論』および統計書類については詳細を省略。

図表索引

図序-1　玉川村の位置　3
表1-1　両大戦間期における開発主体別の郊外住宅地開発（1914〜36年）　32
表1-2　郊外鉄道と沿線土地整理組合　35
表1-3　大阪市内の土地区画整理　36
表1-4　東京の都市計画道路一覧（1933年現在）　48
表1-5　旧町村別土地整理面積と人口密度　51
表1-6　土地整理施行地の優先順位（1933年現在）　58
表1-7　東京都市計画区域内の耕地整理事業（1932年10月1日現在）　60
表1-8　東京都市計画区域内の土地区画整理事業（1932年10月1日現在）　62
表1-9　世田谷区の土地整理事業（1932年10月1日現在）　66
表2-1　玉川村域人口・戸数推移　78
表2-2　玉川村域における農家戸数の推移　79
表2-3　玉川村域における農業人口の推移　79
表2-4　玉川村域における耕地面積の推移　80
表2-5　玉川全円耕地整理組合評議員会・組合会開催状況　103
表2-6　玉川全円耕地整理組合総予算変遷（1928〜39年度）　104
表2-7　玉川全円耕地整理組合発起人と村行政　106
表2-8①　玉川村会議員（1930年現在）と耕地整理組合職歴　107
表2-8②　玉川村における区長（1930年現在）と耕地整理組合職歴　108
図2-1　東京市域拡張後の旧玉川村域における町丁別人口推移　90
図2-2　東京市域拡張（1932年）以降の旧玉川村域　100
図2-3　玉川（村）全円耕地整理組合概念図　101
図2-4　工区別事業沿革一覧　110
図2-4付表　工区別事業沿革　111
表3-1　村域東部の工区における作物移転補償費の例　123
表3-2　諏訪分区における組合地　124
表3-3　玉川村内の土地売買価格（1924年）　125
表3-4　玉川村域における宅地売買評価額と賃貸価格　125
表3-5　奥沢東区における組合地（1933年9月）　127
表3-6　世田谷区における土地売買価格と賃貸価格（月額）　128

表3-7　諏訪分区収支決算　139
表3-8　奥沢東区総予算案　142
表3-9　奥沢東区収支決算　143
表3-10　奥沢西区収支決算　145
表4-1　等々力中区補償単価一覧　163
表4-2　等々力北区補償単価一覧　164
表4-3　瀬田中区補償単価一覧　165
表4-4　上野毛区・田健治郎あて移転補償通知書　167
表4-5　等々力北区第一工区工費内訳　171
表4-6　用賀東区の設計　177
表4-7　用賀中区による借入の限度額　181
表4-8　等々力南区収支決算　188
表4-9　上野毛区収支決算　190
表4-10　下野毛区収支決算　192
表4-11　野良田区収支決算　194
表4-12　瀬田下区収支決算　197
表4-13　工区別決算一覧　200
表4-14　土地区画整理施行後における地価の推移　202
表結-1　換地にともなう土地利用の変化　212
表結-2　換地前後における地積および坪単価の変化（付：居住地域別組合員数）　216
表結-3　各工区の地価評価額および事業費総額と平均坪単価　219
表結-4　玉川全円耕地整理組合における大規模土地所有者（個人・寺社）　222
表結-5　玉川全円耕地整理組合における東急系企業の土地所有　224
表補-1　都市計画講習一覧　243
表補-2　第1回都市計画講習科目一覧　245
表補-3　第1回都市計画講習講習員の内訳　246
表補-4　第2回都市計画講習科目一覧　246
表補-5　第2回都市計画講習講習員の内訳　247
表補-6　第3回都市計画講習科目一覧　248
表補-7　第3回都市計画講習講習員の内訳　249
表補-8　第5回都市計画講習科目一覧　249
表補-9　第7回都市計画講習講習員の内訳　250
表補-10　都市計画協議会一覧　262
表補-11　第3回全国都市計画協議会参加者の内訳　262

表補-12　第2回全国都市計画協議会協議事項とその処理　264

索　引

事項・地名索引

あ行

愛知県 ……………………………… 255
赤坂区 ………………………………… 94
赤塚村 ………………………………… 57
浅草 ……………………………… 37, 254
足立区 …………………………… 50, 57, 58
我孫子 ………………………………… 38
荒川区 ……………………………… 56, 57
井荻町 ………………………………… 56
　——土地区画整理 ………………… 56
池上電気鉄道 ……… 89, 124, 139, 141, 196, 198
池上村 ………………………………… 84
石川郡立模範農場 …………………… 40
石川県 ………………………………… 40
板橋区 ………………………………… 57
一括代行（土地整理の）……… 39, 178
移転補償 …… 122, 148, 151, 162, 164, 167-169, 231
　——費 ……………………………… 124
イレギュラーな借入 ………… 144, 146, 187
磐田郡田原村 ………………………… 40
鵜ノ木 ………………………………… 23
梅田 …………………………………… 38
衛星都市 ……………………………… 38
江坂 …………………………………… 38
江戸川区 …………………………… 57, 58
荏原区 ………………………………… 56
荏原郡 ……… 2, 7, 29, 30, 34, 50, 56-58, 77, 83
　——第一土地区画整理 …………… 18
　——第一土地区画整理組合 …… 199
王子区 ………………………………… 57
大泉
　——（学園都市）………………… 32
　——村 ……………………………… 57
大岡山（開発地）………………… 83, 85
大久保 ………………………………… 29
大阪 ………… 18, 23, 30, 31, 33, 34, 36, 37, 39, 268

　——駅前土地区画整理事業 ……… 37
　——港 ……………………………… 38
　——市区改正委員会 ……………… 31
　——市区改正設計 ………………… 31
　総合——都市計画 ………………… 38
大阪市 …………………………… 31, 36, 38
　——都市整備協会 ………………… 39
　——土地区画整理受託規程 ……… 37
　——土地区画整理助成規程 ……… 37
　——土地整理協会 ………………… 38
大阪住宅経営会社 …………………… 31
大阪鉄道 ……………………………… 33
大阪電気軌道 ………………………… 33
大田区 ………………………………… 23
大綱村 ………………………………… 34
大森区 ………………………………… 56
岡田土木事務所 ……………………… 23
奥沢 …………… 85, 91, 96, 99, 119, 132, 210, 215
　——駅 …………………………… 89, 121
　——西区 …… 105, 119, 122, 131-134, 142, 144,
　　150, 160, 221, 223
　——東区 …… 119, 121, 122, 125, 131, 132, 142,
　　148, 150, 157, 159, 214, 221
小田原急行鉄道 ……………………… 32
落合村 ………………………………… 32
尾山 ……………………… 85, 87, 215, 228
　——区 …………………… 119, 130, 134, 151
尾山台
　——（駅）………………………… 91
　——（住宅地）……………… 211, 215, 228
　——クラブ ……………………… 228
　北——住宅地 …………………… 211

か行

開発
　——業者 …… 31, 34, 35, 38, 39, 178, 179, 203, 204
　——利益 …… 33, 35, 39, 45, 85, 86, 137, 197, 225

索　　引　289

価格主義 …………………………… 252, 255, 258
学園都市 ……………………………………… 32
華族 ……………………………………… 32, 33
価値原理 ………… 137, 149, 150, 176, 203, 204, 230
葛飾区 ………………………………………… 57, 58
神奈川県 ……………………………………… 34
蒲田区 ………………………………………… 56
上野毛 ……………………………………… 157
　　──（住宅地） ………………………… 211
　　──区 ……………………………… 167, 169, 189
借入金 ………… 105, 126, 144, 146, 151, 176, 189,
　　194, 198, 199, 227
軽井沢 …………………………………… 32, 34
川崎 …………………………………… 16, 268
関西土地会社 ………………………………… 39
神崎川土地区画整理 ………………………… 39
環状8号線 ………………………………… 183
換地
　　──処分 …… 21, 45, 111, 134, 138, 139, 142, 149,
　　151, 210, 214, 215, 218-220, 263, 266
　　──清算 … 124, 135, 136, 139, 141, 146, 194, 210
　　──台帳 ………………………………… 22
関東大震災 …… 2, 4, 8, 29, 35, 41, 81, 85, 243, 247
北区（大阪市） ……………………………… 36
北多摩郡 ………………………………… 59, 161
北豊島郡 …………………………… 29, 50, 56, 57
岐阜 ………………………………………… 268
砧村 …………………………………… 59, 161
砧緑地 ……………………………………… 111, 162
機能団体 ………………………… 232, 233, 235, 236
旧中間層 ………………………………… 18, 236
京西小学校 …………………………………… 89
強制収用（土地の） ………………………… 40
強制編入（土地整理施行地区への） ……… 41
行政執行の土地区画整理 …………………… 37
行政村 ……… 13, 19, 24, 77, 95-97, 102, 112, 119-
　　121, 137, 161, 225, 226, 228, 230, 232-235
　　──体制 ……… 14, 23, 24, 87, 98, 102, 127, 137,
　　148, 149, 151, 182, 227, 232, 233, 235
郷土 ……………………………………… 1-3, 85, 236
共同性 ………………………… 12, 13, 88, 120, 236
共同体 …………………………… 6, 11-13, 233
　　──的規制 ………………………… 40, 95
近郊農村 …… 4, 5, 14, 19, 32, 34, 35, 57, 70, 77, 78,
　　82, 83, 86, 120, 186

区（工区）
　　──会 ……… 22, 103, 120, 126, 145, 158, 159,
　　164, 166-168, 172, 174, 179, 195, 210, 231
　　──会議員 …… 22, 103, 104, 108, 125, 130, 158,
　　168, 169, 179
　　──長 …… 103, 107, 108, 125, 158, 168, 169, 179
九品仏
　　──（駅） …………………………………… 89
　　──（住宅地） ………………………… 211
　　──池 ……………………………………… 171
組合
　　──会 ……… 22, 102, 103, 105, 161, 209, 210
　　──財政 …………………………… 24, 106
　　──地 …… 39, 69, 121, 124-127, 129, 130, 135,
　　137-142, 144, 146, 149-151, 158, 169-174, 176-
　　178, 180, 190-193, 195, 196, 197, 199, 204, 214,
　　218, 224, 227, 229-231
　　──長 ……… 1, 3, 37, 87, 98, 103, 107, 159, 173,
　　210, 231
　　──本部 ……………………… 103-106, 159
京成電気軌道 ………………………………… 32
畦畔改良 ……………………………………… 40
京阪神 ………………………………… 29, 31, 33
京阪電気鉄道 ……………………………… 33, 39
京浜電気鉄道 ………………………………… 32
減歩 ……… 18, 44-47, 65, 70, 92, 99, 124, 126, 132,
　　137, 150, 158, 171, 199, 204, 226, 230, 251, 253, 256,
　　258, 266
　　──率 …… 46, 64, 69, 70, 92, 124, 126, 132, 133,
　　135, 136, 150, 171-173, 183, 204, 214, 227, 229,
　　256
郊外
　　──開発 ……………………… 18, 41, 47, 50
　　──住宅地 …………………… 30, 31, 37, 39
　　──住宅地データベース ………………… 31
　　──電鉄 ……………………… 30, 32, 83
公共
　　──団体 ……… 21, 37, 41, 245, 247, 248, 250,
　　251, 267
　　──用地 …………… 64, 65, 70, 92, 135, 137
工区
　　──界の変更（工区間の境界変更） …… 159,
　　161, 228
　　──分割 ……………………… 119, 158, 159
耕地整理

──貸付 …………………………… 188, 189
──組合 ……… 1, 4, 23, 31, 37, 77, 86, 108, 147, 162, 175, 178, 182, 197, 227, 232, 234, 268
──法 …… 40, 41, 49, 59, 92, 94, 98, 241, 263
小作 ……………………… 20, 34, 81, 82, 92, 166
小平（学園都市）……………………………… 32
御殿場 ………………………………………… 210
駒沢 …………………………………………… 160
──農会区 …………………………………… 81
小松川町 ……………………………………… 57

さ 行

在京玉川村地主会 ………… 92, 93, 95, 96, 108
逆川 …………………………………………… 160
札幌 …………………………………………… 263
市域
　──拡張（大阪）……………………… 31, 37
　──拡張（東京）……… 2, 30, 77, 80, 127, 161, 162, 183, 211, 228, 232
　旧──（大阪）………………………… 36, 38
　旧──（東京）…………………… 32, 33, 34, 56
　新──（大阪）…………………………… 36
　新──（東京）………………… 50, 56, 59, 64
市営住宅 ………………………………… 30, 38
市街地
　──化 ………………………… 8, 18, 57, 92
　──拡大 ……………………………… 9, 29
市街電車 ……………………………………… 29
市区改正 …………………………………… 42, 44
自小作 ………………………………………… 20
自作 …………………………… 34, 82, 166, 257
静岡 …………………………………………… 16
　──県 …………………………………… 40, 210
下町 …………………………………………… 29
実際の清算（換地処分における）… 138, 139, 146
品川区 …………………………………… 56, 59
地主 …… 11, 20, 34, 40, 44-46, 81, 82, 84-86, 92-95, 142, 184, 186, 211, 215, 237, 254, 257, 260, 261
渋谷 …………………………………………… 29
　──駅前 ………………………………… 37
　──区 ……………………………… 56, 59, 192
下野毛 ………………………………………… 157
　──区 …… 134, 161, 162, 188, 191, 214, 223, 224
社会
　──統合 ……………………………… 8, 12, 13
　16
　──の機構化 …………………… 236, 241
　──の大勢的安定 ……………………… 7, 9
　──の段階的変化 ……… 4, 15, 24, 176, 233
　──編成原理 …… 6, 99, 137, 148, 150, 209, 225, 227, 232, 235
石神井町 ……………………………………… 57
自由ヶ丘 ………………………………… 159, 161
──（駅）…………………………… 89, 191
住宅
　──営団 …………………… 161, 162, 195, 214
　──組合 …………………………………… 38
　──地 …… 29, 57, 85, 86, 89, 169, 172, 186, 211, 228, 237
　──問題 ………………………………… 33, 38
　経済的──難 …………………………… 30
受益者負担金 …………………………… 250, 251
城東区 ………………………………………… 57
商品作物 ……………………… 69, 70, 78, 83
職住分離 ………………………………… 29, 30
塵芥処理場 …………………………… 185, 186
新京阪鉄道 ……………………………… 33, 39
人口 ………… 23, 29, 50, 69, 77-89, 91, 109, 141
　──増加 ………………………………… 30, 91
　──密度 ………………………… 50, 56-58, 77
新宿 …………………………………………… 254
　──駅前 …………………………………… 37
信託会社 ………………………………… 31, 32
新中間層 …………………………… 30, 38, 77
新中産階級 ………………………… 29, 34, 38
瑞光寺土地区画整理組合 ………………… 39
杉並区 …………………………………… 56-58
隅田川 ………………………………………… 36
住友信託 ……………………………………… 33
住吉 …………………………………………… 31
　──区 ……………………………………… 39
　──第一耕地整理地区 ………………… 36
スラム ………………………………………… 30
諏訪河原 ……………………………………… 157
　──区 …… 161, 164, 182, 183, 214, 221
諏訪分 …………………………………… 96, 119
　──区 … 119, 122, 124, 132, 133, 136, 138-142, 150, 191, 196, 198, 218, 221
成城学園 ………………………………… 32, 191
瀬田 ……………………… 87, 89, 91, 99, 104, 157, 186

索　引　291

――上区 …………………… 111, 161, 162
――下区 ……… 87, 161, 176, 180, 182, 183, 186, 196, 209, 224
――中区 …… 161, 163, 180, 182, 183, 209, 210, 224
世田谷
　――区／世田ヶ谷区 ………… 1, 2, 4, 23, 56-58, 64, 65, 70, 77, 127, 161, 178, 223
　――区立郷土資料館 ………………… 21, 22
　――町 ………………………………… 18, 30
設計概要 …………………………… 182, 229
千住町 ……………………………………… 57
洗足（開発地） ……………………… 83-85
仙台 ……………………………………… 268
千里山 …………………………………… 31
増歩 ………………………………… 59, 64, 65
蔬菜 ………………………… 20, 69, 77, 78, 81, 92
祖先伝来の土地 ………………………… 88
村域
　――中央部 …… 24, 89, 91, 109, 134, 157, 162, 169, 173, 176, 177, 181, 183, 187, 191, 195, 197, 198, 203, 211, 214, 215, 220, 224, 225, 229
　――東部 …… 24, 69, 89, 91, 92, 96, 109, 111, 112, 119, 137, 138, 147, 151, 162, 169, 170, 173, 176, 177, 184, 185, 187, 190, 191, 195, 196, 198, 203, 214, 215, 220, 225, 229
　――西部 …… 24, 89, 91, 92, 109, 111, 112, 141, 157, 161-163, 176, 182, 183, 187, 196-199, 203, 214, 220, 224, 225, 229, 230

た行

田／田圃 ………… 78, 157, 158, 159, 191, 214
大正区 …………………………………… 36
大典記念玉川耕地整理 ………………… 87
高井戸町 ……………………………… 57, 58
高崎 ……………………………………… 268
高松 ……………………………………… 268
高屋土木事務所 ………………………… 23
滝野川区 ……………………………… 56, 57
宅地 …… 34, 46, 69, 78, 81, 85, 89, 92, 121, 131, 132, 142, 158, 161, 177, 178, 191, 211, 214, 215
　――化 …… 29, 30, 34, 56, 69, 86, 88, 92, 109, 112, 119, 121, 131, 133, 147, 158, 159, 172, 198, 211, 215, 226, 228
　――開発 ………… 14, 18, 23, 29, 34, 36, 41, 83, 86, 87, 140, 141, 189, 214
　――開放 ……………………………… 33, 34
　――需要 ……… 2, 5, 34, 50, 78, 81, 112, 176, 183, 186, 190, 203, 211, 214
橘樹郡 …………………………………… 34
田辺町 …………………………………… 31
多摩川 ……………………………… 85, 211
　――園（駅） ………………………… 85
　――台（住宅地） ………………… 83, 84
玉川
　――奥沢町 …………………………… 89
　――尾山町 ………………………… 228
　――温室村 ………………………… 81
　――耕地整理 ………………………… 87
　――支所（世田谷区の） …………… 1
　――瀬田町 ………………………… 183
　――村域 …… 58, 69, 77, 80, 84, 91, 145, 183, 204, 215, 237
　――田園調布 ………………………… 89
　――等々力町 …………………… 91, 183
　――中町 …………………………… 185
　――村 ………… 2, 7, 18, 23, 56, 58, 59, 77-81, 83, 84, 86, 87, 93, 95, 99, 102, 112, 120, 126, 127, 140, 161, 162, 175, 211, 226, 228, 232, 233, 235
　――村全円耕地整理組合 …………… 96
　――用賀町 ………………………… 183
玉川学園 ………………………………… 32
玉川全円耕地整理 ……… 1-3, 8, 23, 50, 56, 58, 65, 69, 78, 79, 85, 87, 98, 99, 102, 107, 124, 132, 137, 148, 182, 204, 209, 210, 235, 236, 241
　――組合 …… 2, 21, 38, 78, 87, 88, 98, 102, 108, 112, 147, 173, 174, 199, 203, 225, 226, 230, 259
　――組合関係文書 …………………… 21
玉川電気鉄道 …… 89, 91, 180, 181, 192-194, 218, 221
多摩田園都市 ………………………… 178
地域
　――社会 …… 2, 3, 5, 11-13, 15, 18, 23, 34, 39, 50, 69, 70, 77, 83, 84, 86-88, 95, 108, 112, 120, 122, 127, 131, 134, 136, 144, 147-151, 160, 162, 166, 169, 175, 176, 178-180, 182-187, 199, 204, 215, 221, 225-231, 235-237, 241, 242
　――の有力者 ……… 18, 84, 127, 179, 180, 226, 227, 229, 241
地価上昇 …… 40, 44, 45, 48, 70, 84, 134, 137, 149,

183, 185-187, 199, 204, 219, 230, 234, 250, 251, 253-255
地租 …………………………………………… 40, 59
　　──改正 ……………………………… 33, 59, 95
　　──法 …………………………………………… 41
千歳村 ……………………………………………… 59
銚子 ……………………………………………… 268
調布 ………………………………………………… 23
　　──村 ………………………………………… 83, 84
千代田区 ………………………………………… 33
帝国
　　──競馬協会 ………………… 141, 176, 196, 224
　　──農会 …………………………………………… 80
帝室林野局 ……………………………………… 30
帝都復興事業 ……… 35, 37, 41, 45-48, 226, 229, 244, 251
ディベロッパー ………… 21, 22, 31, 80, 83-86, 95, 112, 199, 203, 221, 225, 227, 229, 230, 235
手打式 …………………………………………… 109
帝塚山（住宅地） …………………………………… 36
鉄道 ……… 30, 32, 36, 38, 80, 83, 92, 94, 138, 145, 147, 191, 198, 226
　　──会社 ……… 22, 31, 32, 34, 35, 160, 189, 191, 198, 221, 230
　　──用地 ………… 124, 125, 139, 142, 191, 197
田園郊外 ………………………………………… 38
田園調布 ……………………………………… 84, 85, 96
田園都市 ………………………………… 31, 34, 79, 85
　　──（株式）会社 ……… 31, 34, 79, 83-86, 89, 96, 112, 147, 197
電気軌道 ………………………………………… 18
田区改良 …………………………………………… 40
天王寺 ……………………………………………… 38
同意の組織化 …………………… 7, 183, 241, 242
東急方式 ……………………………………… 178
東京 ……… 8, 16, 18, 23, 29, 31-38, 40, 50, 69, 77, 81, 162, 199, 241
　　──駅 …………………………………………… 30
　　──西南郊 …………………………………… 80
　　──都 ………………………… 1, 2, 23, 209, 214, 223
　　──都市計画区域 ………………… 59, 68, 70
　　──都市圏 …………………………………………… 4
　　──緑地計画 ……………………………… 162
東京急行電鉄 …………………………… 178, 221
東京市 ……… 4, 22, 29, 30, 36, 38, 45, 46, 49, 50, 57, 59, 64, 77, 80, 89, 93, 99, 109, 127, 161, 162, 186, 192, 223, 254
　　──土地区画整理助成規程 ………… 49, 65
東京信託 ……………………………………… 32
東京農業大学 ……………………………… 218, 224
東京府 ……… 2, 7, 22, 34, 46, 49, 79, 88, 94, 96, 109, 111, 134, 140, 149, 161, 173, 174, 178, 182, 184, 186, 215, 228, 232
　　──農工銀行 ………… 143, 144, 147, 187-189, 198, 227
東京横浜電鉄 ……… 32, 34, 36, 89, 178, 180, 196, 218, 221
同潤会 …………………………………………… 38
東武鉄道 ……………………………………… 32
特別処分（換地の） ………… 138, 139, 191, 195
特別都市計画法 ……………………………… 41, 46
都市
　　──化 ………………………………… 9, 20, 81, 91
　　──圏拡大 ………………………………… 4, 21
　　──研究会 ……… 24, 242, 244, 250, 253-255, 258, 263, 266, 267
　　──問題 ……………………………… 9, 14, 18
都市計画 ……… 14, 16, 30, 31, 37, 46, 47, 49, 64, 69, 70, 109, 160, 162, 175, 182-185, 204, 209, 229, 230, 234, 242-245, 247, 248, 250, 256, 260-263, 267-269
　　──委員会 …………… 247, 248, 261, 266, 267
　　──家 ………………………… 241, 258, 266, 269
　　──官僚 ………………………………………… 39
　　──協議会 ……………………… 260, 261, 263
　　──講習 ‥ 242, 244, 248, 250, 253, 255, 259, 262
　　──地方委員会 ……… 184, 247, 248, 262, 263, 269
　　──中央委員会 ………………………… 247
　　──道路 ……… 24, 37, 46-50, 64, 70, 108, 160, 173, 174, 175, 181-187, 204, 215, 229, 230
　　──法 ……… 30, 31, 36, 41, 43, 46, 137, 149, 185, 226, 241, 247, 248, 261, 262, 267
豊島区 …………………………………………… 56, 57
土地
　　──会社 ……………… 31, 32, 33, 34, 35, 38
　　──区画改良ニ関スル法律 ………… 40, 41
　　──収用 ……………………………………… 250
　　──所有規模 ………… 86, 92, 97, 180, 259
　　──所有権 ………………………… 5, 40, 41, 225
　　──の商品化 ……………………………… 33, 70

土地区画整理 ……… 17, 18, 21, 23, 24, 35-38, 41, 43-50, 57, 59, 64, 65, 70, 71, 86, 137, 140, 199, 226, 241-244, 250-255, 257-263, 266, 269
――組合 ……… 31, 37, 39, 49, 178, 255, 256
土地整理 ……… 2, 17, 18, 21, 23, 35-37, 39-41, 45, 46, 48, 50, 56, 57, 59, 65, 70, 71, 85, 86, 92, 124, 149, 173, 184, 203, 225, 241, 242, 252, 253, 257, 260
――組合 ………………………… 256
等々力 ……………… 85, 87, 99, 119, 157, 215, 228
――（駅） ……………………… 91
――北区 ……… 157, 160, 161, 163, 169, 172, 191, 197, 214
――中区 ……… 160, 162, 172, 173, 181, 198, 209, 211, 237
――南区 ……… 134, 160, 174, 176, 183, 187, 189, 190, 209, 237
富山 ……………………………… 262
豊多摩郡 ……………… 29, 32, 50, 56-58

な行

内務
――官僚 …………………… 24, 184, 245
――省 ……… 162, 183, 184, 223, 241, 252, 255, 266, 269
中野区 …………………………… 57
長野県埴科郡五加村 ……………… 13
名古屋 …………………… 16, 184, 257
縄延 ……………………… 59, 64, 65, 70
南海電気鉄道 …………………… 33
新潟 ……………………………… 268
西成（郡） ……………………… 30
西平野土地区画整理組合 ………… 39
日暮里 …………………………… 29
――町 …………………………… 56
日本勧業銀行 ……… 41, 143, 144, 147, 188, 189, 198, 227
日本光学工業 ……………………… 224
日本不動産 ………………………… 32
日本橋（東京の） ……………… 244
――区 …………………………… 93
農家 …………………………… 81, 237
――経営 ……………………… 82, 83
――戸数 ………………………… 78
農業

――人口 ………………………… 78
――の不採算化 ……………… 81, 83, 86
農事改良 …………… 2, 69, 70, 87, 92, 214
農地 ……… 34, 82, 88, 98, 120, 121, 132, 137, 164
呑川 ……………………………… 146
野良田 ………………… 104, 157, 160
――区 ……… 109, 111, 161, 162, 176, 185, 192-194, 199, 209, 214, 218, 220, 223

は行

箱根 …………………………… 32, 34
――土地（会社） ……………… 32-34
間組 …………………………… 170
畑／畑地 ……… 78, 131, 133, 158, 159, 161, 164, 191, 214
阪神急行電鉄 …………………… 33
阪神電気鉄道 …………………… 33
阪和電気鉄道 …………………… 33
東区（大阪市） ……………… 36, 39
東玉川町 ………………………… 89
東成（郡） …………………… 30, 31
東成土地建物株式会社 …………… 36
東淀川区 ………………………… 39
氷川町 …………………………… 94
碑衾町／碑衾村 ……… 34, 56, 83
評価主義 ……………… 255-261, 266
評議員会 ……… 103, 104, 105, 106, 159, 161, 209
平塚村 …………………………… 34, 83
平野 ……………………………… 38
広島 ……………………………… 268
風致地区 ………………………… 37
深川 ……………………………… 57
福岡 …………………………… 262, 268
衾西部耕地整理組合 …………… 160
復興局 …………………………… 255
部落間対立 ……………………… 95-97
放射3号線 …………………… 173, 174, 183
放射4号線 ……………………… 183
補助金 ………………… 41, 65, 140
保留地 ………………………… 39, 137
本所 ……………………………… 57
本村地区（奥沢） ……… 119, 120, 148, 159
本田村 …………………………… 57

ま行

馬込村 …………………………………… 34, 83
増田組 …………………………………… 171
松島町 …………………………………… 93
三河島町 ………………………………… 56
三井
　——信託 ………………………………… 32-34
　——不動産 …………………………… 224, 225
三菱信託 ………………………………… 32
御堂筋線 ………………………………… 38
緑ヶ丘駅 ………………………………… 121
南足立郡 ……………………………… 50, 56, 57
南綾瀬町 ………………………………… 57
南葛飾郡 …………………………… 29, 50, 56, 57
箕面有馬電気軌道 ……………………… 31
都島土地区画整理組合 ………………… 37
向島区 …………………………………… 57
武蔵小山（駅） ………………………… 85
武蔵野鉄道 ……………………………… 32
明愛貯蓄銀行 …………………………… 93
明治地方自治制 ………… 12, 14, 97, 112, 230, 234, 248, 266, 267
目黒
　——街道 ………………………………… 160
　——区 …………………………… 56, 161, 183
目黒蒲田電鉄 ……… 22, 32, 36, 83, 85, 89, 91, 125, 145-147, 160, 178, 186, 188, 189, 191, 221, 228

目白文化村 ……………………………… 32
面積主義 ………………………… 252, 253, 255-260
桃の移転問題 …………………………… 164
森小路土地区画整理組合 ……………… 39

や行

山の手 …………………………………… 29
用賀 …………………………… 89, 91, 99, 104, 157
　——中区 …… 176, 180-182, 185, 193, 209, 210, 221
　——西区 …… 109, 111, 141, 142, 150, 161, 162, 176, 196, 218, 224, 225
　——東区 …… 161, 174, 176, 177, 179, 182, 183, 196, 214, 223, 224, 225
用途地域指定 ………………………… 31, 37
養豚場 …………………………………… 186
淀川 ……………………………………… 39
淀橋区 …………………………………… 56
予納金 ………………………… 139, 142, 176, 192, 196
予約売却（組合地の）…… 39, 176, 196, 197, 199, 229, 230

ら行

立憲政友会 ……………………………… 93
立憲民政党 …………………………… 93, 96
離農 ……………………… 34, 78, 81-83, 92, 95, 226
臨時資金調整法 ………………………… 194
隣接郡部 …………………………… 5, 30, 32

人名索引

あ行

朝倉虎次郎 ……………………………… 85
後宮信太郎 …………………… 192, 195, 218
阿部喜之丞 ……………………………… 30
荒井文五郎 ……………………………… 105
飯田島吉 ………………………………… 185
飯田武治 ………………………………… 179
池田宏 ………………………… 245, 250, 262, 266
石川栄耀 …………………………… 184, 258
石田雄 …………………………………… 11
石塚裕道 ………………………………… 15
磯村英樹 ………………………………… 1
伊東巳代治 ……………………………… 45

衣斐清香 ………………………………… 49
伊部貞吉 ………………………………… 251
石見尚 …………………………………… 38
宇佐美勝夫 ……………………………… 85
内田祥三 ………………………………… 245
江木翼 …………………………………… 45
大石嘉一郎 …………………………… 13, 16, 233
大内力 …………………………………… 10
大門正克 ………………………………… 12
大木外次郎 ……………………………… 263
大田光熙 ………………………………… 39
大西比呂志 ……………………………… 15
岡田明太郎 ……………………………… 210
岡本暁 …………………………………… 261

小原国芳 …………………………… 32

か行

角井惣八 …………………………… 180
笠原敏郎 …………………………… 245
加瀬和俊 …………………………… 20
片木篤 ……………………………… 31
金澤史男 …………………………… 16
兼岩伝一 …………………………… 255
鎌田伊三郎 ………………………… 185
川村芳次 …………………………… 269
金原左門 …………………………… 11
栗原彦三郎 ………………………… 93
小池一郎 …………………………… 158
小路田泰直 ………………………… 15
五島慶太 ……………………… 32, 85, 147
後藤新平 ……………………… 242, 251

さ行

櫻井良樹 …………………………… 15
佐藤源三郎 ………………………… 195
佐野利器 …………………………… 243
渋沢栄一 ……………………… 79, 84, 85
渋沢秀雄 …………………………… 84
島経辰 ……………………………… 45
菅田重次郎 ………………………… 158
鈴木常五郎 ………………………… 179
鈴木勇一郎 ………………………… 18
鈴木芳夫 …………………………… 179
鈴木鐐蔵 …………………………… 159
関一 …………………………… 37, 38

た行

高木正年 …………………………… 93, 96
高屋直弘　94, 108, 122, 130, 148, 151, 157, 159, 161,
　172, 176, 178, 179, 181, 196, 209, 210, 211, 231
瀧山良一 …………………………… 37
武田晴人 …………………………… 10
辰巳直治 …………………………… 170
建石辰治 …………………………… 39
田中重忠 ……………………… 167, 168, 169
田中章介 …………………………… 168
谷口菊太郎 ………………………… 171
堤康次郎 …………………………… 32
田健治郎 …………………………… 167

東條由紀彦 ………………………… 233
徳川国順 …………………………… 224
豊田周作 …………………………… 87
豊田正治 …… 1-3, 59, 85, 87, 93, 95, 96, 107, 112,
　148, 159, 210

な行

中川清 ……………………………… 16
長崎行重 …………………………… 87
永田秀次郎 ……………………… 228, 241
中野友礼 …………………………… 180
中邨章 ……………………………… 266
名倉太郎馬 ………………………… 40
那須皓 ……………………………… 80
名武なつ紀 ………………………… 18
成田龍一 …………………………… 15
西田美昭 ……………………… 11, 13, 233
沼尻晃伸 …………………………… 16

は行

橋本寿朗 …………………………… 10, 33
長谷川一郎 ………………………… 45
長谷川信 …………………………… 33
花之枝喜代松 ……………………… 171
林宥一 ……………………………… 11
原田良蔵 …………………………… 130
原田敬一 …………………………… 15
ハワード …………………………… 38
菱田厚介 …………………………… 252
蛭田作平 …………………………… 268
藤田省三 …………………………… 12
　232 ………………………………… 235
藤田宗光 …………………………… 260
古島安二 …………………………… 261

ま行

町田保 ……………………………… 259
M（マックス）.ウェーバー ……… 236
マルクス …………………………… 10
丸山真男 …………………………… 12
宮地正人 …………………………… 12
村井八郎 …………………………… 268
毛利博一 ……………… 78, 98, 210, 211, 231
持田信樹 …………………………… 46
本橋仙太郎 ………………………… 158

や行

山岡順太郎 …………………………… 31
山縣治郎 …………………………… 250, 266
山田稔 ……………………………… 49
山田盛太郎 ………………………… 9
山之内靖 …………………………… 236
湯浅倉平 …………………………… 253

ら行

レーニン …………………………… 10

わ行

渡辺慶道 …………………………… 180

【著者略歴】

高嶋修一（たかしま・しゅういち）

1975年生まれ
1999年東京大学文学部卒業
2004年東京大学大学院経済学研究科博士課程単位取得退学、2007年修了。
　　　　博士（経済学）
同大学院同研究科附属日本経済国際共同研究センター研究機関研究員、立正大学経済学部専任講師を経て、現在青山学院大学経済学部准教授

都市近郊の耕地整理と地域社会　東京・世田谷の郊外開発

2013年2月26日　第1刷発行　　　　定価（本体5800円＋税）

　　　　　　　　著　者　　高　嶋　修　一
　　　　　　　　発行者　　栗　原　哲　也
　　　　　　　　発行所　㈱　日本経済評論社

〒101-0051　東京都千代田区神田神保町3-2
電話　03-3230-1661　FAX　03-3265-2993
info8188@nikkeihyo.co.jp
URL：http://www.nikkeihyo.co.jp

装幀＊渡辺美知子　　　　　　　印刷＊文昇堂・製本＊高地製本所

乱丁・落丁本はお取替えいたします。　　　Printed in Japan
　Ⓒ TAKASHIMA Shuichi 2013　　　ISBN978-4-8188-2225-2

・本書の複製権・翻訳権・上映権・譲渡権・公衆送信権（送信可能化権を含む）は、㈳日本経済評論社が保有します。

・ JCOPY 〈㈳出版者著作権管理機構　委託出版物〉
本書の無断複写は著作権法上での例外を除き禁じられています。複写される場合は、そのつど事前に、㈳出版者著作権管理機構（電話03-3513-6969、FAX03-3513-6979、e-mail: info@jcopy.or.jp）の許諾を得てください。

名武なつ紀著
都市の展開と土地所有
――明治維新から高度成長期までの大阪都心――
A5判　四八〇〇円

資本主義発展の過程で都市の土地所有構造はどのように変容していったのか。明治維新から高度成長期までの大阪都心部を事例に、都市空間を経済史の視角から解明する。

原田勝正・塩崎文雄編
東京・関東大震災前後
A5判　四九〇〇円

東京の市街地拡大と鉄道網の拡張、近郊農村の変化、詩人たちと震災、永井荷風のみた下町、東京の風致地区問題など一九一〇年代から四〇年代にかけての社会的変動を多角的に考察。

大石嘉一郎・西田美昭編著
近代日本の行政村
――長野県埴科郡五加村の研究――
A5判　一四〇〇〇円

近代天皇制国家の基礎単位として制度化された行政村が、いかにして民主的「公共性」を獲得していったか。膨大な役場文書を駆使し、近代日本の政治構造をその基底から捉え直す。

永山のどか著
ドイツ住宅問題の社会経済的研究
――福祉国家と非営利住宅建設――
A5判　六〇〇〇円

一九二〇年代に非営利住宅建設がドイツで最も効率的になされたゾーリンゲン市を取り上げ、福祉国家成立と都市社会との関係を描く。

森宜人著
ドイツ近代都市社会経済史
A5判　五六〇〇円

世界の「模範」となったドイツの都市。電力がもたらしたダイナミズムを軸に、都市の近代化の歩みを実証的に解明する。

（価格は税抜）　日本経済評論社